最新版 図解 知識ゼロからの畜産入門

筑波大学 名誉教授
田島淳史 監修

飼育生産
流通
消費
食の安全
国際情勢
文化

家の光協会

はじめに

ステーキや卵焼き、アイスクリームやチーズなど、わたしたちの食卓には畜産物、つまり家畜が作り出してくれた食品にあふれ、わたしたちの生活のなかにいまや当たり前のように溶け込んでいます。その一方で、畜産物を作ってくれている家畜そのものや、畜産物が生産されてから食卓に届くまでの過程についてはあまり知られていないように思います。

そこで、本書は何かの折に家畜生産や畜産物にふと疑問を持ったさい、専門的な知識がなくても畜産の基本的な考え方や全体像を理解していただくことを目的として編集されました。本書が家畜と畜産物に興味を持っていただくきっかけになれば幸いです。

日本人は本来、稲作を中心とした農耕を基本として、食文化を紡ぎあげてきた民族です。そのため、イノシシやシカをはじめとする野生の鳥獣を狩猟して食べることこそがありましたが、家畜の飼育はおもに牛馬の使役などが中心であり、食用の家畜を組織的に飼育することはあまり行われてきませんでした。

現在でも、「食事」のことを日本語では「朝ご飯」「昼ご飯」「晩ご飯」と呼びますが、これは食事とはすなわち、米を中心に食べるという意味であり、総菜（おかず）は米に不足している栄養素を補うという位置づけであったことの名残でしょう。

長らく家畜に依存しない食生活だった日本ですが、明治時代以降の富国強兵政策、戦後の発展、食生活の欧米化を経て、畜産物はいまやわたしたちの生活にとって欠かせない食材になり、家畜の生産性も他国と比べても引けを取らない水準に達しています。

しかし、発展を続けてきた日本の畜産は近年、高齢化や後継者不足の問題に直面しています。また、種畜や飼料の輸入依存度が高い加工型畜産であるため、飼料穀物の価格や、為替レート、エネルギー価格の変動など、国際的な影響を大きく受ける産業構造になっています。

これらの問題に対応するためには、遊休農地の有効活用、耕畜連携をはじめ、日本の国内資源を利用した自給型畜産への転換を含む持続可能な畜産を構築するための取り組みが重要になってきます。

２０１５年に『図解 知識ゼロからの畜産入門』を発刊して以降も、畜産をめぐる情勢は厳しさを増すばかりです。そこでこのたび全面的にデータを更新し、大幅な加筆・修正を行い、注目のトピックスも追加して「最新版」を発刊いたしました。いまのようなときこそ、改めて日本の一般的な家庭における食生活のなかで本当に必要な畜産物は何か、その畜産物を、誰が、どこで、どのように生産するのかを議論する機会だと思います。そのさいに本書が一助となれば幸いです。

令和５年１月

田島 淳史

第1章 食べ物としての畜産物を知る

第2章 生き物としての家畜を知る

第3章 畜産農家の特徴と経営を知る

第4章 畜産物の流通と消費動向を知る

第5章

世界の畜産と国際貿易について知る

第6章 日本の食を支える畜産の新しい動きと可能性

第1章

食べ物としての畜産物を知る

1 家畜・畜産とは何か？

家畜は人間の暮らしを支える動物

畜産は、農業の重要な一分野を占めています。

農業とは、太陽の光エネルギーを、植物が持つ多様な働きで人間の衣食住に役立つ資源に変換して利用する営み（いとなみ）です。そのなかで畜産が実現しているのは、人間には消化できない植物の繊維質を、家畜に与えて飼育し、人間が利用できる肉、乳、毛、皮革、労力などを得ることです。この役割を果たしている家畜が牛、羊、山羊、馬など草食性の動物です。

豚や鶏など雑食性の動物は、ミミズなど土壌中の動物、穀物や木の実などを食べて成長し、人間に有用な肉や卵、油脂等に変換します。

このように畜産は、家畜の飼料になる植物を栽培する過程と、家畜を飼育して肉、乳、毛、皮革、労力などを得る過程の2段階で成り立っています。

家畜はもともと野生動物だった

人間は野生動物のなかから、自分たちの役に立ち、飼育して繁殖もコントロールできる動物を見つけてきました。いち早く家畜化したのは犬です。今から1万年以上前のことで、犬の先祖はオオカミです。もとは狩猟の対象でしたが、犬は人間と共生関係を築き、牧羊犬や番犬の役割を果たしてきました。現在では代表的な伴侶動物（ペット）として広く飼育されるだけでなく、盲導犬や麻薬探知犬をはじめ多種多様な使役犬として利用されています。

羊と山羊は約1万年前に西アジアで家畜化され、乳や肉や毛皮をもたらし、牛は約9000年前に西アジアで家畜化され、肉、乳、皮革、労力、糞尿も堆肥や燃料となり、人間の暮らしを支えてきました。

牛、羊、山羊などは**反芻（はんすう）動物**と呼ばれ、4つの部

用語

反芻動物
4つの胃があり、いったん食べたものを口の中に戻し、ふたたび咀嚼（そしゃく）する動物。人間や豚など、胃が1つしかない動物は単胃動物という。

分に分かれた胃袋を持っています。いちばん大きな第1胃（ルーメン）に生息する無数の微生物が、植物の繊維質を分解しながら増殖し、家畜が消化できる形のエネルギー物質やタンパク質に変えます。植物の繊維質を消化できない人間は、反芻家畜の乳や肉という形で、植物の繊維質の恵みを受け取っています。

豚の先祖はイノシシです。農耕が始まる新石器時代に、ヨーロッパ、西アジア、中国の各地域に生息していたイノシシが家畜化されて多くの種類の豚が生まれ、豚肉を加工した保存食（ハム・ソーセージ）も作られるようになります。馬の家畜化は、約5000年前に黒海の付近で始まりました。農耕、運搬、乗用に利用され、鉄道や自動車が発達するまでは人類の移動や荷物の運搬に欠かせない存在でした。

鶏の先祖は赤色野鶏で、キジ科の鳥です。約5000年前に南アジア付近で飼育され始め、東南アジアや中国、イラン、地中海沿岸、ヨーロッパに広がったと考えられています。鶏や鶉（うずら）のように家畜化された鳥類は「家禽（かきん）」とも呼ばれます。

家畜化された哺乳類

目	科	家畜種
ゲッ歯目	テンジクネズミ科	モルモット、ハムスター
	ネズミ科	マウス、ラット
ウサギ目	ウサギ科	アナウサギ
食肉目	イヌ科	犬、キツネ
	ネコ科	猫
	イタチ科	ミンク、テン、イタチ
長鼻目	ゾウ科	インドゾウ
奇蹄目	ウマ科	馬、ロバ
偶蹄目	イノシシ科	豚
	ラクダ科	リャマ、アルパカ、ラクダ
	シカ科	トナカイ、アカシカ
	ウシ科	牛、ヤク、バリウシ、ガヤール、ミタン、水牛、羊、山羊
合　計	12科	家畜種28種

資料：国立民族学博物館調査報告『ドメスティケーション―その民族生物学的研究』をもとに作成

哺乳類のうち、現在家畜となっているのは28種

2 人間はどうして肉を食べるのか？

生命維持に必要なタンパク質と脂質

私たちがふだん食べている肉は、おもに動物が行動するために使う骨格筋です。骨格筋にはタンパク質、脂質、ビタミンやミネラルなどの栄養素が含まれています。とくにタンパク質と脂質は、**三大栄養素**に数えられ、人間の生命維持に欠かせません。家畜の種類や肉の部位によって異なりますが、平均してタンパク質を20％、脂質を10～18％含んでいます。

必須アミノ酸をバランスよく含む

人間の体は、約10万種類のタンパク質からできています。タンパク質は、筋肉や内臓、血液、骨などを構成する細胞の成分となるほか、脳を働かせ、血液によって栄養素を全身に運ぶのを助けます。こうしたタンパク質の働きで、私たちの健康は維持されていて、タンパク質が不足すると活力が失われて疲れやすくなったり、成長が阻害されたりします。

食品としてのタンパク質には人間が利用しやすいものと、そうでないものがあり、タンパク質のもとになるアミノ酸のバランスで決まります。タンパク質は通常20種類のアミノ酸で構成されますが、人間の体内で合成できない9種類を**必須アミノ酸**といい、これらは食べ物から摂取する必要があります。必須アミノ酸が1種類でも不足すると、健康や成長に悪影響が及びます。

肉などの動物性タンパク質はすべての必須アミノ酸をバランスよく豊富に含んでいます。一方、穀物や野菜、果物などの植物性タンパク質に含まれる必須アミノ酸のバランスと量は、植物の種類で異なります。人間の体内への吸収率も、植物性タンパク質の84％に対して、動物性タンパク質は97％と高く、

用語

三大栄養素
体を作るもとになったり、エネルギー源になったりする、とくに重要な栄養素。タンパク質、脂質、炭水化物がこれにあたる。

必須アミノ酸
人間の体を作るのに不可欠な約20種類のアミノ酸のうち、体内で合成できず食物から摂取する必要のあるもの。成人では9種類、乳児では10種類の必須アミノ酸がある。ちなみに、肉など食べ物に含まれるタンパク質は、そのままの形ではなく、胃や腸で一度アミノ酸に分解されて体内に吸収される。吸収されたアミノ酸は血液によって全身の細胞へ運ばれ、そこで必要なタンパク質に再合成される。

人間は肉を食料として効率よく利用できます。

ビタミン、ミネラルも豊富

肉に含まれる脂質の多くは、**中性脂肪**です。中性脂肪は、体内で脂肪酸とグリセリン（グリセロール）に分解され、エネルギー源となります。脂質は糖質やタンパク質に比べて2倍以上のエネルギーを生みます。エネルギーとして使われなかった脂質は肝臓や脂肪細胞に蓄積され、必要なときに使われます。

脂質には細胞膜を作るリン脂質、脳や神経の細胞膜、血管の成分となるコレステロールがあり、体を構成する栄養素としても重要です。

ビタミンやミネラルも、健康を維持するために大切な栄養素です。肉はビタミンB群を多く含んでいて、とくに豚肉は、糖質を分解したり、疲労回復を助けたりするビタミンB_1が豊富です。また、レバーをはじめとする内臓は、ビタミンB_2、B_{12}、A、Dが豊富です。レバーは、鉄や亜鉛、銅、マンガンなどのミネラルも含んでいます。

牛肉・豚肉・鶏肉の部位別成分表

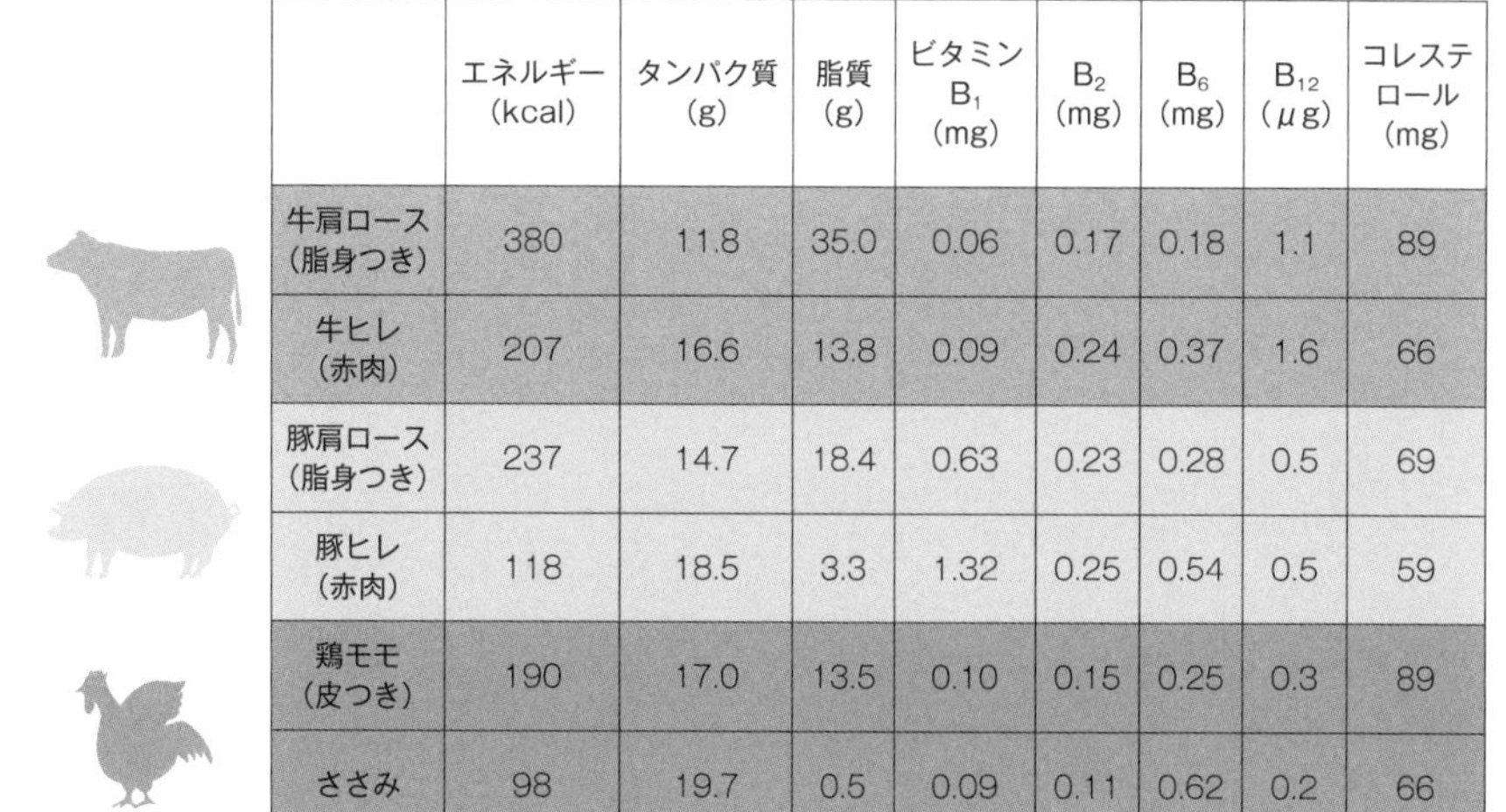

	エネルギー (kcal)	タンパク質 (g)	脂質 (g)	ビタミン B_1 (mg)	B_2 (mg)	B_6 (mg)	B_{12} (μg)	コレステロール (mg)
牛肩ロース（脂身つき）	380	11.8	35.0	0.06	0.17	0.18	1.1	89
牛ヒレ（赤肉）	207	16.6	13.8	0.09	0.24	0.37	1.6	66
豚肩ロース（脂身つき）	237	14.7	18.4	0.63	0.23	0.28	0.5	69
豚ヒレ（赤肉）	118	18.5	3.3	1.32	0.25	0.54	0.5	59
鶏モモ（皮つき）	190	17.0	13.5	0.10	0.15	0.25	0.3	89
ささみ	98	19.7	0.5	0.09	0.11	0.62	0.2	66

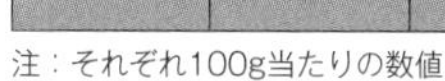
注：それぞれ100g当たりの数値

資料：香川明夫監修『食品成分表2022』（女子栄養大学出版部　2022年）をもとに作成

中性脂肪
脂肪酸とグリセリンが結合した単純脂質で、90％が脂肪酸で構成される。体内では肝臓などに蓄えられる。

3 世界の畜産の特徴と肉料理

地域性に合わせ発達した畜産

世界各地では、それぞれの地域の気候風土に合わせ、さまざまな様式の畜産が営まれてきました。

ヨーロッパは、夏に雨が少なく、緯度が高くなるほど日射量も減少し、栽培できる穀物の種類と生産量に限りがあります。そうした土地でも育つ牧草を利用して牛や羊を放牧し、森林のカシなどに実るドングリで豚を飼育してきました。ヨーロッパの畜産は古くから耕種農業と深く結びつき、相互依存の関係を築き上げたのです。また、麦類をはじめとする主要穀物は、連作すると収量が大幅に減ります。そこで、収穫後に家畜を放牧して畑に生える牧草を食べさせ、糞尿で地力が回復してから、次の栽培を始めます。諸条件を乗り越える**三圃式農法**は、畜産と耕種農業の見事な一体化によって生まれました。

モンゴルなど乾燥・冷涼な気候で草原の広がる地域では、羊が主体の遊牧が行われてきました。牧草の生長速度が遅いため、再生できる草量を残しつつ、別の草地へ移動しながら家畜を飼養する遊牧は、乳や肉などを継続的に利用する高度な技術です。

豊富な草資源を生かした牧畜は、16世紀以降、アメリカやオーストラリア、ニュージーランド、ブラジルなどに導入され、独自の発展を遂げました。

ベトナムでは、稲作、野菜・果樹栽培、養殖と組み合わせた複合的な畜産が営まれています。これは、作物栽培で出る稲わらやくず米を畜産や養殖の飼料とし、畜産や養殖で発生する糞尿を堆肥にするという、廃棄物の循環的な再利用システムです。

世界各国の多様な肉料理

ヨーロッパでは保存食として、豚肉を使ったハム

用語

三圃式農法
ヨーロッパで11～12世紀に広まった輪作の方式。農地を冬畑（小麦・ライ麦など）、夏畑（大麦・カラス麦など）、休耕地（放牧）に三区分し、ローテーションを組んで耕作する。生産力の向上で人口も増えたが、穀類需要の増大で放牧地が減少し、農法は行き詰まった。18世紀ごろから飼料作物を利用する輪栽式農法に移行し、家畜の飼養頭数も増えた。

ケバブ
シシケバブ（串焼き肉）とドネルケバブ（回転焼き肉）が代表的。シシケバブは、シシカバブともいい、羊肉の角切りを金串に刺し、炭火で焼いたもの。ドネルケバブは、薄切り肉

やソーセージなどの加工品が発達しました。牛肉のステーキはアメリカ料理の象徴となり、ローストビーフはもともとイギリスの料理でした。トルコでは羊肉を使った串焼きの**ケバブ**が好まれ、ブラジルでは牛肉・豚肉と豆類を煮込んだ**フェイジョアーダ**が国民食です。鶏肉を使った料理では、インドの**タンドリーチキン**などが知られます。

宗教ごとに異なる食肉の種類

どの畜産物を食べるかは、宗教によっても異なります。イスラム教徒やユダヤ教徒にとっては、豚を飼育したり食べたりすることは禁忌とされています。牛や羊、鶏に関しても、イスラム教では定められた作法に則って処理したもの（**ハラル**）しか食べることができません（164ページ）。ヒンドゥー教では、神聖な動物とされる牛と、不浄な動物とされる豚は食べられず、鶏肉や羊肉を含め、肉食そのものが避けられる傾向にあります。その代わり、乳製品の消費量が多くなっているという特徴があります。

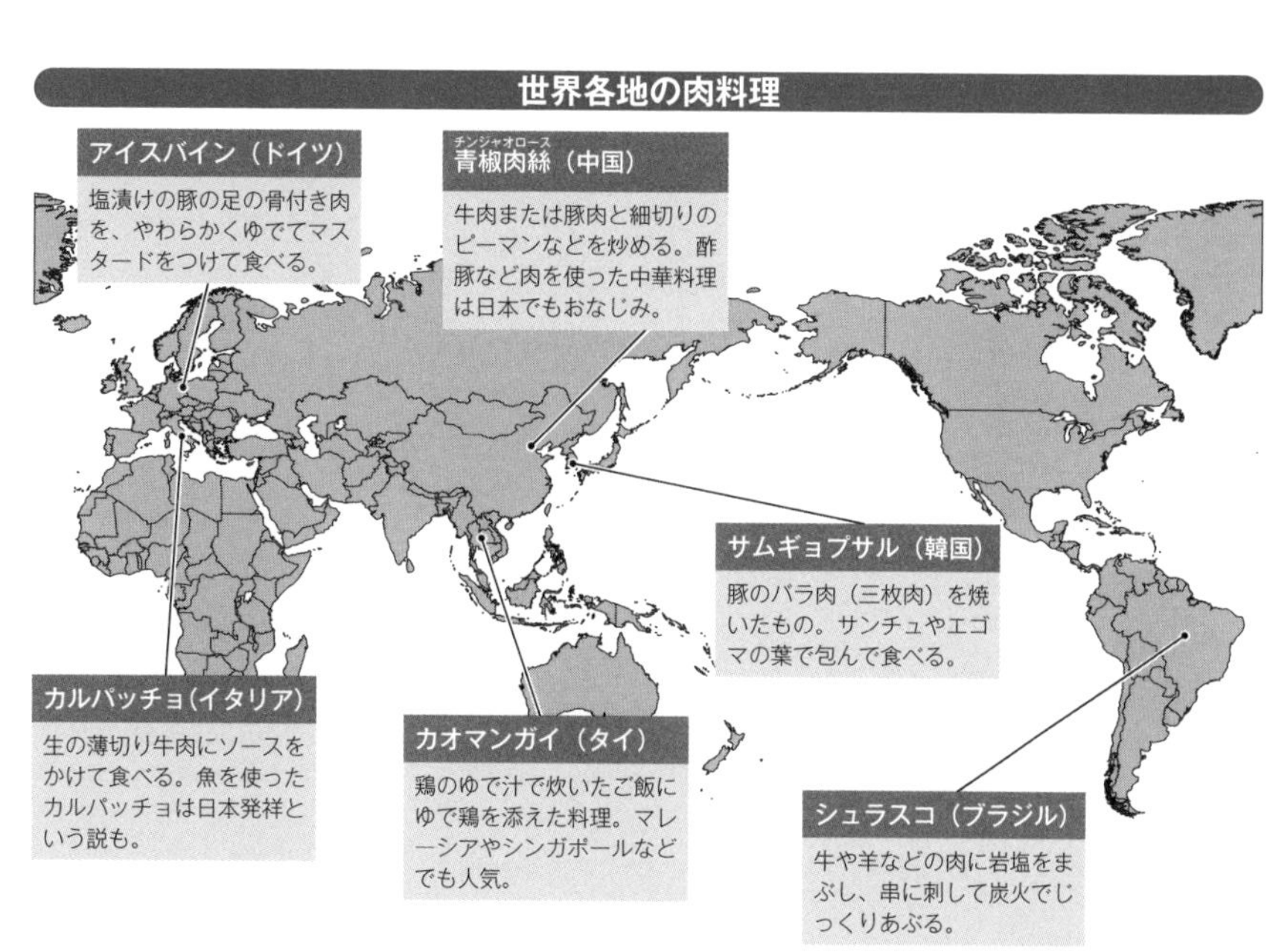

世界各地の肉料理
アイスバイン（ドイツ）
塩漬けの豚の足の骨付き肉を、やわらかくゆでてマスタードをつけて食べる。
青椒肉絲（チンジャオロース）（中国）
牛肉または豚肉と細切りのピーマンなどを炒める。酢豚など肉を使った中華料理は日本でもおなじみ。
サムギョプサル（韓国）
豚のバラ肉（三枚肉）を焼いたもの。サンチュやエゴマの葉で包んで食べる。
カルパッチョ（イタリア）
生の薄切り牛肉にソースをかけて食べる。魚を使ったカルパッチョは日本発祥という説も。
カオマンガイ（タイ）
鶏のゆで汁で炊いたご飯にゆで鶏を添えた料理。マレーシアやシンガポールなどでも人気。
シュラスコ（ブラジル）
牛や羊などの肉に岩塩をまぶし、串に刺して炭火でじっくりあぶる。

に下味をつけ、串に刺し重ねて大きなかたまりにし、串を回転させながら外側から焼き、焼けたところからそぎ切りにしたもの。

フェイジョアーダ
フェイジョン・プレトという黒インゲン豆、燻製肉や干し肉、ソーセージ、豚の脂身・耳・足などを香辛料と煮込み、塩で味つけたもの。ご飯と食べる。ブラジルでは水曜日と土曜日に食すことが多い。

タンドリーチキン
ヨーグルトや香辛料に漬けた鶏肉を串に刺し、タンドールという壺形の窯で焼いたもの。

ハラル
「イスラム法で認められたこと（もの）」を意味するアラビア語。おもにイスラム法上で許される食べ物をさす。食肉に関しては、不浄とされる豚は食さない。牛や羊などを肉食するさいは、屠畜方法など厳密なきまりがある。

4 日本人と畜産物の歴史

日本では昔から肉が食べられていた

今から3〜4万年前の旧石器時代、日本列島に住み始めた人々は、木の実などとともに、ナウマンゾウやオオツノジカなどの大型動物の肉を食べて暮らしていました。その後の縄文人にとっても、イノシシやシカなどの肉は、欠かすことのできない食べ物でした。弥生時代には、稲と同じルートをたどり、中国大陸や朝鮮半島から牛や馬、豚、鶏が日本にやってきました。牛や馬は農耕や運搬用、豚は食用、鶏は鳴き声で時を告げる目的で飼育されたようです。

古墳時代には、大陸から仏教が伝えられました。仏教では殺生が禁じられており、天武天皇は675年に牛・馬・犬・猿・鶏の肉を食べることを禁止しました。肉食を避ける風潮は貴族を中心に浸透しましたが、庶民は肉を食べ続けていたようで、繰り返し禁令が出されます。このころ、**蘇(そ)・酪(らく)・醍醐(だいご)**という乳製品も作られ、貴族階級は好んで食べましたが、庶民の間には定着しませんでした。その後、鎌倉時代には肉を使わない**精進料理**が確立し、室町時代には魚介類や大豆食品を中心とした現在の**和食**の基礎が成立しました。

戦国時代には、外国人が日本を訪れるようになり、九州や京都で牛肉が食べられていました。しかし、江戸時代に海外との往来が規制されると、肉を食べる機会は減り、江戸幕府5代将軍の徳川綱吉が**生類憐みの令**を出すと、肉食はさらに制限されます。

ただし、肉がまったく食べられなくなったわけではありません。日本には古代から「薬喰(ぐ)い」という、体力回復などのために肉を食べる文化がありました。これは江戸時代でも続いており、彦根藩では牛肉の味噌漬けが作られ、薩摩藩の江戸屋敷では食用に豚も飼育されていました。庶民にとって身近だったの

用語

蘇・酪・醍醐
どのような食品であったかの詳細は不明だが、蘇はヨーグルト、酪はバターや練乳、醍醐はチーズに近いものではないかといわれている。ちなみに、ほんとうのおもしろさなどの意味で使われる醍醐味という言葉は、古代の乳製品の醍醐に由来するといわれる。

精進料理
野菜、海藻、豆腐類など植物性食品を材料とした料理。仏教では「不殺生戒」を第一とし、食事にも肉類を用いないことを原則としているため、寺院を中心に発達した。

和食
魚や野菜などの材料を伝統的な方法で調理し、

は鶏肉で、当時の料理本にも紹介されています。また、イノシシやシカ、タヌキなどの野生獣肉を扱う「**ももんじ屋**」が誕生し、イノシシ肉は「山鯨（やまくじら）」や「牡丹（ぼたん）」、シカ肉は「紅葉（もみじ）」とよばれました。

文明開化とともに広がった肉料理

１８５３年の黒船来航をきっかけに２００年以上続いた日本の鎖国は終わり、諸外国との貿易が始まります。日本を訪れた西洋人が真っ先に求めたものの一つが、長い船旅で不足しがちになる牛肉でした。当時は、西日本の牛が神戸港に集められ、船で横浜に運ばれていたことから、「神戸ビーフ」の名が世界に知られることになりました。

明治時代に、文明開化の象徴とされたのが**牛鍋**です。東京や京都、大阪などの都市部では徐々に肉を食べる文化が定着しますが、地方や牛を飼っている農家の間に肉食が広がるには時間がかかりました。

肉という食材が日本に普及していくときに重要な役割を果たしたのが、西洋料理です。**カツレツ**やコ

日常生活の中の畜産物（明治時代以降）

1863年	前田留吉が横浜に日本初の牛乳搾取所を作った。
1868年（明治元年）	東京に初の「牛鍋屋」が誕生する。
1871年	榎本武揚が東京・飯田橋に牛乳搾取所「北辰社」を開業。 福澤諭吉が『肉食之説』を発表する。
1872年	明治天皇が肉食を試みた様子が新聞で報道される。京都府が牛乳飲用を奨励する府達を出す。
1873年	教部省から、獣肉食を神棚に供することは、はばかるにおよばずと指令が出される。
1877年	東京の牛肉屋が550軒を超える。地方都市にも牛肉店ができ始める。
1894年	日清戦争のため、牛肉缶詰の需要拡大。
1895年	このころ、雑誌などで、ハンバーグなど家庭向き西洋料理の記事が増える。
1913年（大正2年）	大阪の女学生を対象に、好きなおかずの調査が行われ、1位生魚（206人）、2位牛肉・鶏肉（161人）、3位野菜（96人）となる。
1922年	このころ、ライスカレー、コロッケ、トンカツが三大洋食といわれる。
1928年（昭和3年）	北海道製酪販売組合（現在の雪印メグミルク株式会社）が瓶詰めのチーズを販売。1933年から現在のプロセスチーズに。

1940年	日中戦争の戦況悪化により、全国で「肉なしデー」開始。毎月2回、肉屋での肉の販売や食堂での肉料理の提供を禁止するというもの。
1941年	乳製品配給は満1歳未満までと決定される。鶏卵が配給となる。平均2人に1個。
1946年	戦後の闇市で内臓肉を使った焼肉が人気を集める。
1947年	プレスハム、魚肉ハムが開発される。52年には魚肉ソーセージの製造が本格化。
1950年	学校給食にパンと牛乳が導入。
1955年	このころから、ブロイラーの本格飼養が開始される。
1970年	ケンタッキー・フライドチキンが大阪万博に初登場し、約半年後に名古屋に1号店をオープン。
1971年	マクドナルドが東京・銀座に1号店をオープン。
1986年	1世帯当たりの肉類の消費量が魚介類の消費量を初めて抜く。
1987年	首都圏の小中学生に行った「好きな食べ物調査」では、1位鶏のから揚げ、2位ハンバーグ、3位グラタン。
1991年（平成3年）	牛肉・オレンジの輸入自由化。
2001年	国内初のBSE感染牛を確認。03年にはアメリカでBSE感染牛が確認され、アメリカ産牛肉の輸入停止（05年に再開）。

資料：『明治・大正家庭史年表』（河出書房新社　2000年）、『増補版　昭和・平成家庭史年表』（河出書房新社　2001年）『昭和史年表完結版』（小学館　1993年）などをもとに作成

おもに、米のご飯と汁、漬け物、おかずを組み合わせた食事のことで、基本的なスタイルは一汁三菜。２０１３年に、「和食 日本人の伝統的な食文化」として、ユネスコの世界無形文化遺産に登録された。

生類憐みの令
１６８５年に、徳川幕府５代将軍の徳川綱吉の時代に発せられた、動物愛護の法令の総称。違反者には死罪・遠島などの極刑が科された。

ももんじ屋
ももんじとは、江戸時代にイノシシ、シカ、タヌキなどの野獣を総称した語。そうした野獣や野鳥の肉を売ったり、食べさせたりした店を、ももんじ屋といった。

牛鍋
東京風の牛鍋は、牛肉を醤油味の割下とともに、ネギなどの具と煮たもの。西洋料理の食材であった牛肉を、鴨鍋などのように調理し

ロッケ、ライスカレーなど日本風にアレンジされた洋食が家庭料理として作られるようになると、肉はしだいになじみのある食材となっていきます。

また、軍隊の影響も見逃せません。軍隊では栄養食として早い段階から肉が取り入れられ、全国から集められた多くの人が、退役後に各地へ肉を食べる習慣を広めました。いまや代表的な和食とされる肉じゃがは、海軍に由来するメニューといわれ、牛肉大和煮の缶詰は、陸軍の携行食として普及しました。

ちなみに、大正時代まではもっとも消費量の多い肉は牛肉で、豚肉が大量に消費されるようになるのは昭和に入ってからです。また、当時もっとも高級とされたのは鶏肉で、しゃも鍋など高級な鍋料理として消費されたほか、駅弁でも人気でした。

日中戦争が始まると、次第に食料事情が悪化し、肉は手に入りにくい食材となります。

戦後、畜産をめぐる状況は徐々に改善し、肉の消費量は１９５５年に戦前の水準に回復。また、パンを中心とした食の洋風化を政策的に進めたことで、ハムやソーセージなどの肉加工品、牛乳やバターなどの乳製品の消費が伸びていきました。

農作業の機械化が進むと、食肉にされる農耕牛が増え、戦後しばらく、消費量が一番多い肉は牛肉で、豚肉の消費量が牛肉を超えるのは１９６１年のことです。採卵が主目的であった養鶏も、輸入飼料が使われるようになると大規模化が進み、60年代には成長が早く価格の安いブロイラー（72ページ）の生産が始まりました。鶏肉は一気に身近な食材になり、現在はもっとも消費量が多い食肉です。

戦後の日本では、さまざまな肉料理が食べられるようになりましたが、その代表格は焼肉でしょう。もともと韓国料理であった焼肉は、70年代に煙を吸い込む無煙ロースターが開発されると、急速に広まっていきました。また、ハンバーガーや牛丼など、いまや日本の外食産業は肉抜きには語れません。

２０２２年の日本人１人当たりの肉の消費量は、年間で約42kg。文明開化から約１５５年で、肉は日本の食卓に欠かせない食材となったのです。

たのが始まり。一方、関西風のすき焼きは、鍋で牛脂を熱したあとに牛肉を入れ、砂糖をまぶして醤油で味つけし、生卵で食べるというスタイル。関東大震災後ころから、東京風の牛鍋も「すき焼き」とよばれることが多くなった。

カツレツ

英語のカットレットがなまったものとされ、もともとは牛や羊の切身に、小麦粉、卵、パン粉をまぶしてバターで焼いた料理だったが、日本では天ぷらの調理法が取り入れられ、油で揚げ、ウスターソースで食べられるようになった。現在はトンカツが一般的だが、大正時代の終わりごろまでは、カツレツといえばビーフカツ（ビフカツ）が一般的だった。

5 肉の地域ごとの消費傾向と肉料理

豚肉派の東日本、牛・鶏肉派の西日本

いまや、日本の食卓に欠かせない食材の肉ですが、その消費のあり方には、地域ごとの違いをみることができます。全国の県庁所在市・政令指定都市の1世帯当たりの肉類の購入数量は全国平均が約51kgですが、1位の熊本市が約62kgなのに対し、もっとも少ない前橋市は約42kgです。肉の消費量は西日本で多い傾向があり、東日本で全国平均を超えているのは、札幌や横浜など6つの都市にすぎません。

肉の種類によっても、消費量に地域差がみられます。牛肉は西日本で多く、東日本で全国平均の約6・8kgを超えているのは、山形市、横浜市、川崎市、東京23区だけです。一方、東日本では豚肉の消費量が多く、西日本で全国平均の約22kgを超えているのは金沢市、広島市、熊本市の3つだけです。

牛肉・豚肉・鶏肉の消費量の多い地域

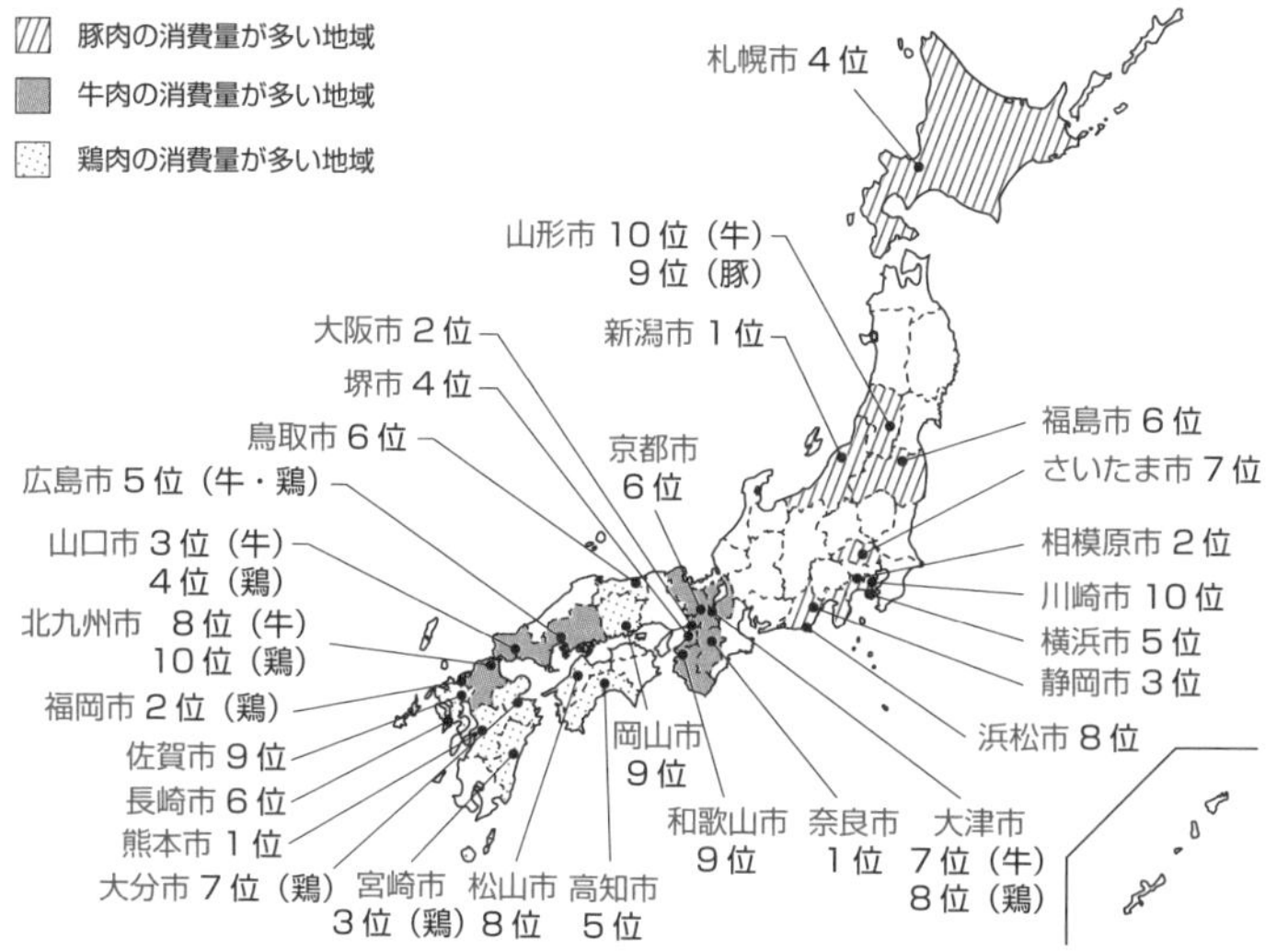

資料：総務省「家計調査　品目別都道府県庁所在市及び政令指定都市ランキング（2019年～2021年平均）」をもとに作成

ジンギスカン（北海道）

羊肉をジンギスカン鍋で野菜とともに焼く。名前の由来は諸説あるが、北海道で広く食べられるようになったのは戦後のこと。屋外での「ジンギスカンパーティー」は春の風物詩になっている。

豚丼（北海道）

薄切りの豚肉を焼いて、丼のご飯の上にのせたもの。北海道では開拓時代から豚が飼育されており、豚丼は帯広などの名物料理になっている。

牛タン焼き（宮城）

第二次世界大戦後に仙台で食べられるようになった。全国展開の焼肉チェーンなどで見かける薄く切った牛タンではなく、厚く切ったタンを使うのが特徴。

すき焼き（群馬）

群馬県の特産には、上州和牛、下仁田ネギ、シイタケ、こんにゃく（しらたき）などがある。すき焼きの材料を100%自給できることから、地元農畜産物振興のため2014年に「すき焼き応援県」を宣言。

やきとり（埼玉）

「やきとり」の名がつくが、豚のカシラを使い、辛みそをつけて食べるのが特徴。東松山市を中心に多数の専門店がある。

しろころホルモン（神奈川）

ホルモンとして流通する豚の腸は、縦に割き平たくなっているものが多いが、しろころは割かずに管状のまま。内側は脂身で、網焼きで食べられる。

鳥もつ煮（山梨）

鶏のモツを、甘辛いたれで照り煮にしたもので、1950年ごろ誕生したとされる。現在ではB級グルメとして有名。

みそカツ（愛知）

トンカツに、赤みそで作った甘辛いみそだれをかけるのが特徴。名古屋名物として知られる。

日本各地の肉料理

治部煮（石川）

鶏肉に小麦粉をからめ、すだれ麩、シイタケなどと煮た料理。もともとは鴨を使った金沢の伝統料理で、名の由来については、煮ているときに「ジブジブ」という音がしたからなどの説がある。

芋煮（山形）

肉（牛肉や鶏肉）、サトイモ、ニンジンなどを入れた煮込み料理。東北地方では毎年秋になると、河原などで「芋煮会」をすることがあり、秋田県では子どもたちによる「なべっこ遠足」も行われている。

きりたんぽ鍋（秋田）

比内地鶏の肉や比内地鶏のだし汁、お米を使ったきりたんぽなどを入れた鍋で、大館市など秋田県北部の伝統料理。

もつ鍋（福岡）

戦後、博多で生まれた牛のホルモンを使った鍋。ニラ、キャベツなどの野菜を入れ、締めにラーメンやちゃんぽんの麺を入れることが多い。

水炊き（福岡）

鶏ガラスープを使った鍋料理で、具には鶏の骨付き肉やつみれ、キャベツなどを入れる。福岡には鶏肉を使った料理が多く、筑前煮なども有名。

ホルモンうどん（岡山）

津山市などで食べられている、牛のホルモンを使った焼うどん。50年ほどの歴史があり、現在はB級グルメとして知られる。

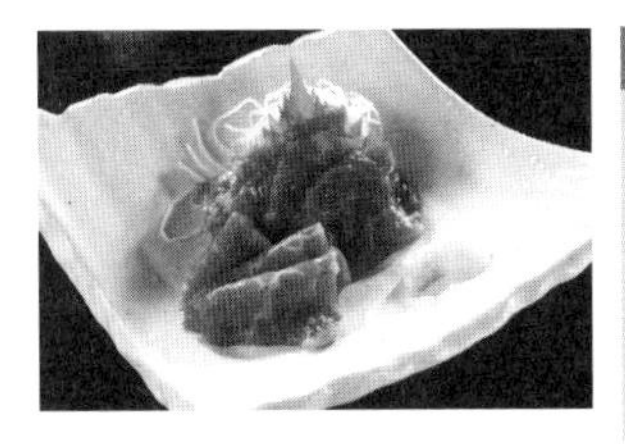

馬刺し（熊本）

一説には、加藤清正が朝鮮出兵のさい、食料がなくなり、軍馬を食べたのが始まりともいわれる。戦後、阿蘇山のすそ野で飼育されていた軍馬が食用にまわされたのがきっかけで、広く食べられるようになった。

どて焼き（大阪）

牛のすじ肉をみそやみりんなどで長時間煮た料理。鍋の内側にみそを塗り、溶けだしたみそで味をつけたことが名前の由来。

ヒージャー料理（沖縄）

ヒージャーは山羊のことで、刺身や山羊汁が有名。山羊汁は、内臓や血などを余すことなく活用し、薬味としてヨモギ、ショウガを入れ、塩で味付けをする。沖縄では祭りなどハレの日に欠かせない料理。

ラフテー（沖縄）

沖縄の代表的な郷土料理で、皮付きのバラ肉をしょうゆと砂糖、泡盛などと煮る。沖縄には、ソーキ（バラ肉）そばやミミガー（耳）の酢みそ和えなど、豚を使った多彩な料理がある。

とんこつ（鹿児島）

ラーメンの「とんこつ」ではなく、骨付きのバラ肉を炒めてから、しょうゆやみそ、黒砂糖や焼酎で味をととのえ、桜島大根やサツマイモ、シイタケなどと煮込んだ料理。

飛鳥鍋（奈良）

牛乳に鶏肉や野菜などを加えた鍋。飛鳥時代に唐からやってきた僧が山羊の乳で鍋料理を作ったのがルーツといわれる。

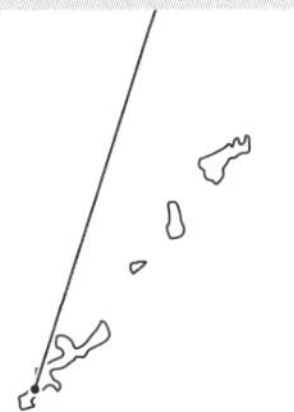

西日本では牛肉、東日本では豚肉の消費量が多い理由として、江戸時代に飼われていた家畜の種類の違いが考えられます。その当時、西日本では牛を使って農耕を行うことが多かったのに対し、東日本では馬が使われました。そして、明治時代以降、肉食の文化が広まっていくと、西日本では身近な肉として、牛肉が食べられるようになったのです。東日本でも、当初は牛肉が中心に食べられていたようですが、大正～昭和初期にかけて肉の消費量が伸び、需要が満たせなくなると、養豚が盛んになっていきました。

鶏肉の消費量も西日本で多く、牛肉の消費量が多い地域と重なる傾向があります。とくに九州は顕著で、熊本市、福岡市、宮崎市が上位3位を占め、長崎市が6位、大分市が7位です。

全国各地の多彩な肉料理

各地の肉の消費傾向の違いを反映するように、全国には肉を使ったさまざまな郷土・ご当地料理が存在します。たとえば、石川の治部煮は安土桃山～江戸時代に成立したといわれます。また、秋田のきりたんぽ鍋のルーツは、猟師であるまたぎの料理ともいわれます。

地域の食材を生かすために誕生した、新たな名物としての肉料理も人気を集めています。たとえば群馬県は、和牛や下仁田ネギ、こんにゃく（しらたき）など地元特産品ですき焼きが作れることに着目し、2014年に「すき焼き応援県」を宣言し、PRに力を入れています。

近年はB級グルメ、ご当地グルメとして注目される肉料理も多く、そのなかには、岡山のホルモンうどんや山梨の鳥もつ煮など、ホルモンやモツなどとよばれる**畜産副生物**が使われた料理もあります。副生物の場合、精肉より早く腐敗が進むため、かつては限られた地域でしか流通せず、そのためご当地グルメとして発展したのでしょう。

また、羊肉を使った北海道のジンギスカンや、熊本の馬刺し、沖縄の山羊料理など、全国では牛肉や豚肉、鶏肉以外の肉料理も食べられています。

用語

畜産副生物
精肉を「主産物」とするのに対し、皮や内臓、骨などを「畜産副産物」とよぶ。このうち、皮以外の内臓などを「畜産副生物」という。

6 牛肉の13の部位と牛の副生物

牛肉は13の部位に分けられる

牛は1頭（体重約700kgとする）から、内臓や骨、筋などを取り除くと、約300kgの精肉がとれます。日本食肉格付協会が定める「**牛部分肉取引規格**」にもとづき、牛肉はネック、肩、肩ロース、リブロース、サーロイン、ヒレ、らんいち、肩バラ、ともバラ、うちモモ、しんたま、そとモモ、すねの13部位に分けられて流通します（26〜27ページ）。部位ごとに特徴があるため、それぞれ適した方法で調理すると、よりおいしく食べられます。

肉は一般に、加熱するとタンパク質が凝固してかたくなり、さらに加熱すると、肉の組織が破壊されてやわらかくなります。そのため、サーロインなどのやわらかい部位は、肉本来のやわらかさを生かすため、ステーキなどにするさいには加熱しすぎないのがポイントです。反対に、すねなどかたい肉は長時間じっくり加熱するシチューなどの煮込み料理にするとやわらかくなり、おいしく食べられます。

内臓も味わい豊か

家畜から精肉を生産するさいに、皮や骨、内臓などが副産物として生産されます。このうち、皮以外の内臓などを畜産副生物といいます。1頭の牛からとれる内臓の量は、39kgほどです。流通している牛の副生物には、タン、カシラニク、ハツ、レバー、ハラミ、サガリ、ミノ、ハチノス、センマイ、ギアラ、ヒモ、シマチョウ、テッポウ、マメ、コブクロ、テール、アキレスなどがあります（28〜29ページ）。栄養も豊富で「ホルモン焼き」としても人気ですが、内臓は酵素の働きが活発で精肉より腐敗が早いため、購入したらすぐ調理する必要があります。

用語

牛部分肉取引規格
公益社団法人日本食肉格付協会が、1976年に農林水産省の承認を得て制定した牛部分肉の全国統一の取引規格。88年に一部が改正された。

⑤サーロイン（ヘレした）

やわらかくてきめが細かく、霜降りになりやすい。風味や香りもよいことから、イギリスの「サー」の称号がついたといわれている。ステーキにもっとも適した部位の一つ。

⑥ヒレ（ヘレ、フィレ）

サーロインの内側にあり、１頭につき３％しかとれない最高級の部位。ほとんど運動しない部分なので、もっともやわらかく、きめが細かい。脂肪が少なくあっさりしている。ステーキにするのが一般的。

⑦らんいち（らむ、ランプ、イチボ）

やわらかい赤身で脂肪も適度にあるランプと、より尻に近い部分で、サシが入り独特の風味があるイチボに分けられる。ランプはステーキなどに、イチボは焼肉などに向く。

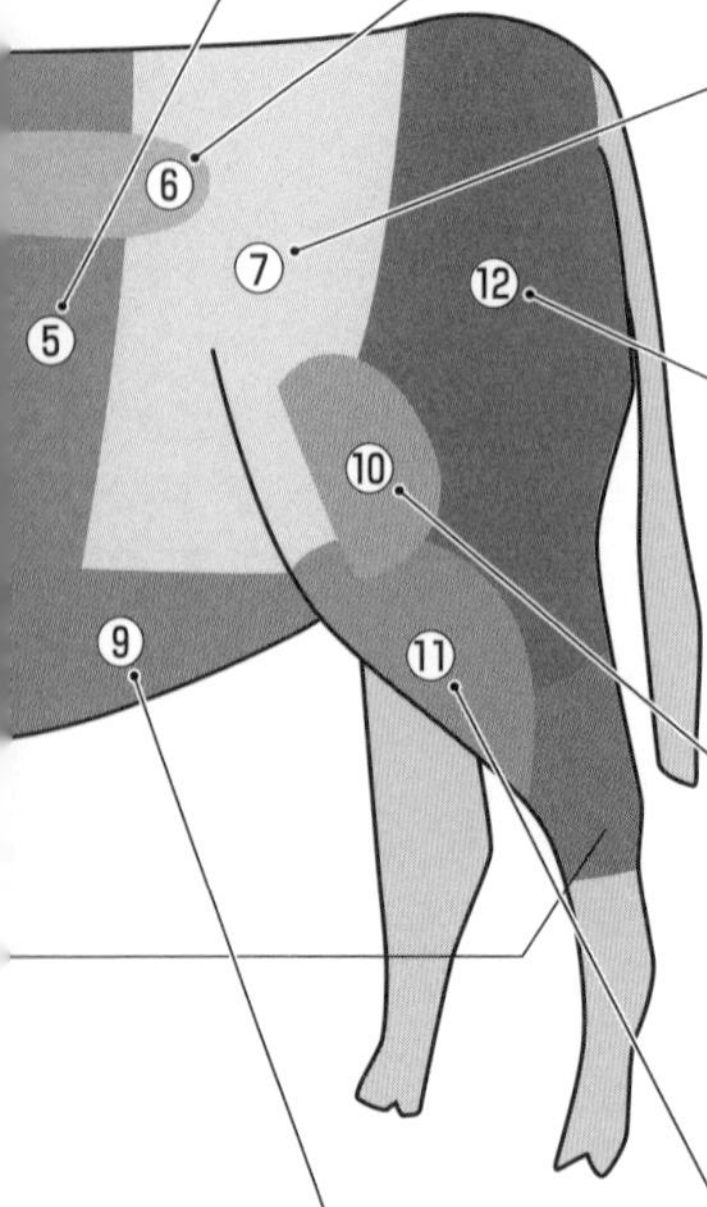

⑫そとモモ（そとひら、ナカニク、シキンボー、ハバキ）

モモの外側にあたり、運動量が多い。脂肪が少なく、きめが粗くてややかたい。ブロックのまま煮込み料理にしたり、薄切りや細切りにして炒めたりする。コンビーフの材料にもなる。

⑩うちモモ（うちひら、トップサイド）

後ろ足のモモの内側にあり、いくつかの筋肉が集まる。赤身が中心で、牛肉の部位のなかではもっとも脂肪が少ない。きめが細かくやわらかで、味わいは淡泊。煮込み料理やステーキなどに使われる。

⑨ともバラ（カルビ、三枚肉）

肋骨周辺の肉であるバラの後方部。韓国名はカルビ。呼吸するときに動く筋肉なのできめが粗く、かたい。赤身と脂身が層をなし、味が濃厚。焼肉や煮込み料理に向く。

⑪しんたま（まる、マルシン、カメノコウ、マルカワ、ヒウチ）

うちモモより下にある球状の肉。赤身が多く、比較的脂肪が少ない。きめが細かくやわらかで、シチューや焼肉など幅広く活用できる。

資料：『新版　食材図典　生鮮食材篇』（小学館　2003年）、
　　　『ハンディ版　知っておいしい肉事典』（実業之日本社　2013年）などをもとに作成

牛肉として利用される13部位

③肩ロース（くらした、ざぶとん、はねした、芯ロース）

背中の筋肉をさす「ロース」のうち、頭に近い部分。やわらかくきめが細かい。脂肪が適度にあり、霜降りになりやすい。風味がよく、すき焼きや焼肉、しゃぶしゃぶに向く。

④リブロース（リブ芯、ロース芯）

やわらかくてきめが細かく、霜降りになりやすい。風味がよく、ステーキなど肉そのものの味を楽しむ料理に向いている。ヒレやサーロインと並び、高級肉といわれる。

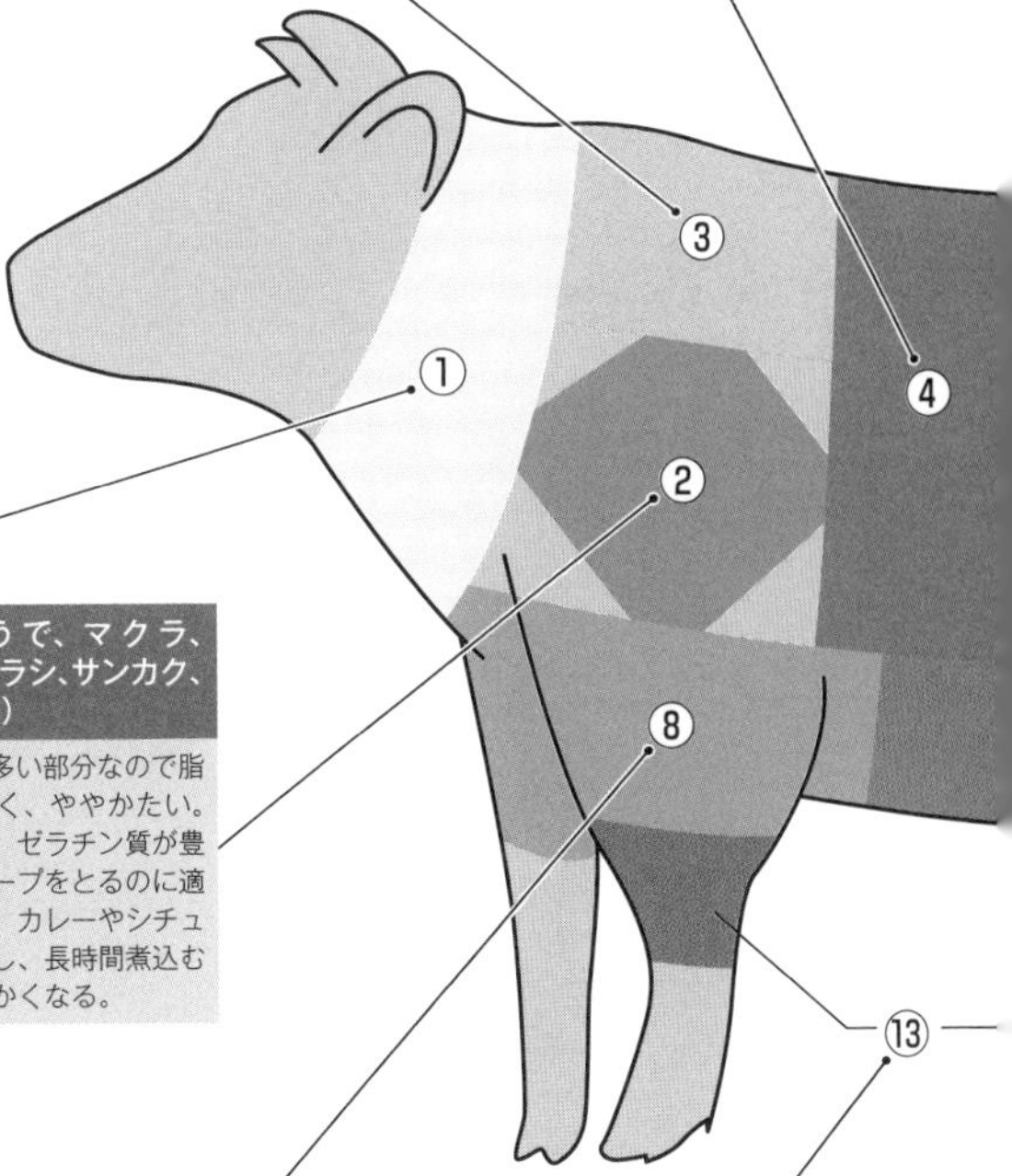

①ネック（ネジ）

きめが粗く、筋っぽくてかたい。赤身が多く、こま切れやほかの部位と混ぜてひき肉にする。エキス分、ゼラチン質が豊富でうまみが強く、スープや煮込み料理などに向いている。

②肩（うで、マクラ、トウガラシ、サンカク、ミスジ）

運動量の多い部分なので脂肪が少なく、ややかたい。エキス分、ゼラチン質が豊富で、スープをとるのに適している。カレーやシチューなどにし、長時間煮込むとやわらかくなる。

⑧肩バラ（うでバラ、カルビ、三枚肉、三角バラ）

バラの前方の部分。きめが粗く、かたい。脂身を生かす料理に向いている。角切りにして煮込んだり、薄切りにして焼肉にしたりすると、こってりした風味が楽しめる。

⑬すね（ともちまき、ちまき、ともずね、まえずね）

筋肉が発達し、筋が多くかたいが、コラーゲンやエラスチンなどのタンパク質を含み、長時間煮込むとやわらかくなる。ポトフやシチューのほか、ひき肉にすることも多い。

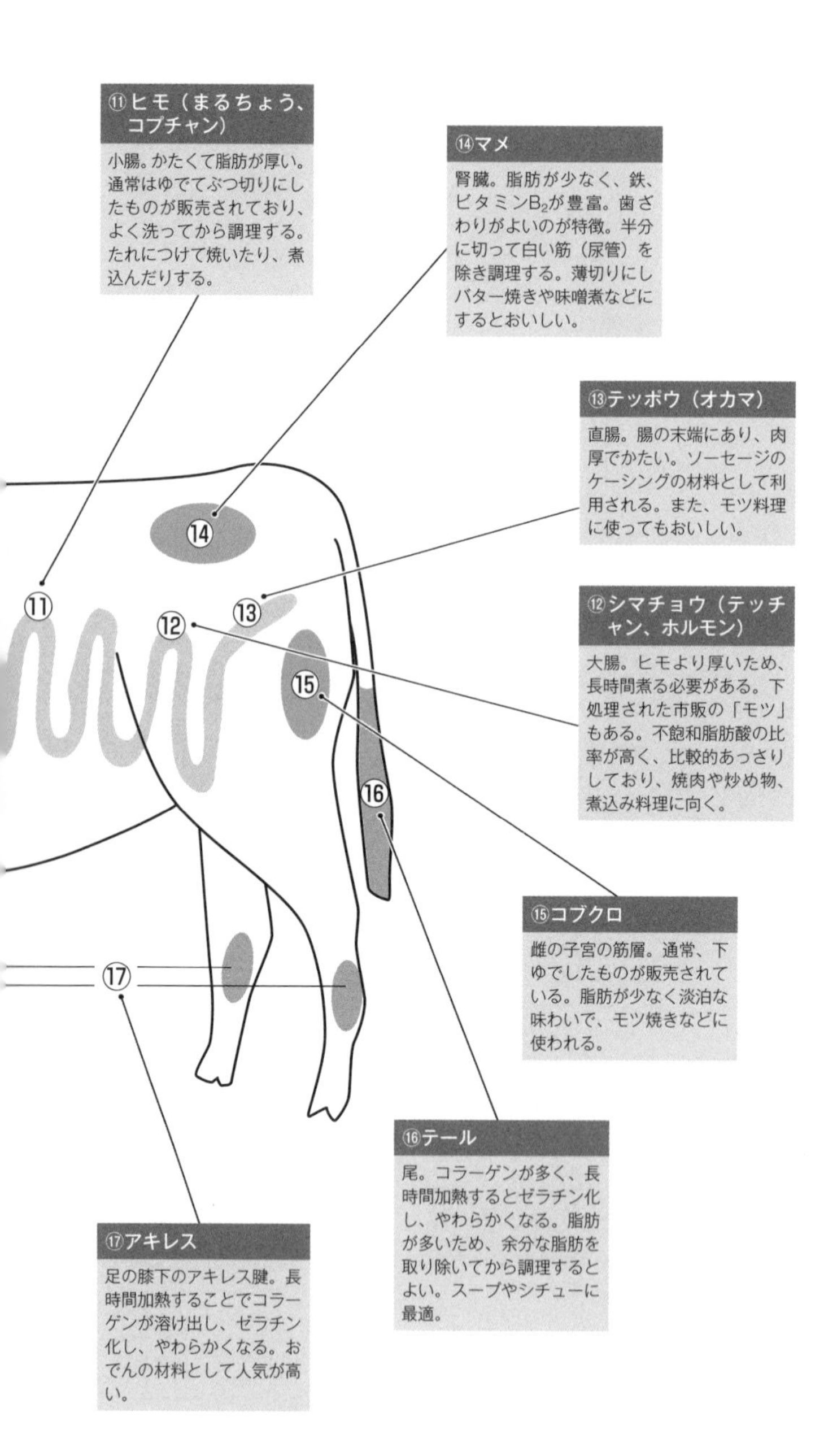

資料：『新版　食材図典　生鮮食材篇』（小学館　2003年）、
『ハンディ版　知っておいしい肉事典』（実業之日本社　2013年）などをもとに作成

牛の副生物と特徴

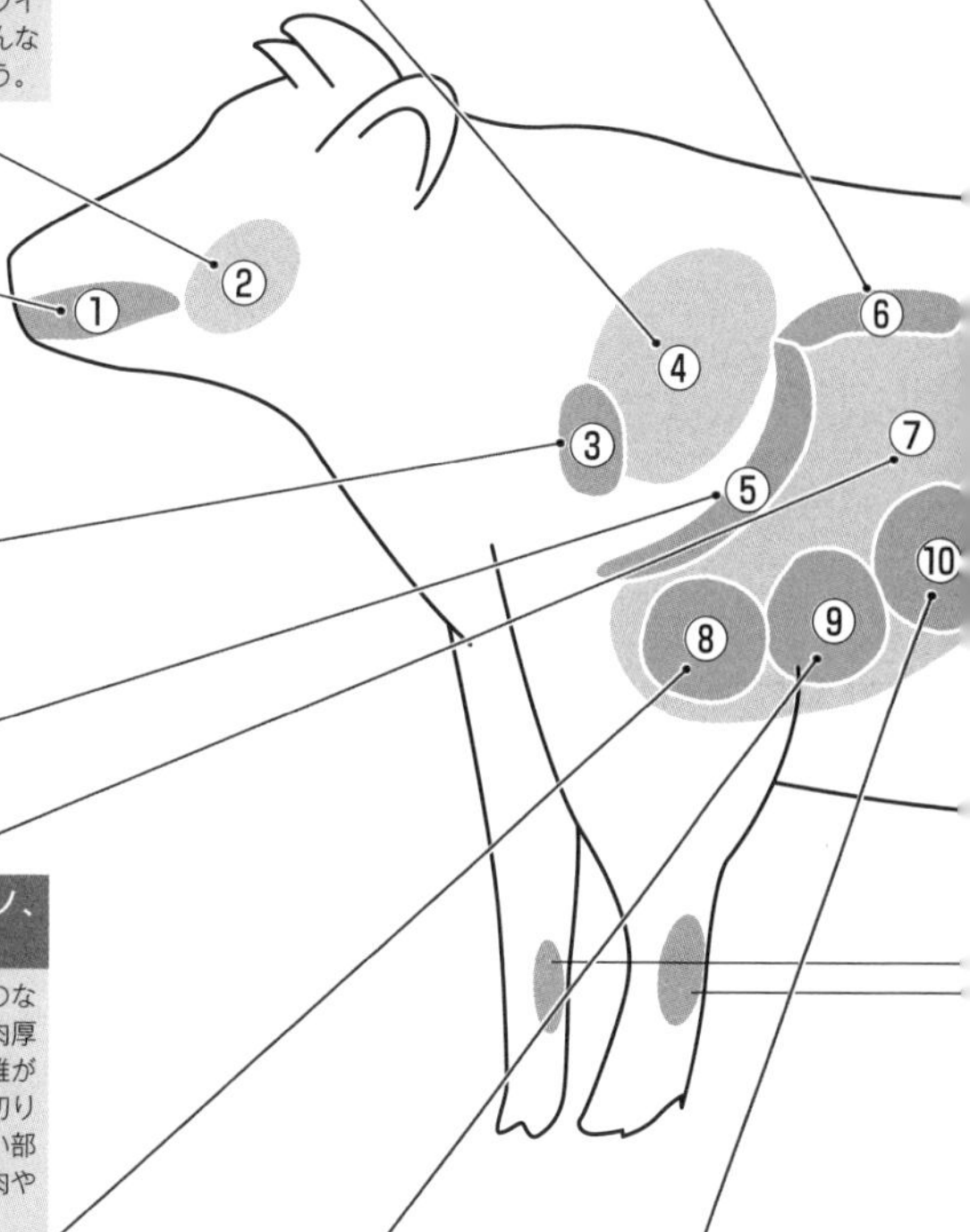

①タン（牛タン）
舌。タウリンが豊富。かたいが、脂肪が多く、長時間煮込むとやわらかくなる。つけ根のほうが太く、霜降りになりやすい。シチューや焼肉にするのが一般的。

②カシラニク（頬肉、つらみ、天肉）
頬とこめかみの部位。肉質はかたく、おもに加工品の原料になる。脂肪とゼラチン質が多く、煮込むとうまみが引き出される。赤ワイン煮などのほか、おでんなど和風の味つけにも合う。

③ハツ（やさき、こころ）
心臓。ビタミンB群や鉄が豊富。クセが少なく、食べやすい。筋繊維が細かく、コリコリした歯ざわり。塩水でもみ洗いし、血抜きしてから調理する。焼肉や煮物などに向く。

④レバー
肝臓。内臓のなかでもっとも大きく、5～6kg。ビタミンA、B_2や、鉄を豊富に含む。色がよく、つやとはりのあるものを選び、中まで十分加熱する。炒め物や煮物などに向く。

⑤ハラミ（アウトサイドスカート）
横隔膜の腹側の部位。適度に脂肪があり、やわらかいのが特徴。焼肉やカレー、シチューなどに向く。おもに関東では、ハラミと⑥のサガリをまとめてハラミとよぶ。

⑥サガリ（バベット）
横隔膜の腰椎に近い部位。見た目は肉に似ている。適度に脂肪があり、やわらかく、人気が高い。焼肉や煮込み料理に向くほか、肉厚のものはステーキにするとジューシー。

⑦ミノ（サンドミノ、ガツ、ルーメン）
4つの胃の第1胃。胃のなかでもっとも大きい。肉厚で歯ごたえがある。繊維がかたく、調理のさいは切り目を入れる。とくに厚い部分を上ミノとよぶ。焼肉や炒め物にする。

⑧ハチノス（蜂巣胃、トライプ、トリッパ）
第2胃。内壁がひだになっており、蜂の巣のように見えることから名づけられた。独特の弾力があり、あっさりしていて食べやすい。煮込み料理やモツ焼きなどにする。

⑨センマイ（千枚）
第3胃。無数の突起とひだが、布を千枚重ねたように見えることから名づけられた。脂肪が少なく鉄分や亜鉛が豊富。シャキッとした歯ごたえがあり、炒め物や和え物に向く。

⑩ギアラ（赤センマイ、アボミ）
第4胃。表面がなめらかで大きなひだがあり、薄くやわらかい。脂肪が多く濃厚な味わい。生のものを購入した場合は、下処理として2～3回ゆでこぼす。煮込み料理や焼肉に向く。

7 豚肉の8つの部位と豚の副生物

豚肉は8つの部位に分けられる

豚は1頭（110kgとする）から、約50kgの精肉がとれます。「**豚部分肉取引規格**」にもとづき、豚肉は肩、ロース、ヒレ、バラ、モモの5つの部位に分けられます。さらに、肩はネック、うで、肩ロースの3つに、モモは、モモとそとモモの2つに分割し、合計8つの部位（31ページ）に分けて流通させるのが一般的です。

豚肉は、部位による肉質の違いが牛肉ほど大きくありませんが、その分、幅広い料理に合います。また、ビタミンB_1を豊富に含み、栄養面でもすぐれているほか、ヒレやモモなど、脂肪が少なくヘルシーな部位もあります。さらに、一般的に値段が手ごろなため、ふだんの食事に気軽に取り入れやすいのも魅力です。

内臓はやわらかくあっさり

豚の内臓も、牛と同様、ほとんどの部位を食べることができます。1頭からとれる内臓は、約8kgです。全体的に、やわらかい食感と、あっさりとした味わいが特徴です。

タン、カシラ、ノドナンコツ、ハツ、フワ、ハラミ、レバー、ガツ、網脂、マメ、ヒモ、ダイチョウ、チョクチョウ、コブクロのほか、沖縄などの一部の地域で食べられてきたミミや豚足（とんそく）も、全国的に浸透してきました（32〜33ページ）。

体が比較的小さいため、とれる量が少なく、重さが1kgを超えるのは、カシラ、レバー、ヒモ、ダイチョウの4つです。部位によっては、ごくわずかしかとれないため、一般には流通しにくいものもあります。

用語

豚部分肉取引規格
公益社団法人日本食肉格付協会が、1976年に農林水産省の承認を得て制定した豚部分肉の全国統一の取引規格。2023年に規格の一部を改正。

豚肉として利用される8部位

②肩(うで)

運動量が多いため、きめがやや粗く、かため。赤身が多いが脂肪も含む。長時間煮込むとやわらかくなり、味もよくなる。薄切りや角切りにし、シチューやカレーなどにするとよい。

③肩ロース(カラーミート)

きめはやや粗く、かため。脂肪が粗い網目のように混ざっており、豚肉特有の脂の香りがしてコクがある。焼豚や焼肉、ソテー、炒め物のほか、煮込み料理にしてもおいしい。

④ロース(ヘレロース、くらした、腰、バックストラップ)

脂肪がほどよくつき、やわらかくきめが細かい。外縁の脂肪にうまみがたっぷり含まれる。トンカツ、焼豚、ソテーなど幅広く利用できる。

⑤ヒレ(フィレ、ヘレ)

1頭の肉量に対し、2%しかとれない。豚肉のなかでもっともきめが細かくやわらかい。脂肪がほとんどなく、淡泊なので、トンカツやステーキなど油を使う料理に向く。

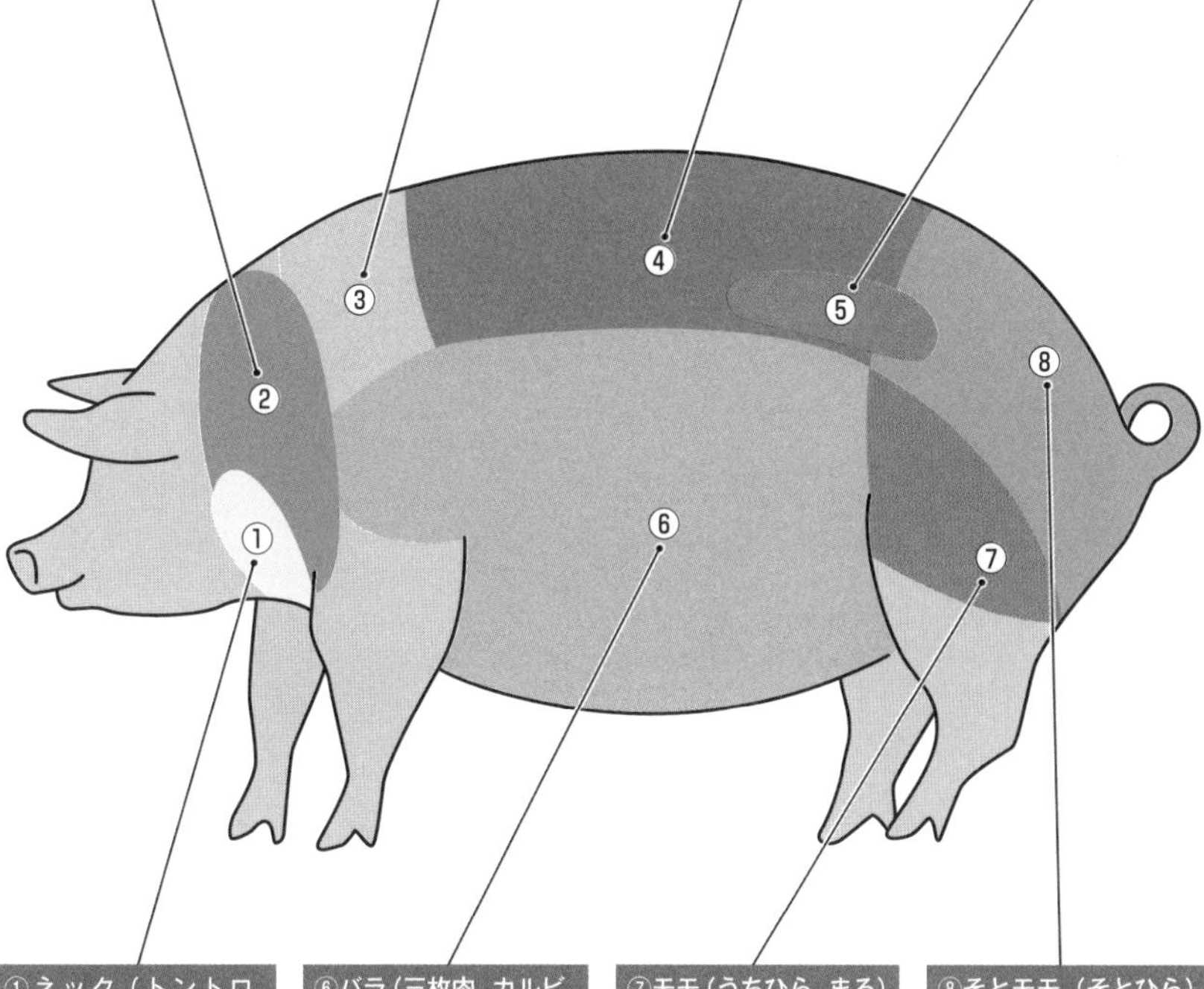

①ネック(トントロ、Pトロ、首肉、ジョールミート)

赤身と脂身が層になっており、一部はトントロとよばれる。脂肪が多いが、歯ごたえがあり、さっぱりとしている。焼肉や煮込み料理に向く。ひき肉にすることもある。

⑥バラ(三枚肉、カルビ、スペアリブ、ソーキ)

肋骨のまわりにあり、赤身と脂身が層になっている。きめはやや粗いがやわらかく、コクがある。角煮などに向く。骨付きのものがスペアリブで、沖縄ではソーキとよぶ。

⑦モモ(うちひら、まる)

足のつけ根に近い「うちもも」とその下の「しんたま」からなる。筋肉が集まり、脂肪が少なくきめが細かい。かたまり肉を使うローストポークなどの料理に向く。ボンレスハムにも使用。

⑧そとモモ(そとひら)

モモのうち、尻に近い部位。運動量が多いため、きめが粗く、かたい。ひき肉や薄切りにして、ソテーや炒め物に使う。色の濃い部分はとくにきめが粗いので、煮込み料理に。

資料:『新版　食材図典　生鮮食材篇』(小学館　2003年)、
『ハンディ版　知っておいしい肉事典』(実業之日本社　2013年)などをもとに作成

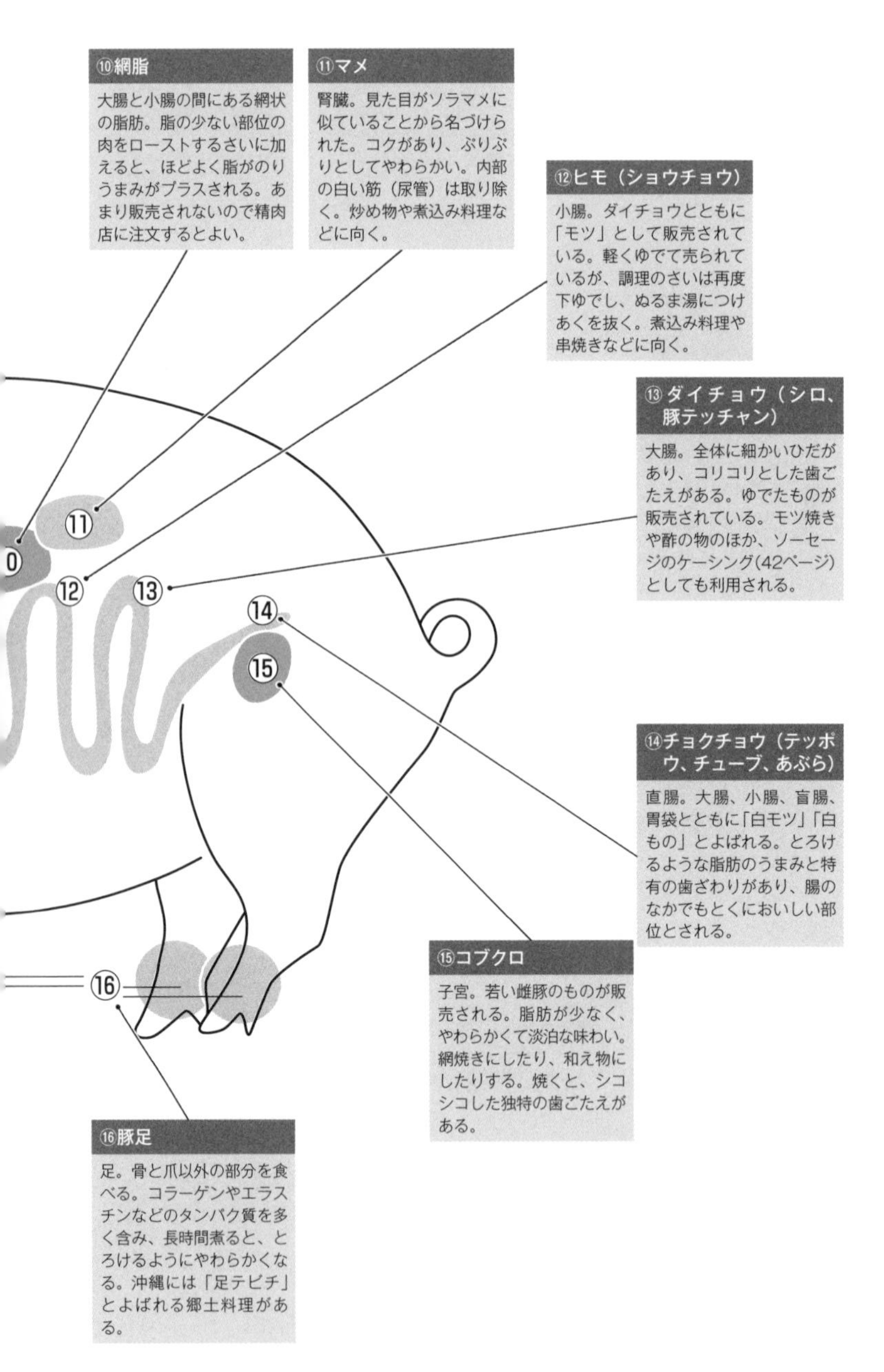

⑩網脂
大腸と小腸の間にある網状の脂肪。脂の少ない部位の肉をローストするさいに加えると、ほどよく脂がのりうまみがプラスされる。あまり販売されないので精肉店に注文するとよい。
⑪マメ
腎臓。見た目がソラマメに似ていることから名づけられた。コクがあり、ぷりぷりとしてやわらかい。内部の白い筋（尿管）は取り除く。炒め物や煮込み料理などに向く。
⑫ヒモ（ショウチョウ）
小腸。ダイチョウとともに「モツ」として販売されている。軽くゆでて売られているが、調理のさいは再度下ゆでし、ぬるま湯につけあくを抜く。煮込み料理や串焼きなどに向く。
⑬ダイチョウ（シロ、豚テッチャン）
大腸。全体に細かいひだがあり、コリコリとした歯ごたえがある。ゆでたものが販売されている。モツ焼きや酢の物のほか、ソーセージのケーシング(42ページ)としても利用される。
⑭チョクチョウ（テッポウ、チューブ、あぶら）
直腸。大腸、小腸、盲腸、胃袋とともに「白モツ」「白もの」とよばれる。とろけるような脂肪のうまみと特有の歯ざわりがあり、腸のなかでもとくにおいしい部位とされる。
⑮コブクロ
子宮。若い雌豚のものが販売される。脂肪が少なく、やわらかくて淡泊な味わい。網焼きにしたり、和え物にしたりする。焼くと、シコシコした独特の歯ごたえがある。
⑯豚足
足。骨と爪以外の部分を食べる。コラーゲンやエラスチンなどのタンパク質を多く含み、長時間煮ると、とろけるようにやわらかくなる。沖縄には「足テビチ」とよばれる郷土料理がある。

0
⑪
⑫
⑬
⑭
⑮
⑯

資料：『新版　食材図典　生鮮食材篇』（小学館　2003年）、
『ハンディ版　知っておいしい肉事典』（実業之日本社　2013年）などをもとに作成

豚の副生物と特徴

⑥フワ（プップギ、フク、いち）

肺。ふわっとした弾力がある。クセが強いため、血抜きなど、十分な下処理が必要。モツ煮やモツ焼き、天ぷらなどにする。ソーセージの材料として利用されることもある。

⑦ハラミ（サガリ）

横隔膜。見た目は肉に似ている。脂肪は多めだが、肉よりカロリーが低く、やわらかくて風味がよい。一般にひき肉の材料として利用されるが、焼肉店でも人気が高い。

③カシラ（つらみ、こめかみ、頬）

頭部の肉。全体に脂肪が少なめだが「頬」とよばれる部位は脂肪が多く、歯ごたえがある。コラーゲンやゼラチン質を含み、さっぱりしている。焼肉や炒め物、煮物などにする。

①ミミ（ミミガー）

耳。ほとんど皮と軟骨でできており、コリコリした食感が楽しめる。ゼラチン質が多く、炒め物や揚げ物などに最適。沖縄ではミミガーとよばれ、酢の物などで食べられる。

②タン（豚タン）

舌。ビタミンB_2、鉄、タウリンが豊富。脂肪が少なく牛タンよりあっさりしている。つけ根のほうが脂肪が多くやわらかい。皮は取り除き、薄切りにしてバター焼きやから揚げに。

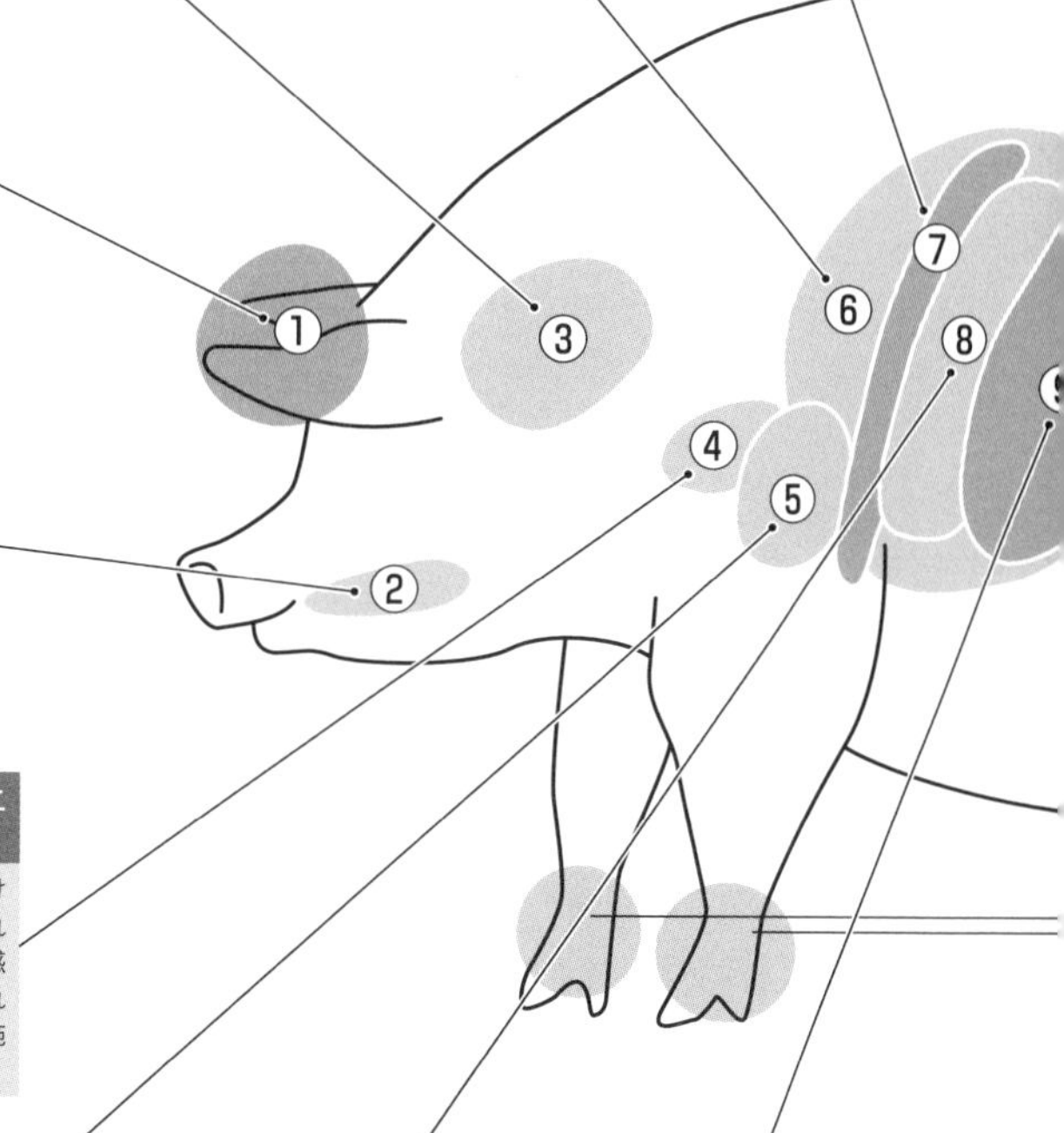

④ノドナンコツ（フエガラミ、ウルテ）

のどぼとけから気管にかけての軟骨。わずかしかとれない。コリコリとした食感が焼肉店で人気。市販されているものは、下処理が施してあることが多い。

⑤ハツ（こころ）

心臓。筋繊維が細かく、特有の歯ごたえがある。脂肪が少ないため、ややかたいが、淡泊でクセがないので食べやすい。網焼きや鉄板焼き、串焼きにするとおいしい。

⑧レバー（きも、豚レバー）

肝臓。豚の肉や内臓のなかでビタミンAがもっとも多く、ビタミンB_1、B_2、D、鉄も豊富。かたまりの場合は、流水で洗い、塩水につけるなどの下処理が必要。炒め物や揚げ物に向く。

⑨ガツ（豚ミノ）

胃。ややかたく弾力がある。クセやくさみがなく、さっぱりとして食べやすい。ゆでて市販されることが多いが、調理のさいは再度下ゆでする。焼肉や煮込み料理、酢の物などにする。

8 鶏肉の5つの部位と鶏の副生物

鶏肉は5つの部位に分けられる

鶏は、1羽（3000gとする）から約1500gの精肉がとれます。農林水産省の**食鶏小売規格**にもとづき、モモ、ムネ、ささみ、手羽、皮の5つの部位に分けられ流通しています（35ページ）。

鶏肉は牛や豚よりも、低エネルギー（低カロリー）、高タンパクです。そのため、脂肪をとりすぎることなく、良質なタンパク質を豊富に摂取することができます。エネルギーの4割以上は皮に含まれるので、皮を除いて調理すれば、さらにヘルシーです。

部位によって肉質に特徴があるため、それぞれに適した方法で調理すると、よりおいしく食べられます。また、購入するさいは、新鮮な肉を選びましょう。光沢があり、身が締まっているほか、皮が黄色く、ブツブツが盛り上がっているものが新鮮です。

内臓はクセがなく食べやすい

鶏肉の副生物にはレバー、ハツ、砂肝、キンカン、ボンジリ、ナンコツ、セセリ、ガラなどがあります（36ページ）。1羽からとれる内臓の量は、約100gです。

レバーは肝臓、ハツは心臓です。この2つはともにキモとよばれ、いっしょに販売されることがよくあります。砂肝は鶏特有の内臓で、胃の筋肉です。キンカンは、鶏の体内で成長途中の卵、雌鳥（採卵鶏）の卵巣です。ナンコツは、胸骨の先端の部位、セセリは首についた肉、ボンジリは尾についた肉、ガラは、首から腰にかけての骨です。

鶏の副生物は、比較的クセが少ないのが特徴です。しっかり下処理することで、くさみが気にならず、特有の歯ごたえや風味を楽しめます。

用語

食鶏小売規格
鶏肉を販売するさいに、全国の小売業者が公正な競争が行えるようにするため、同一の種類・名称・品質標準とその表示の方法を定めた規格。

鶏肉として利用される5部位

④〜⑥手羽類

羽の部分。④「手羽元」と⑥「手羽先」に分けられる。また、手羽先から先端を除いたものを⑤「手羽中」という。脂肪やゼラチンが多く、コクがある。煮物や揚げ物に向く。

⑦皮

脂肪が多くてやわらかく、味が濃厚。胴体の皮より首の皮のほうが風味がある。裏についた脂肪を除き、湯通ししてから調理する。揚げ物や炒め物、煮物、和え物などにする。

②ムネ(ロース、手羽肉)

胸。脂肪が少ないため、低エネルギー、高タンパク。やわらかく味は淡泊なので、から揚げやフライなど、油を使って調理すると、ジューシーに仕上がる。

③ささみ

手羽の内側の深胸筋。形が笹の葉に似ていることから名づけられた。鶏肉のなかでもっとも脂肪が少なくやわらかい。サラダなどではさっぱりとし、揚げ物では油のうまみが加わる。

①モモ

足からモモのつけ根にかけての部分。筋肉質なのでかためだが、脂肪も多く、コクがある。照り焼きやロースト、フライ、から揚げなどに向く。焼くさいは皮から焼くとよい。

資料:『新版　食材図典　生鮮食材篇』(小学館　2003年)、
『ハンディ版　知っておいしい肉事典』(実業之日本社　2013年)などをもとに作成

鶏のさまざまな副生物

①レバー

肝臓。牛や豚のものよりやわらかく、クセがないので食べやすい。ビタミンA、B_1、B_2、鉄が豊富。調理のさいは脂や筋を除き、塩水につけ、水洗いする。焼鳥や煮物、炒め物などに向く。

②ハツ

心臓。レバーについた状態で販売されている。心筋で構成され、独特の歯ざわりがある。下処理は、脂肪と薄皮を取り、縦半分に切って中の血を除いてから塩水でもみ、流水で洗う。焼鳥などに向く。

③砂肝（すなずり、さのう、ずり）

胃の一部で筋肉が発達している。この部位に砂を蓄えることで、食べたものを潰して消化を助ける。脂肪が少なくコリコリした歯ざわりで、クセがなく食べやすい。炒め物、煮物、揚げ物などにする。

④キンカン（ちょうちん、玉ひも）

体内で成長する途中の卵、採卵鶏の卵巣。レバーやハツといっしょに販売されていることが多い。通常の黄身よりあっさりしていて、調理するとふわふわの食感に。煮物や串焼きに向く。

⑤ボンジリ

尾についた肉。非常に脂肪が多く、風味がある。とてもジューシーで、口当たりがよい。焼くことで、脂肪が落ちて、モチモチとした食感が楽しめるため、焼鳥に向く。

⑥ナンコツ

胸骨の先端。コリコリして比較的やわらかい。揚げ物、焼鳥、つくねなどにすると独特の食感が楽しめる。ほかに、モモの関節の小骨軟骨「ぐりぐり」、膝の軟骨「げんこつ」などがある。

⑦セセリ（ネック・小肉）

首の部分の肉。よく動く部分なので、身が締まり、弾力がある。脂肪もほどよくついており、うまみもある。串焼きや網焼きが定番だが、煮物などにしてもおいしい。

⑧ガラ

首から腰までの骨。ビタミン類やコラーゲンを含む。うまみやコクがあり、スープをとるのに最適。中華料理のほか、和食や洋食にも合う。劣化が早いため、すぐに下処理するのが肝心。

資料：『新版　食材図典　生鮮食材篇』（小学館　2003年）、
『ハンディ版　知っておいしい肉事典』（実業之日本社　2013年）などをもとに作成

9 肉のおいしさの秘密と調理のコツ

甘く芳醇な香りのする牛肉

「おいしい」という感覚は、食欲をそそり、体が必要とする食べ物の摂取を促してくれるものです。肉を「おいしい」と感じるのは、肉が栄養価が高く、生命の維持において重要な食材だからといえます。

肉のおいしさは、味、香り、食感などから構成されます。味のうち、おいしさに大きく影響するのはうまみとコクです。うまみのおもな成分は、**グルタミン酸**や**イノシン酸**です。コクには脂肪などが関係するといわれています。

また、赤身肉を加熱した際に、**メイラード反応**によって生じる香りや、ジューシーな食感も、肉をおいしく感じさせる要因です。

牛肉のおいしさをもっとも左右するといわれるのは、加熱することで生まれる特有の香りです。とくに、黒毛和種（55ページ）の香りは甘く芳醇で「和牛香」とよばれています。この香りは、**ラクトン**類という成分によるものです。ラクトン類はココナッツなどにも含まれる甘い香りの成分で、輸入牛肉より黒毛和種に、格段に多く含まれています。

また、牛肉は**オレイン酸**を豊富に含んでおり、これが、ラクトン類の生成にも関わっている可能性があると考えられています。さらに、オレイン酸は脂肪の風味や口どけをよくすることから、牛肉のおいしさに影響する重要な要素であるとされています。

やわらかくジューシーな豚肉

ビタミンB_1をはじめ、栄養を豊富に含む豚肉は、おいしさの面でもすぐれており、一般に、やわらかくジューシーなものが好まれています。

豚肉は、脂肪に大きな特徴があります。豚肉の脂

用語

グルタミン酸
アミノ酸の一つで、うまみ成分。昆布や野菜などにも多く含まれる。

イノシン酸
核酸系のうまみ成分。肉類や魚類に多く含まれる。

メイラード反応
アミノ酸と糖が相互に作用することで、香り成分を生み出す反応。タンパク質などを加熱したときなどにみられる。

ラクトン
有機化合物。果物や花の香気成分などに多く含まれる。

オレイン酸
オリーブオイルなどにも多く含まれる。悪玉コレステロールを減ら

肪の融点は、牛肉が40～56℃であるのに対し、28～48℃と低めです。そのため、冷しゃぶなどの冷たい料理でも、人間の体温により脂身が口の中でとろけ、おいしく食べることができます。

さらに、豚肉にはうまみ成分のグルタミン酸やイノシン酸が比較的多いことも、おいしさの理由だと考えられています。

脂質が少なく淡泊な味わいの鶏肉

鶏肉は、牛肉や豚肉に比べて脂質が少なく、淡泊な味わいです。一般的に、やわらかいものがおいしいとされますが、歯ごたえのある地鶏などを好む人もいます。

また、鶏肉は焼いたとき、特有の香りが生まれます。これは、鶏肉の脂質から生成されるというアルデヒド類の成分によるものだといわれています。この香りは、強すぎると不快に感じられることもありますが、適度な量では、鶏肉らしい香りを楽しめます。

脂肪酸量の違い

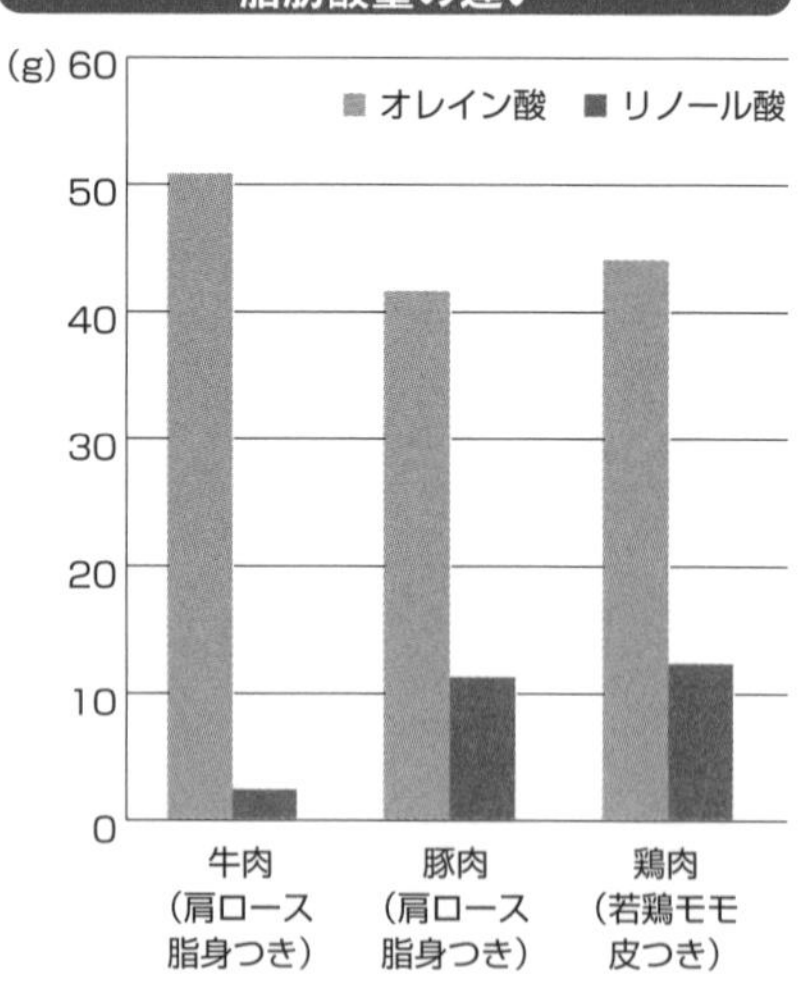

注：それぞれ総脂肪酸100g当たりに含まれる量

資料：文部科学省 『日本食品標準成分表2020年版（八訂）』をもとに作成

うまみ成分（イノシン酸）量の違い

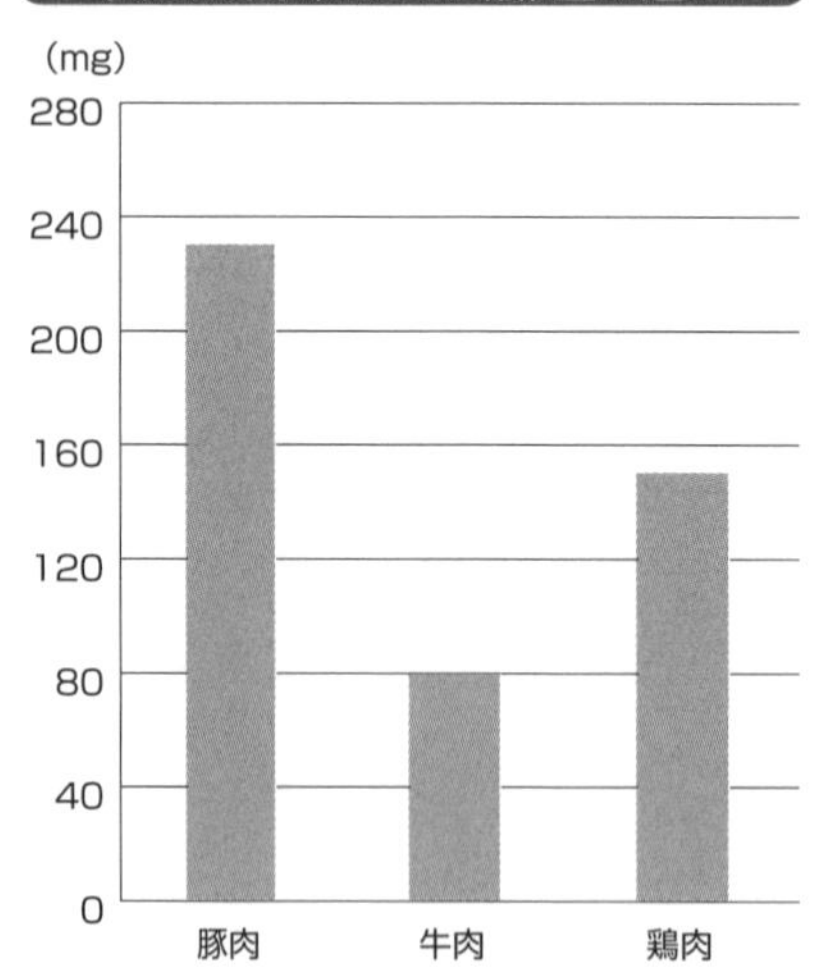

注：それぞれ100g当たりのイノシン酸量

資料：特定非営利活動法人うま味インフォメンションセンター「うま味を多く含む食品」をもとに作成

す働きがあるとされる。

リノール酸
グレープシードオイルやコーン油などに多く含まれる。血中コレステロール値や中性脂肪値を下げる作用があるが、バランスよく摂取することが大切。

肉の上手な調理法と保存法

これまでみてきたように、家畜の種類や部位ごとに、肉にはそれぞれ特徴があります。調理のさいはそれらをしっかり理解していることが大切です。

肉には筋肉を構成する長い筋繊維が走っています。筋繊維はじょうぶで、加熱しても残るので、長いままだと、肉がかたく感じられ、食べにくくなります。そこで肉を切るさいは、繊維の方向を見て、繊維に対し垂直に包丁を入れましょう。繊維を短く断ち切ることで、食べやすくなります。

なお、鶏のモモ肉は一枚肉なので、筋繊維の方向が一定ではありません。そのため、肉を広げて繊維の方向をよく確認しながら切ることが肝心です。

また、肉は加熱すると、筋肉が収縮します。赤身と脂身では、収縮の仕方が異なるため、ステーキなどを焼くさいに、肉が反り返ってしまうことがあります。これを防ぐため、筋切りをしておきましょう。牛肉と豚肉の筋は、赤身と脂身の境目にあります。サイズにもよりますが、赤身と脂身の境目に垂直に、2～3㎝間隔で1㎝くらいの切り込みを入れます。筋切りは片面が基本ですが、厚い肉の場合は両面に入れるとよいでしょう。鶏モモ肉の筋は全体に広がっているので、1㎝程度の切り込みを2～3㎝間隔にまんべんなく入れます。

肉を保存するときは、2～3日なら冷蔵庫に、それ以上なら、冷凍庫に入れます。冷蔵・冷凍どちらの場合も、まず肉をトレーから出しラップで包み直しましょう。肉の表面にラップが密着するようにし、鶏肉などの水分の多い肉は、クッキングペーパーなどで表面の水気を除いておくと風味が落ちません。

冷凍のさいは、肉の状態を保つため、熱を短時間で奪うことが大切です。肉は平らにし、ひき肉は薄くのばして表面積を大きくし、アルミトレーなどにのせて冷凍庫に入れると、急速冷凍できます。解凍は低温でゆっくりが基本。調理する半日前くらいに冷蔵庫に移し、半解凍くらいのところで調理すると、うまみのつまった肉汁を逃さずに調理できます。

10 熟成肉と生肉

肉は熟成させるとおいしくなる

屠畜したばかりの家畜の筋肉は、死後硬直を起こしています。それが時間の経過とともに再びやわらかくなります。また、タンパク質の分解が進むことでアミノ酸の一種のグルタミン酸（うまみ成分）が増えます。このため、肉は屠畜の直後よりも熟成した後のほうがおいしいといわれるのです。熟成する過程でグルタミン酸以外のアミノ酸も増え、加熱時のメイラード反応による香りが強くなります。

以上のような理由から、店頭で販売されるのはすべて熟成後の肉です。一般に、牛肉は10日〜2週間、豚肉は5〜7日間、鶏肉は1〜2日間、冷蔵貯蔵（熟成）してから出荷されます。

熟成の効果を強くアピールする「熟成肉」も登場しています。レストランのメニューでも見かけることが増えましたが、どれだけの期間、どのような方法で熟成させるかといった定義はありません。

こうしたなか、ドライエイジングや氷温熟成といった熟成法が注目されています。ドライエイジングは牛肉の場合、温度を1〜2℃、湿度を70〜80％ほどに保った熟成庫内で、肉に風をあてながら1か月以上熟成させます。風によって肉の余分な水分が取り除かれ、味が濃厚になることに加えて、微生物の働きでタンパク質がアミノ酸に分解されるため、うまみが増します。

氷温熟成とは、食品が凍る直前の0℃以下の氷温域で肉を熟成させる方法です。その原理は、伝統的な**寒ざらし**や**寒仕込み**と同じです。凍ってしまうのを防ごうとする肉の自然の反応で、アミノ酸が生成され、うまみが増すのです。ドライエイジングよりも短期間で熟成が進み、雑菌の繁殖も防げます。

用語

寒ざらし
食品などを冬の寒さの厳しい時期に水や空気にさらすこと。

寒仕込み
みそなどを寒い時期に仕込むこと。

肉は生で食べられる？

生きている健康な動物の体内は、消化管内を除くと基本的には無菌状態です。そのため一定の条件を満たしていれば、理論上は肉は生で食べられます。

しかし、2012年7月以降、牛生レバー、レバ刺しの販売・提供が食品衛生法で禁止され、3年後には生食用としての提供禁止が、豚肉、豚レバーにも及びました。肉の生食を原因とする、細菌性の**カンピロバクター食中毒**や**腸管出血性大腸菌食中毒**が全国各地で発生したためです。11年に焼肉チェーン店で起こったユッケによる集団食中毒では、5人が亡くなりました。たとえ肉それ自体が新鮮でも、菌が付着すれば食中毒につながるため、生食にはつねにリスクが伴います。

生食が禁止になった牛や豚の代役として注目されたのは、規制対象外の馬の生レバーです。馬肉を使うさくら鍋、馬刺し（生食）は全国各地の郷土食にもなっていて、とくに熊本の馬刺しは有名です。

熟成によって増した牛肉のうまみ成分

	サーロイン	うちモモ
うまみ	10.4倍	6.3倍
甘み	4.0倍	4.0倍
風味	5.3倍	5.9倍
アミノ酸計	5.5倍	6.0倍

注：牛肉を40日間ドライエイジングで熟成させた場合

資料：日本経済新聞電子版（2014年4月8日）をもとに作成

熟成によるかたさの変化

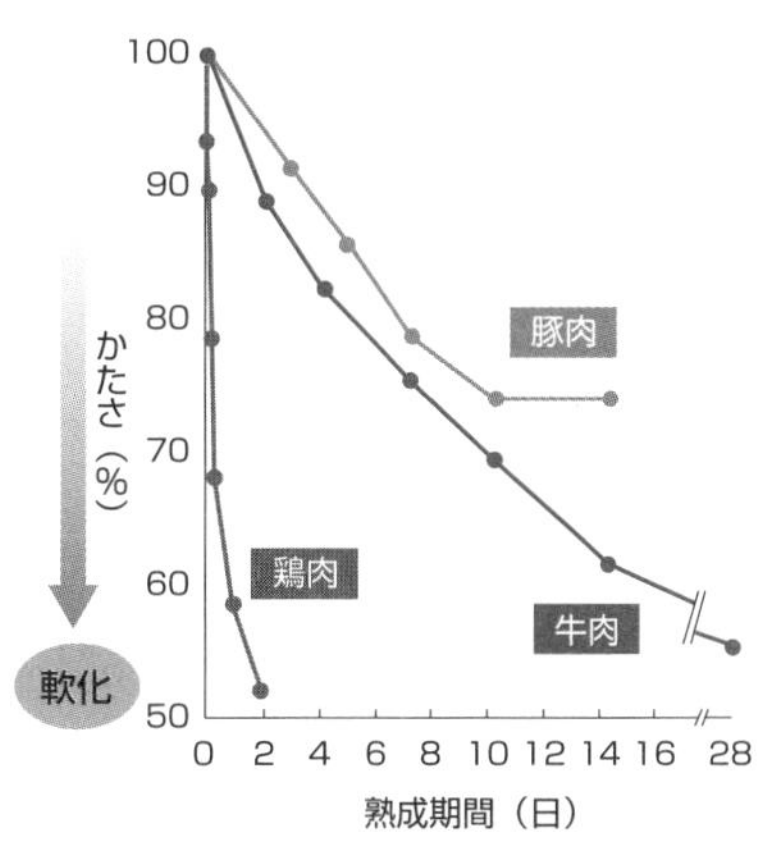

注：牛肉、豚肉、鶏肉を4℃で熟成し、屠畜直後（100%）と比べたときのやわらかさ

資料：公益財団法人日本食肉消費総合センター「鶏肉の実力」（2012年）をもとに作成

カンピロバクター食中毒
鶏肉や牛肉などのほか、牛のレバーの内部に潜むカンピロバクターという細菌によって引き起こされる。下痢や腹痛、発熱、倦怠感、頭痛、筋肉痛など、多様な症状が現れる。

腸管出血性大腸菌食中毒
代表的な腸管出血性大腸菌は、O-157。毒性の強いベロ毒素を生産する。出血を伴う腸炎や溶血性尿毒症（HUS）を引き起こし、死に至ることもある。腸管出血性大腸菌は牛などの家畜の糞便中に見つかることもある。

11 肉を使った加工品
～ハム・ベーコン・ソーセージ・加工肉～

ヨーロッパで発達した ハム、ベーコン、ソーセージ

食肉加工品は、おもに豚肉から作られますが、利用する部位や製造法によって、ハム、ベーコン、ソーセージに分けられます。これらの歴史は古く、古代ヨーロッパで、保存食として作られたのが始まりだとされています。日本には明治維新後、オランダなどから伝えられたようです。

世界では、それぞれの土地に根ざした多種多様なハムやベーコン、ソーセージが作られています。日本にも独自のものとして、豚肉のほかに牛肉や羊肉などを混ぜ、圧力をかけて製造する「プレスハム」があります。

ハム、ベーコン、ソーセージの製造工程

本来、ハムは豚のモモ肉から作りますが、日本ではロース肉などを使うこともあります。まず、豚肉のかたまりを整形したあと、食塩、発色剤、調味料、香辛料を混ぜた液に漬け（**塩せき**）、冷蔵庫で熟成させます。次に**ケーシング**に詰め、**燻煙**し、さらに蒸気などで加熱します。通常、これをスライスしたものが包装され、販売されます。ちなみに生ハムは、加熱せず低温で燻煙し、乾燥、熟成させて作ります。

ベーコンは、おもに豚バラ肉を使いますが、日本ではロース肉や肩肉を使うこともあります。製造方法は、燻煙までは基本的にハムと同じですが、その後の加熱を行いません。そのため、ハムより燻煙の香りが強く残ります。

ソーセージは、豚のひき肉に調味料や香辛料などを加え、練り混ぜます。これをケーシングに詰め、機械に吊るして燻煙し、さらに加熱すれば完成です。

このほか、豚肉以外の肉を使った加工品に、鶏肉

用語

塩せき
肉を食塩や発色剤（亜硝酸ナトリウムなど）、調味料、香辛料を混ぜた液に漬けること。風味が出るとともに、肉が薄ピンク色に発色する。また、食中毒の原因となる細菌が増えるのを防ぎ、保存性を高める効果がある。

ケーシング
ハムやソーセージなどの肉を詰める入れ物。羊や豚の腸のほか、セルロースなどを利用した人工のものもある。

燻煙
桜やヒッコリーなどの木材を燻し、煙の成分を肉などの食品の表面に付着させること。防腐成分によって保存性が高まるとともに、脂肪の酸化が抑えられる。

を燻煙したスモークド・チキンや、牛肉を調味液に漬けたあと、乾燥させ、燻煙したビーフ・ジャーキーなどがあります。

生肉と見分けがつかない成型肉や牛脂等注入加工肉

最近は、成型肉や牛脂等注入加工肉といった、通常の生肉と見分けのつかない加工肉が出回っています。成型肉は、くず肉を結着剤で固めて1枚の肉のようにしたもの。牛脂等注入加工肉は牛脂などに添加物を混ぜ、**インジェクション**とよばれる手法で牛肉などに注入し、人工的に霜降り状にしたものです。

これらは価格が安く、外食店などで使用されることも増えていますが、注意すべき点もあります。それは、食中毒です。牛肉の場合、細菌はおもに肉の表面に付着していますが、こうした加工品は、菌が内部に入り込んでいる可能性があります。そのため、食べるときは中までしっかり加熱する必要があります。肉を外食店で食べるさいや、購入するさいは、表示などをしっかり確認するようにしましょう。

ハムの製造工程

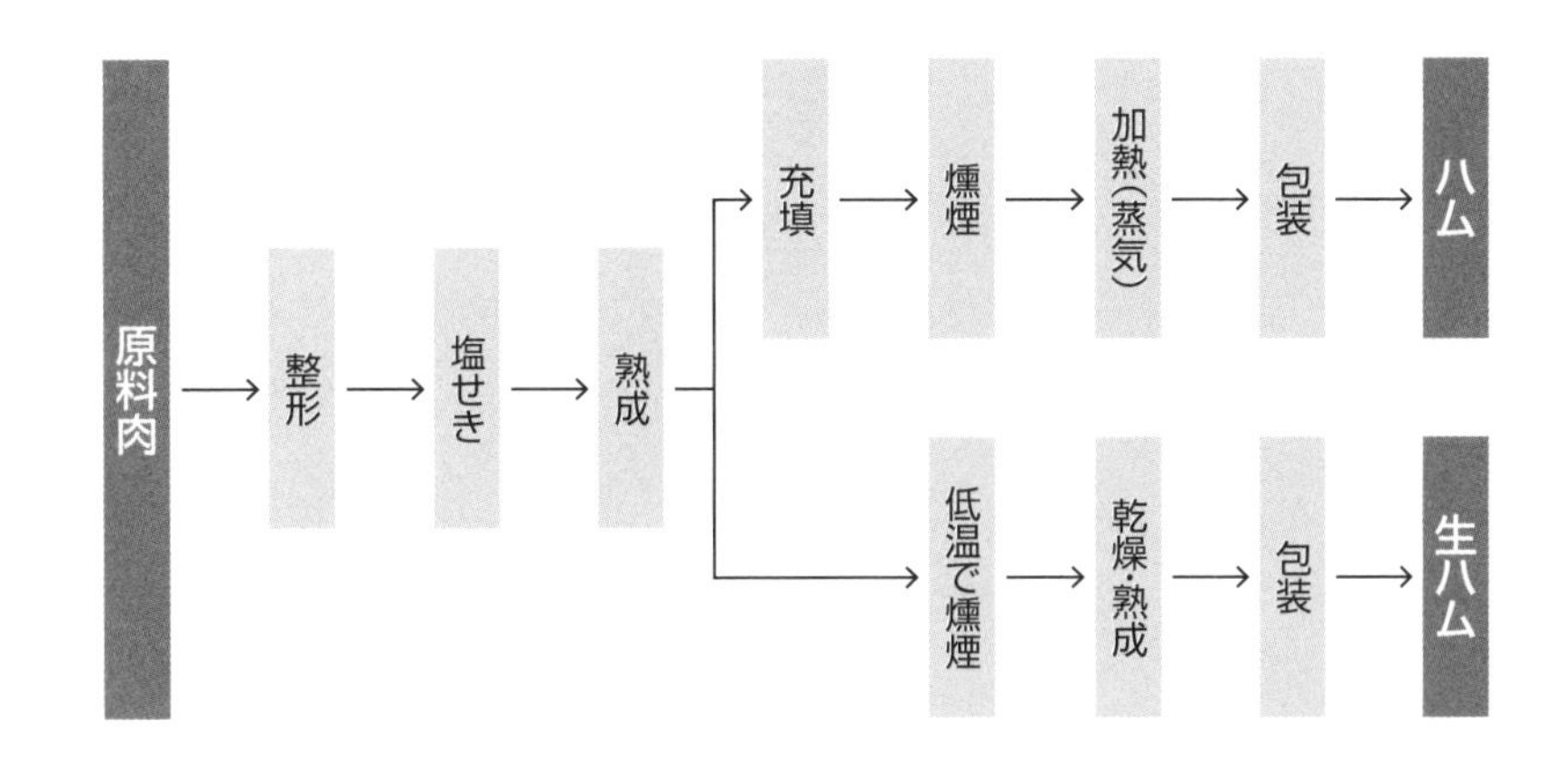

また、風味がよくなる。燻す温度は、製造する製品によって異なる。

インジェクション
注射器のような針が針山のようについた機械を肉に刺し込み、牛脂などを注入する手法。

12 牛乳の栄養と6種類の牛乳飲料

牛乳の栄養分

牛乳は本来、母牛が子牛に与え、発育させるためのものです。そのため栄養が豊富で、三大栄養素のタンパク質、炭水化物、脂質に加え、ミネラルやビタミンをバランスよく含んでいます。なかでもタンパク質は、コップ1杯（200㎖）で成人が1日に必要とする量の10分の1以上にあたる6・8ｇが摂取できます。

また、牛乳の炭水化物の99％は**乳糖**です。乳糖には整腸作用があり、便秘の解消にも効果的です。一方で、日本人（成人）には乳糖を分解できない乳糖不耐症の人も多く、お腹を壊すこともあります。

牛乳は、現代人に不足しがちなカルシウムも豊富です。カルシウムは骨や歯を丈夫に保ち、骨粗鬆（こつそしょう）症（しょう）や高血圧の予防、ストレスの緩和などに効果があるとされます。コップ1杯で、成人が1日に必要とする量のおよそ3分の1にあたる227㎎が摂取できます。また、人間にとって牛乳のカルシウムは、小魚や野菜よりも吸収されやすいことがわかっています。ビタミンB群も比較的多く、とくに生活習慣病や老化を防ぐとされるビタミンB_2が豊富です。

さらに牛乳は、100kcal当たりに含まれる栄養素の量を表す栄養素密度が高いという特徴があります。つまり、少ないエネルギー量で、栄養素を効率よく摂取することができるのです。

牛乳の規格と牛乳関連商品

牛乳の成分規格は、食品衛生法にもとづく「乳及び乳製品の成分規格等に関する省令（乳等省令）」で、表示に関しては牛乳業界が自主的に定める「飲用乳の表示に関する公正競争規約（公正競争規約）」で

用語

乳糖
ラクトースともいう。乳糖不耐症といい、牛乳を飲むと、乳糖によっておなかがゴロゴロする人もいる。

規定されています。

一般に「牛乳」として飲まれている製品は、**生乳**のみを使用しているもの、生乳に牛乳成分を加えたもの、生乳に牛乳成分以外のものを加えたものに分類されます。

生乳のみを使用したものは、生乳を加熱殺菌しただけの「牛乳」、生乳から水分、乳脂肪分、ミネラルなどの一部を除いた「成分調整牛乳」、乳脂肪分のみを減らした「低脂肪牛乳」、ほとんどの乳脂肪分を除去した「無脂肪牛乳」に分けられます。

生乳と乳成分を使用したものは、「加工乳」とよばれます。生乳に脱脂乳、脱脂粉乳、濃縮乳、**クリーム**、バターなどの乳成分を加えたもので、低脂肪タイプと濃厚タイプがあります。

生乳に乳成分以外のものを加えたものを、「乳飲料」といいます。カルシウムや鉄などのミネラルやビタミンなどを加えた栄養強化タイプ、コーヒーや果汁などを加えた嗜好タイプ、乳糖を酵素で分解した乳糖分解タイプがあります。

牛乳の組成

- 牛乳
  - 乳固形分 12.6%
    - 無脂乳固形分 8.8%
      - タンパク質 3.3%
      - 炭水化物 4.8%
      - ミネラル（カルシウムなど） 0.7%
      - ビタミンなど
    - 乳脂肪分 3.8%
  - 水分 87.4%

資料：一般社団法人日本乳業協会「乳と乳製品のQ&A」をもとに作成

牛乳類の成分規格

種類別	生乳の使用割合	成分		衛生基準	
		乳脂肪分	無脂乳固形分	細菌数（1mℓ当たり）	大腸菌群
牛乳	生乳100%	3.0%以上	8.0%以上	5万以下	陰性
成分調整牛乳		−			
低脂肪牛乳		0.5%以上1.5%以下			
無脂肪牛乳		0.5%未満			
加工乳	−	−			
乳飲料	−	乳固形分3.0%以上		3万以下	

資料：一般社団法人Ｊミルク『牛乳乳製品の知識（改訂版）』（2017年）をもとに作成

生乳
搾ったままで、殺菌していない状態の乳。食品衛生法の規定で、生乳をそのまま販売することはできない。

クリーム
乳等省令により、乳脂肪分が18％以上で生乳だけで作った製品と定められている。乳化剤や安定剤を加えたり、植物性脂肪を利用したりした製品は、「乳又は乳製品を主要原料とする食品」と表示される。

13 味わい豊かな乳製品①
～クリーム・バター・ヨーグルト～

乳脂肪分を利用したクリーム・バター

おもに牛乳を原料として作る食品を、乳製品といいます。このうち、クリームとバターは、乳脂肪分を利用して作る製品です。

クリームは生乳を遠心分離機にかけ、乳脂肪分を分離して取り出したもので、一般に生クリームとよばれます。

そして、クリームをかき混ぜて乳脂肪をかたまりにし、練ったものがバターです。バターは、クリームを**乳酸菌**で発酵させて作る発酵バターと、乳酸発酵させないクリームで作る非発酵バターに大別されます。また、それぞれ塩を加えた有塩バターと、塩を加えない無塩バターがあります。発酵バターは特有の香りと酸味があり、ヨーロッパで親しまれています。日本では非発酵バターが主流で、保存性が高くあっさりしているという特徴があります。

牛乳を濃縮した練乳・粉乳

生乳や**脱脂乳**を半分以下の量になるまで煮て濃縮し、加熱殺菌したものが練乳です。砂糖を入れない無糖練乳（エバミルク）は料理などの材料に、砂糖を加える加糖練乳（コンデンスミルク）は、イチゴやかき氷にかけるほか、菓子の原料になります。

粉乳は、生乳を濃縮して乾燥させ、粉にしたものです。生乳から水分のみを除いた全粉乳、生乳から脂肪分のみを除いた脱脂乳、脂肪分と水分を除いた脱脂粉乳（スキムミルク）があります。全粉乳は、業務用の菓子やパンなどの材料になります。脱脂粉乳は、湯や水に溶かして飲んだり、料理に使われます。

このほか、成分を母乳に近づけた赤ちゃん用の調製粉乳や、クリームを粉末にしたクリームパウダー、

用語

乳酸菌
牛乳の中の糖を分解して乳酸に変え、乳酸発酵させる細菌。有害な細菌の増殖を抑え、食品の保存性を高めるほか、さわやかな酸味を生み出したり、健康の維持に役立ったりする。

脱脂乳
生乳を遠心分離機にかけ、脂肪分であるクリームを分離したもの。

チーズを作る工程で生じる**ホエー**（乳清）を粉にしたホエーパウダーもあります。

ヨーグルトとアイスクリーム

ヨーグルトは**発酵乳**の一つで、生乳や脱脂乳に乳酸菌を加え、発酵させて作ります。

糖分を加えないプレーンヨーグルトや、砂糖やゼラチン、寒天を加えて固めたハードタイプ、乳酸発酵したあと、さらに攪拌（かくはん）してやわらかくしたり、フルーツやジャムを加えたりしたソフトタイプなどの種類があります。また、ヨーグルトにクリームなどを混ぜ、アイスクリームのように凍らせたフローズンヨーグルトや、ソフトヨーグルトをさらに攪拌して組織を細かくし、液状にした飲むタイプのヨーグルトもあります。

アイスクリームは、牛乳、クリームなどの乳製品に砂糖などを加え、泡立てて凍らせたものです。含まれる乳成分の量の違いにより、「**アイスクリーム**」「**アイスミルク**」「**ラクトアイス**」の3つに分けられます。

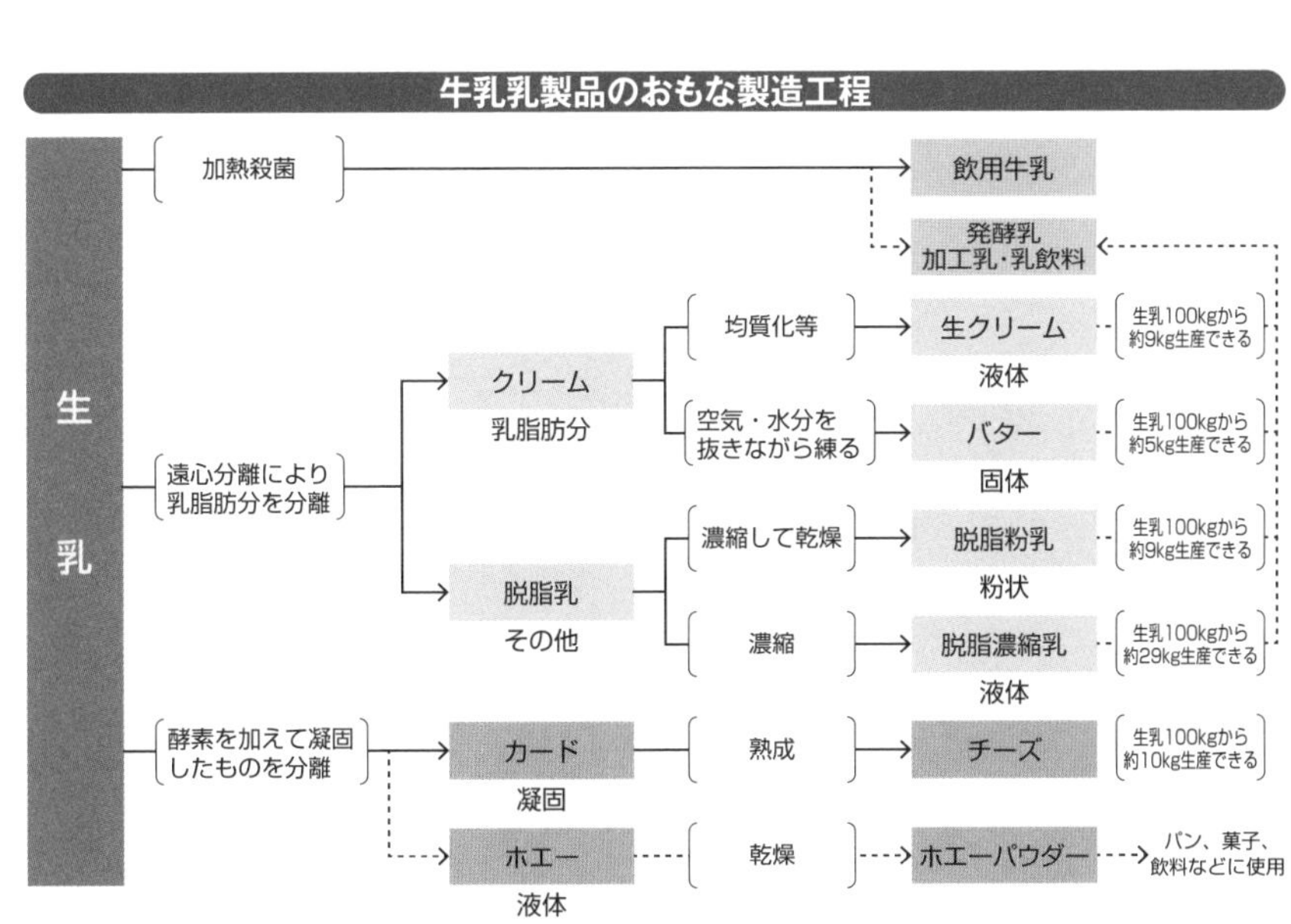

資料：農林水産省「牛乳乳製品の製造工程」をもとに作成

ホエー
乳清。チーズを作るさいに生じる液体。水溶性のタンパク質やミネラルを含む。

発酵乳
乳を乳酸菌や酵母によって発酵させたもの。乳等省令により、乳の固形成分から脂肪を除いた無脂乳固形分が8％以上、1mℓ当たりの乳酸菌の数、または酵母の数が1000万以上、大腸菌群が陰性のものと定められている。

アイスクリーム
乳固形分15％以上、乳脂肪分8％以上のもの。栄養価が高く、濃厚。

アイスミルク
乳固形分10％以上、乳脂肪分3％以上のもの。植物性脂肪を加えたものもあり、アイスクリームよりあっさり。

ラクトアイス
乳固形分3％以上のもの。植物性脂肪を中心に使用しており、さっぱりした味わい。

14 味わい豊かな乳製品②
～チーズ～

チーズは乳酸菌やカビを利用した発酵食品

チーズは牛などの乳に乳酸菌やカビなどを加え、熟成させて作る発酵食品です。牛乳の成分が濃縮されており、栄養がとても豊富です。

世界ではさまざまなチーズが作られており、その種類は1000以上にのぼります。伝統的な製品のある国では、品質や製造法、製造地域などを保証する制度（EUの**AOP**など）があり、大切な食文化として継承されています。

また、チーズにはナチュラルチーズと、ナチュラルチーズを加熱して溶かし、乳化剤を加えて固めた**プロセスチーズ**があります。

多彩な種類のナチュラルチーズ

ナチュラルチーズは、フレッシュタイプ、白カビタイプ、青カビタイプ、ウォッシュタイプ、シェーブルタイプ、ハードタイプ、セミハードタイプの7種類に分けられます。

フレッシュタイプ　熟成させていないチーズです。生乳または脱脂乳に乳酸菌や**レンネット**を加え、液体のホエー（乳清）と凝固物の**カード**（凝乳）に分離します。ホエーを除いたカードが、フレッシュタイプのチーズになります。やわらかくあっさりした味わいで、代表的なものにマスカルポーネ、モッツァレラ、クリームチーズがあります。

白カビタイプ　チーズの表面に白カビの胞子を吹きかけて、10～60日熟成させたものです。クリーミーな口当たりが特徴で、カマンベールやブリーがよく知られています。

青カビタイプ　ペニシリウム・ロックフォルテとよばれる青カビをチーズの内側に植えつけて繁殖させ、

用語

AOP
Appellation d' Origine Protegée の略。厳しく規制管理された製品であることを示す。指定を受けた製品は、格付や値段が上がる。

プロセスチーズ
1900年代にスイスで開発された。おもにハードやセミハードタイプのチーズを加熱して溶かし、乳化剤を加えて固める。品質が安定し、保存性が高いうえ、成形しやすいことから、世界に広まった。戦後、アメリカによって日本に導入され、普及した。

レンネット
凝乳酵素。乳タンパク質を固める働きがある。かつては子牛の第4胃

10週間～6か月熟成させます。香りが強く、クセがあるのが特徴です。ロックフォール、ゴルゴンゾーラ、スティルトンといった種類があります。

ウォッシュタイプ　チーズに**リネンス菌**を主とする細菌を植えつけ、外側をワインや塩水などで洗いながら、4週間～1年間熟成させて作ります。皮が茶色っぽく、強い香りがあります。モンタニャール、ポンレビック、ラングルなどがこれに属します。

シェーブルタイプ　おもに、山羊の乳を使い、白カビや乳酸菌などを用いて10日～4週間熟成させます。セル・シュール・シェル、ブリニーサンピエール、ラフィネシャブルーなどの種類があります。

ハードタイプ　圧搾して水分をしっかり抜き、4か月～2年以上長期間熟成させるかたいチーズです。薄く切ったり粉にしたりして食べます。パルミジャーノ・レッジャーノなどが有名です。

セミハードタイプ　ハードタイプと比べて少しやわらかく、熟成期間は1～8か月と短めです。ゴーダ、フォンティナなどの種類があります。

さまざまな種類のチーズ

ナチュラルチーズ

フレッシュタイプ

モッツァレラ

白カビタイプ

カマンベール

青カビタイプ

ゴルゴンゾーラ

ウォッシュタイプ

ラングル

シェーブルタイプ

セル・シュール・シェル

ハードタイプ

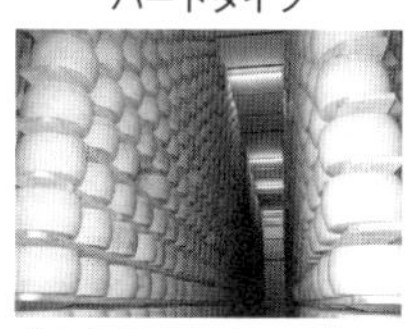

パルミジャーノ・レッジャーノ

セミハードタイプ

ゴーダ

プロセスチーズ

写真：PIXTA

（ギアラ）から抽出していたが、現在は微生物などからも作られている。

カード
凝乳。乳に乳酸菌や酵母を加え、乳が発酵して乳固形分が固まったもの。

リネンス菌
納豆菌に近い種類の細菌。熟成が進むと、粘りと強い香りが出てくる。

15 卵の栄養と6つの規格

卵に含まれるさまざまな栄養

卵は外側から順に**卵殻**、**卵殻膜**、**卵白**、**卵黄**があり、卵黄は、カラザ（chalaza）とよばれる糸のようなもので中心に保たれています。卵は栄養価が高く、とくにタンパク質が豊富です。1個で成人が1日に必要とするタンパク質の10％以上に当たる約6gを摂取できます。さらに脂質やビタミンA、B_2、B_6、B_{12}、D、E、葉酸などのビタミンや、カルシウム、マグネシウム、リン、亜鉛、鉄などのミネラルも含みます。卵白の栄養分はほとんどがタンパク質で、そのほかの栄養分の多くは卵黄に存在します。

また、卵にはこうした栄養素のほかにも、健康によい成分が詰まっています。たとえば、卵黄に含まれる**レシチン**はコレステロールの体内への蓄積を抑える働きがあります。また、レシチンに含まれる**コリン**は、脳の神経伝達物質であるアセチルコリンの原料となり、脳を活性化し、認知症の予防に効果があるといわれています。

卵の種類と規格

卵には純白の白玉と、赤褐色の赤玉があります。色の違いは産む鶏の品種によります。羽色は無関係で、白い羽色の鶏のなかには赤玉を産む品種もいますし、褐色の羽色の鶏のなかにも白玉を産む品種がいます。卵の色による栄養や味に違いはありません。通常、白玉より赤玉のほうが値段は高めですが、その理由は、一般的に赤玉を産む鶏は体が大きく、必要とする飼料が多いうえ、産卵数が少ないからです。

店頭に並ぶ卵のほとんどは無精卵ですが、なかには有精卵と表記されているものもあります。無精卵は、雌だけで産まれる受精していない卵。有精卵は、

用語

卵殻
かたい卵殻には卵を守る役割があり、気孔という空気を通す小さな穴が7000個以上あいている。産卵直後の卵殻の表面はクチクラ（cuticula）という薄い膜で覆われている。

卵殻膜
卵殻膜は、内外膜の2枚が重なっていて、内膜で卵白の表面を覆っている。

卵白
外側の水っぽい外水様卵白と卵黄を包むぶるぶるした濃厚卵白などからなり、卵黄を守っている。おもな成分はタンパク質と水。

卵黄
タンパク質、脂質、ミネラルなどを含み、胚

雄と雌をいっしょに飼うことで産まれる受精した卵です。栄養分などに違いはありません。

栄養強化卵は、栄養を高めた卵です。餌に**ヨード**やビタミン、ミネラル、**α-リノレン酸**などを加えることで、これらの栄養を強化しています。

なお、卵は農林水産省が定める規定により、重量によって、LL、L、M、MS、S、SSの6段階の規格に分けられ、流通しています。

日本には、卵かけご飯など、卵を生で食べる習慣がありますが、海外では、卵は加熱して食べるのが常識です。卵は約0・003%の確率でサルモネラ菌に汚染されている可能性がありますが、一定期間は増殖しないため、日本のように品質管理を徹底していれば、食中毒の心配はないとされています。卵のラベルに表示される賞味期限は、冷蔵保存で生食できる期限ですので、生で食べる場合は、これを守りましょう。また、新鮮な卵を見分けるには、平たい皿の上に割ってみることです。卵黄が丸く盛り上がり、濃厚卵白がたっぷりあるものが新鮮です。

鶏卵の構造

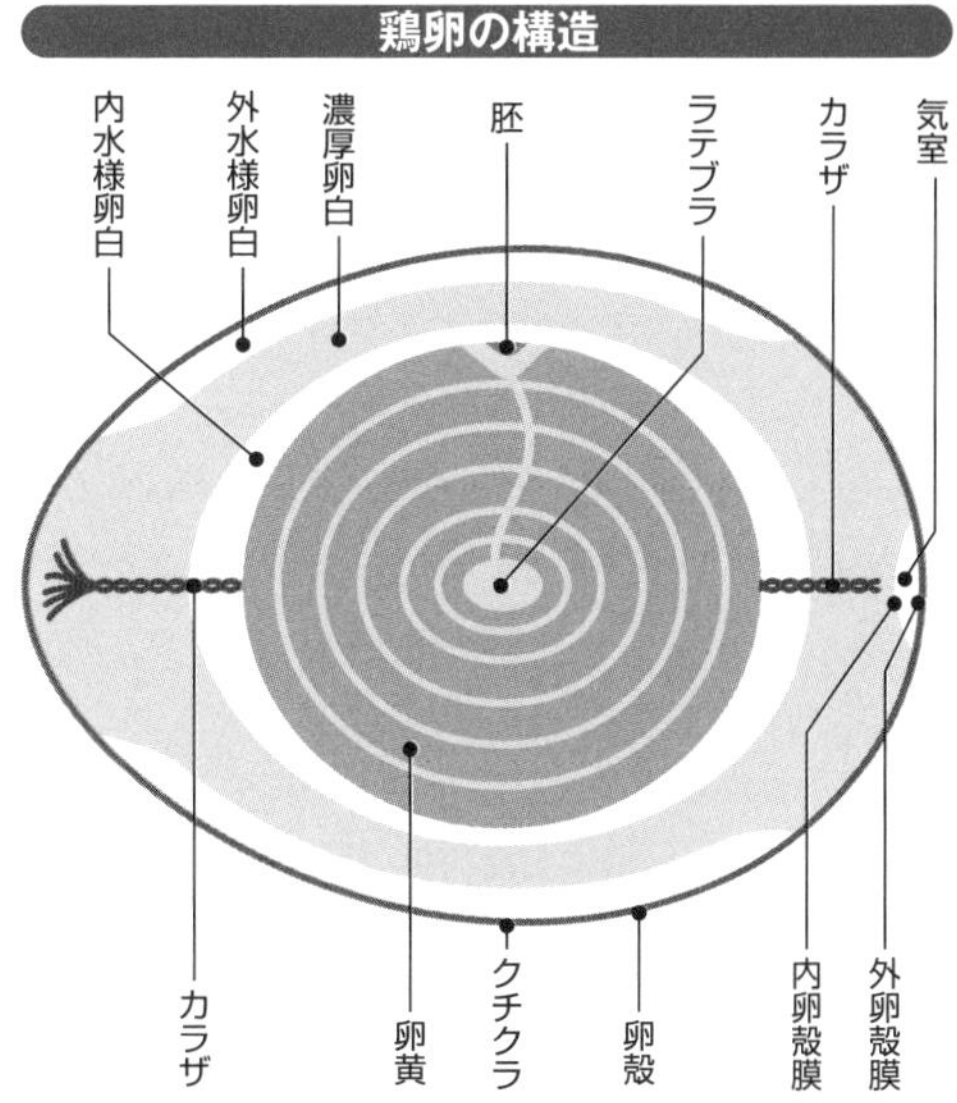

資料：『新版　食材図典　生鮮食材篇』（小学館　2003年）などをもとに作成

パック詰め鶏卵規格

種類	基準［鶏卵１個の重量］	ラベルの色
LL	70g以上～76g未満	赤
L	64g以上～70g未満	橙
M	58g以上～64g未満	緑
MS	52g以上～58g未満	青
S	46g以上～52g未満	紫
SS	40g以上～46g未満	茶

資料：JA全農たまご資料室「パック詰鶏卵規格」をもとに作成

の栄養となる。中心にはラテブラ（latebra）とよばれる白っぽい部分があり、この部分はゆで卵にしても完全には固まらない性質がある。

レシチン
リン脂肪の一つ。脳や神経組織に含まれる細胞膜の主要な成分。

コリン
体を作る細胞のリン脂質を構成する成分で、記憶、学習に深く関わる神経伝達物質。卵黄には大豆の3倍のコリンが含まれており、食品のなかでもっとも脳に吸収されやすい。

ヨード
ヨウ素。海藻などに多く含まれる。

α-リノレン酸
脂肪酸の一つで、エゴマ油などに多く含まれる。動脈硬化を予防する効果があるとされる。人間の体内では合成できず、食べ物から摂取する必要がある。

column

カイコもミツバチも新しいフィールドで羽ばたく

小さな家畜が日本の近代化を牽引

牛、豚、鶏（肉用、卵用）以外で人間に役立つ動物を「特用家畜」と呼びます。人間が繁殖に関与できる点が重要で、哺乳類や鳥類など少なくとも30数種を数え、その中には歴史的に人と関わりの深い昆虫が含まれます。

家畜伝染病予防法の対象動物にはなっていないカイコですが、5000年以上前に中国で家畜化されました。カイコの幼虫は自力で餌となる桑の葉を得ることができず、羽化したオスとメスはいつまでも交尾をやめないなど、人が世話をしなければ生きていけないほど家畜化が進み、先祖とされる野生のクワコとは別種の生物になっています。

日本には2世紀に朝鮮半島経由で養蚕が伝わり、独自の発展をとげました。幕末に始まる生糸輸出は、日本の急速な近代化に欠かせないものでした。養蚕・製糸業が稼いだ外貨によって、当時の先進国から最新機械設備や軍艦を買い入れることができたのです。

日本の養蚕業は品種改良を繰り返し、世界有数の多品種を生み出しました。化学繊維の普及や安価な輸入品の増加で、日本の養蚕農家は激減しましたが、蓄積された養蚕・蚕糸の技術に最新の遺伝子工学が加わって、超極細絹糸が生まれ、光るカイコや蛍光シルクも登場。医療用ガーゼ、人工血管、化粧品などに用いる高付加価値素材として研究開発が進んでいます。

ニホンミツバチの底力に注目が

ミツバチは１億5000年前から地球上に生息し、5000万～3000万年前には分業システムを確立。社会性動物としては人類の大先輩です。

野生ミツバチの巣を探し、蜜を搾り取る古代（旧式）養蜂は、数万年前に始まり、19世紀まで続きましたが、アメリカで可動巣板式の巣箱が発明されたことから、近代養蜂がスタートします。日本にも1877年ごろに採蜜量の多いセイヨウミツバチと近代養蜂が伝わり、在来種のニホンミツバチによる伝統養蜂にとって代わりました。

ところが環境変化の影響か、20世紀が近づく頃から都市部を中心にニホンミツバチの生息数が増え、趣味でニホンミツバチを飼う人も増加しました。

もともと交雑育種が難しいミツバチですが、とくにニホンミツバチは野生種の性質を色濃く残しています。そのためか、2006年ごろから世界各地で発生している蜂群崩壊症候群（働きバチの大量失踪）への耐性にも優れているようです。養蜂業は、蜂蜜やローヤルゼリーの採取のほかに、農作物の花粉媒介が大きな収入源になっていて、ニホンミツバチの花粉媒介能力への関心も高まっています。

第2章

生き物としての家畜を知る

1 牛の特徴と品種

牛は4つの胃を持つ

哺乳類のうち、牛のように偶数の蹄(ひづめ)を持つ動物を偶蹄類(ぐうているい)といいます。10科80属186種が現生の偶蹄類に分類され、広義にはシカやキリン、ラクダ、カバ、イノシシなども牛の仲間です。私たちが目にする家畜としての牛は、ウシ科の動物120種のうち、わずか1種（ウシ属のウシ）にすぎません。

牛は、もともとヨーロッパ南部からアフリカ北部、東南アジアにかけての比較的暖かい森に生息していた「**オーロックス**（原牛）」が、約9000年前に家畜化されたものです。当初は肉用や運搬、農耕などに利用されていましたが、5000年ほど前のメソポタミアの壁画には乳を搾る様子が描かれており、乳用としても実用化されたことがうかがえます。

牛は草食動物で4つの胃を持ち、一度飲み込んだ食べ物を胃から口に戻して再度噛む、反芻(はんすう)動物です。人間の胃に相当するのが第4胃で、その前に3つの前胃があります。第1胃はルーメンともよばれ、その大きさは成牛では約200ℓにもなり、容積でいえば胃全体の80％、消化管全体の約半分を占めます。

ルーメンには細菌やプロトゾアをはじめとしたさまざまな微生物が生息しており、これらの微生物の活動により、牛自身では消化できない植物の繊維質を発酵・分解して利用できる形に変えてくれます。また、ルーメン内で微生物が増殖するさいに菌体タンパク質が合成されますが、ウシはこの菌体タンパク質を分解して利用します。ルーメンは、いわば巨大な「発酵タンク」といえます。牛は、人間にとって〝自分たちがそのままでは利用できない草を肉や乳に変換する動物〟といえますが、そのさい重要な役割を果たしているのがルーメンなのです。

用語

オーロックス
ヨーロッパ系家畜牛の原種。氷河の後退期にユーラシア北部へ分布を広げたが、狩猟対象にされて激減し、17世紀を最後に生息記録が途絶えた。

和牛の9割以上は黒毛和種

日本で食べられている牛肉の約65%はオーストラリアやアメリカから輸入されたもので、約35%が国内産です（重量ベース）。国産牛肉のうち、和牛の肉は45%程度を占め、残りは乳用種（ホルスタイン種の去勢雄牛）、ホルスタインと和牛の交雑種などの肉です。和牛は、明治以前から日本で飼われてきた牛を改良したもので、次の4品種があります。

黒毛和種　明治時代、小型で成長するのに時間のかかっていた在来和牛に外国産肉用種を交配して作出されました。**産肉能力**の改良に重点がおかれ、肉質がすぐれているところが最大の特徴。全国各地で飼育され、和牛の9割以上を占めるといわれます。

褐毛（あかげ）和種　熊本県や高知県で多く飼われています。起源は朝鮮半島の牛とみられ、外国産肉用種との交雑による改良が行われました。熊本系と高知系があり、赤褐色や黄褐色の毛色が特徴で、繊維質の多い牧草などの粗飼料でもよく育ちます。

牛の胃と反芻の仕組み

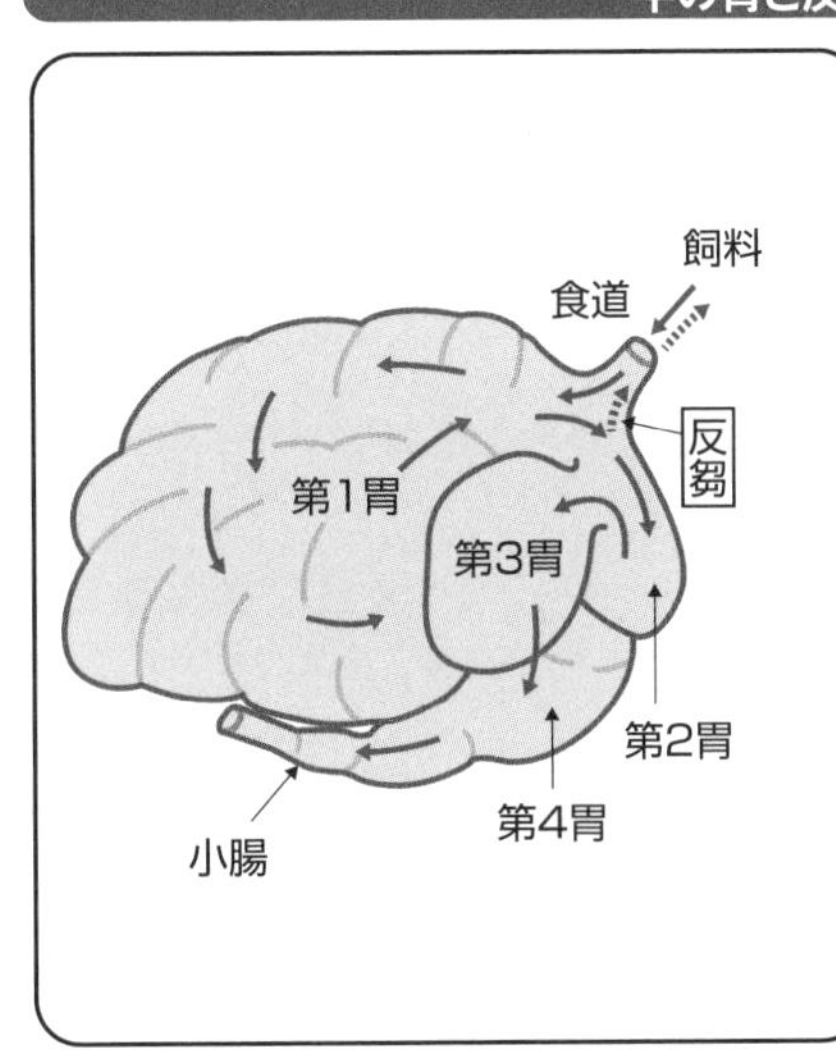

← 飼料

一度飲み込んだ飼料は、食道を通り第1胃に入るが、その後、食道を通ってふたたび口に戻り、歯で噛むことでさらに消化しやすくして、ふたたび食道を通り第2胃に戻される。これを反芻という。

資料：『新版　家畜飼育の基礎』（農文協　2014年）などをもとに作成

産肉能力
家畜の生産能力のうち、肉生産に関する形質の総称。おもな指標として、生後一定の時期の体重で示される発育、肥育期の増体量や飼料の消費でみる肥育性、屠畜解体時の肉量や肉の歩留（ぶどまり）、肉だけの重量でみる正肉量などが使われる。

日本短角種　在来の南部牛に**ショートホーン種**を交雑して作出されました。肉用種としては大型。肉質や**枝肉歩留**（ぶどまり）では黒毛和種に劣るものの、粗飼料でもよく育ち、放牧に適しています。岩手、青森、北海道の一部などで飼育されています。

無角和種　山口県で在来の黒毛の和牛に**アバディーン・アンガス種**を交雑して改良した、角のない牛です。成長が早く、粗飼料でもよく育ちます。

日本の乳牛の99%はホルスタイン種

日本の乳牛の99%はホルスタイン種ですが、一部ではジャージー種などほかの種も飼育されています。

ホルスタイン種　オランダ・ドイツ原産で、毛色は黒白斑ないし白黒斑ですが、改良の過程でショートホーン種を交配したため、まれに赤白斑のものが生まれます。体型や体格は、乳をたくさん出すように改良された大型のアメリカ型と、産肉性もあわせて改良が進められたやや小型のヨーロッパ型に分けられます。1頭当たりの乳量はほかの品種より多い年間約8900kgです。個体改良に加え、トウモロコシなど穀物を多く与えるようになったため、乳量が年間2万kgを超えるスーパーカウとよばれる牛も増えています。乳脂肪率は、約3・9%です。性格は温順で、暖地よりも寒地での飼育に適し、気温が25℃を超すと乳量が減少するといわれます。

ジャージー種　イギリス領ジャージー島原産の乳用種で、約600年にわたり他品種と交雑することなく純粋繁殖によって維持されてきました。粗飼料でもよく育ち、草地農業を振興するために1954年～59年に約2万5000頭が輸入されましたが、現在飼育されているのは少数です。毛色は褐色で、体型は小型。乳量は年間6000kg程度と少ないものの、乳脂肪率は5%と高いのが特徴で、バターやクリームの原料としてすぐれています。

ブラウンスイス種　スイス原産でアメリカで改良され、戦後、日本にも導入されましたが、乳量が少なく定着しませんでした。ただし、乳脂肪率が4%でチーズ製造に適しており、近年注目を集めています。

ショートホーン種
イギリス・イングランド東北部で17世紀まで飼われていた牛と、オランダから導入された牛の交配で誕生した肉用牛の品種。早熟で早く肉がつき、肉質もよく、雌牛は乳量が多い。

枝肉歩留
体重に対する枝肉（肉用牛の体から皮と内臓を取り除いたもの）の割合。この数値が高いほど、効率よく肉を生産したことになる。

アバディーン・アンガス種
イギリス・スコットランド原産の肉用種。毛色は黒で、角はない。早熟で早く肉がつき、外国品種のなかではもっとも肉質がすぐれている。

代表的な牛の品種

褐毛和種

黒毛和種

無角和種

日本短角種

ジャージー種

ホルスタイン種

写真提供：独立行政法人家畜改良センター

2 肉牛の一生

品種や飼育法によって異なる出荷時期

家畜の肉量を増やし、肉質をよくするために育てることを肥育といいます。肉牛は誕生後、肉質が充実するまで肥育され、その後、屠畜場に出荷され一生を終えます。出荷までの時間は、肉牛の種類や性別、飼われている目的などにより異なります。

黒毛和種の場合、子牛は3か月ほどで離乳し、9か月齢ごろまでは、牧草など繊維質の多い粗飼料を中心に育てられます。その後は、筋肉に脂肪が網目のように入った霜降り肉になるよう穀物を多く与えられ、30か月齢前後で出荷されます。和牛とホルスタイン種の交雑種の場合は25か月齢前後、成長の早いホルスタイン種は20か月齢前後で出荷されます。

食肉とする目的で育てる子牛を素牛(もとうし)といい、素牛を産むための牛は繁殖牛とよばれます。繁殖牛は、平均的な場合10歳ごろまで飼育され、9年間で7回ほど素牛を出産したあと、肉用に出荷されます。なかには26歳まで飼われた記録も残っているそうです。

子牛を産ませる繁殖農家

母牛(繁殖牛)に子牛(素牛)を産ませる農家を「繁殖農家」、食用にするために子牛を大きく育てる農家を「肥育農家」といいます。同じ農家が繁殖と肥育を手がける場合、「一貫経営」とよんでいます。

繁殖農家では、誕生した子牛を9か月~12か月齢まで育て、市場でセリにかけ肥育農家に販売します。雄の場合は、肉質を向上させ、性質をおとなしくするため、2か月齢ごろ**去勢**をして育てます。

繁殖農家にとって大切な仕事は、体重に気をつけながら母牛に飼料を与えることです。子牛に乳を与えているかどうかにより飼料の種類も異なり、哺育

用語

去勢
雄においては精巣を、雌においては卵巣を除去すること。肉用家畜においては、主に肉質を柔らかくすることや、群飼時の雄同士の競合軽減を目的として雄の精巣は除去される。

をしていない時期や妊娠初期には乾草や稲わらなどを与え、妊娠後期や、哺育期には穀物類を加えます。

食肉用に育て上げる肥育農家

肥育には①短期間でたくさんの肉をつける方法（乳用種など）②時間をかけゆっくり育て、高級な肉を作る方法（松阪牛など）があり、飼料の与え方も違ってきます。一般的に、肥育前期は、骨格を作り上げ、筋肉をつけていくため、牧草や稲わらなど粗飼料を中心に与えます。中期は、筋肉の中に脂肪をためていく時期で、大麦などを加えます。霜降り状に脂肪をつける後期は、大麦の占める割合が多くなり、稲わら以外の粗飼料は与えないのが一般的です。

ブランド牛では、肥育の「場所」が重要な要件になります。たとえば松阪牛では、素牛は全国の産地から厳選されたものであり、「生後12か月齢までに松阪牛生産区域に導入」、そして「生産区域でのみ肥育され生産区域での肥育期間が最長・最終」などの要件があります。

肉牛のライフサイクル

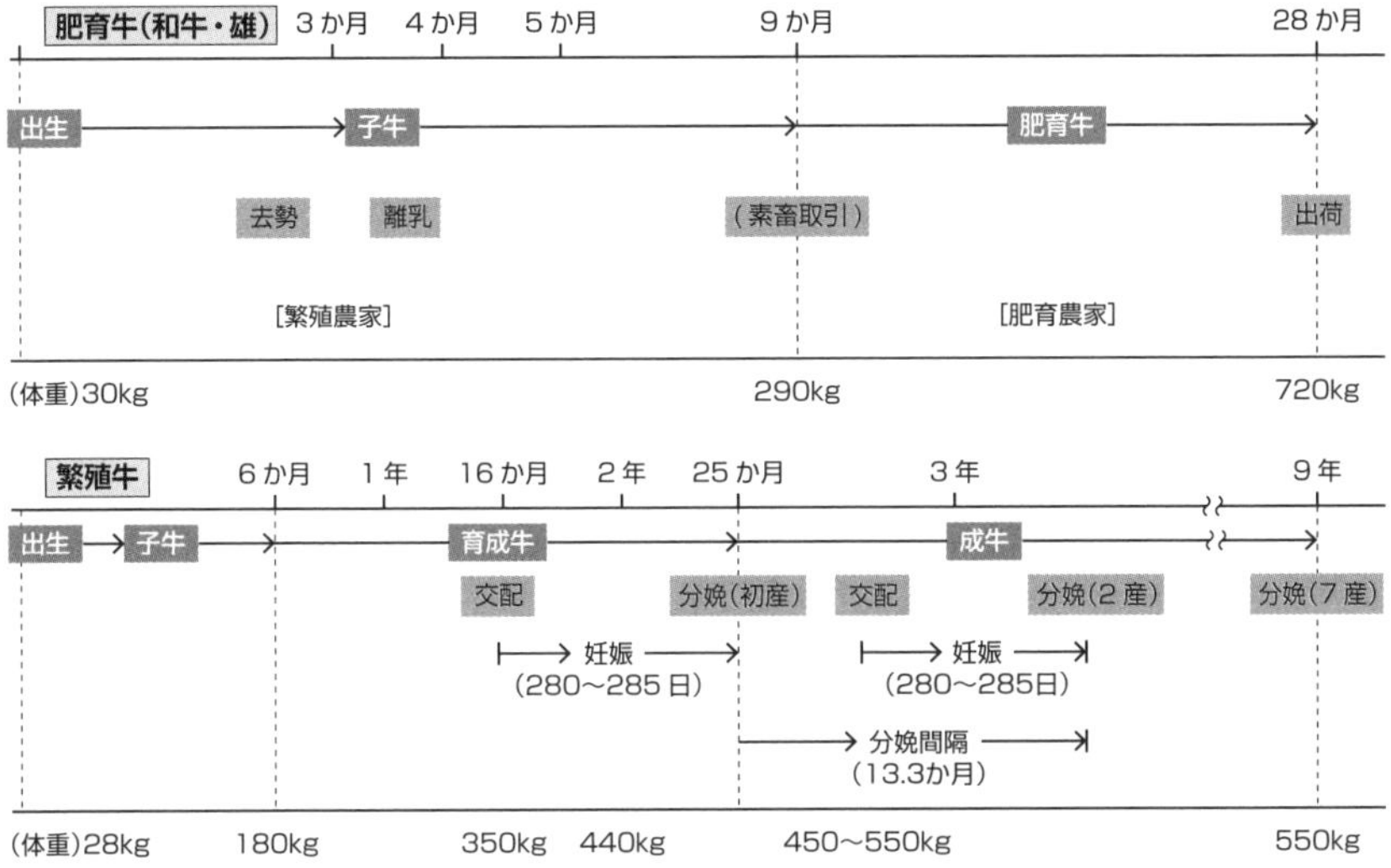

肥育牛（和牛・雄）
3か月
4か月
5か月
9か月
28か月
出生
子牛
肥育牛
去勢
離乳
（素畜取引）
出荷
［繁殖農家］
［肥育農家］
（体重）30kg
290kg
720kg

繁殖牛
6か月
1年
16か月
2年
25か月
3年
9年
出生
子牛
育成牛
成牛
交配
分娩（初産）
交配
分娩（2産）
分娩（7産）
妊娠
（280〜285日）
妊娠
（280〜285日）
分娩間隔
（13.3か月）
（体重）28kg
180kg
350kg
440kg
450〜550kg
550kg

資料：農林水産省「グラフと絵で見る食料・農業」をもとに作成

3 乳牛の一生

2歳から出産と搾乳が繰り返される

生まれたばかりの子牛には、約1週間、初乳という免疫抗体を含む母牛の乳が与えられます。初乳は、通常の乳成分との違いが大きく出荷できませんが、子牛の健康のために大切なものです。その後、**生乳**や、脱脂粉乳などを使った代用乳と、穀類や大豆粕、カルシウムなどを粉やペレット状にした離乳期用飼料を併用し、約2か月哺育します。離乳後は、ルーメン（第1胃）を発達させるため、やわらかい乾草を食べさせ、補助的に**配合飼料**を与えます。乳牛として育てられるのは雌牛だけです。雄は肉牛とするため誕生後、専門の農家に引き渡されます。

8～9か月齢で最初の発情を迎え、体重約350kg（15か月齢前後）で人工授精により交配・妊娠させます。乳用種とはいえ、成長すれば自然に生乳を出すのではなく、妊娠・出産が必要です。妊娠期間は人間とほぼ同じ280日ほど。生後24か月前後で初産を迎えます。

ホルスタイン種より黒毛和種のほうが体が小さく、とくに初産の牛の負担を軽くするため、黒毛和種の精子を使って人工授精をしたり（交雑種）、黒毛和種の受精卵を移植する場合もあります。これらの子牛を肉牛の素牛として出荷すると、乳用種より価格が高いという利点もあります。

出産すると乳を出す泌乳期に入り、分娩後2～3か月後に乳量はピークに達し、1日2回程度の搾乳で40kg台になります。出産後約10か月間搾乳しますが、1年に1回出産させることを目指し、出産後90日以内に妊娠させるために人工授精を行います。

出産前の約2か月間は乾乳期と呼ばれ、次産後の搾乳に向け乳腺組織や母体の体力を回復させるため、

用語

生乳
↓45ページ

配合飼料
麦類やトウモロコシ、各種粕類、脱脂粉乳、魚粉などの飼料原料を混合したもの。詳しくは76ページ。

搾乳しない時期を設けます。乳量は、産次数（お産の回数）が3～4産のときにもっとも多くなります。

近代**酪農**の最大の目標は、生産乳量を増やすことなので、乳量や乳質の低下などで生産性が下がると乳牛としての役目を終えます。牛の寿命は自然界では20年ほどですが、日本の乳牛の多くは、6～7歳で食用にされます。

牛の世話や飼料作りで多忙な酪農家

酪農家は、午前5時ごろに牛舎に行き、汚れた**敷料**の掃除や餌やり、子牛の哺乳などを行います。さらに、**ミルカー**を使った搾乳作業と続き、多くの酪農家は朝夕の2回乳を搾ります。近年は多回搾乳も試みられています。また、牛に病気やけががないか細心の注意を払って観察し、分娩に立ち会います。

酪農家には、餌となる作物を育てる畑への堆肥散布をはじめ、飼料用トウモロコシの播種、牧草の収穫、サイレージ（発酵飼料）の調製など、牛の世話以外の仕事もたくさんあります。

乳用牛のライフサイクル

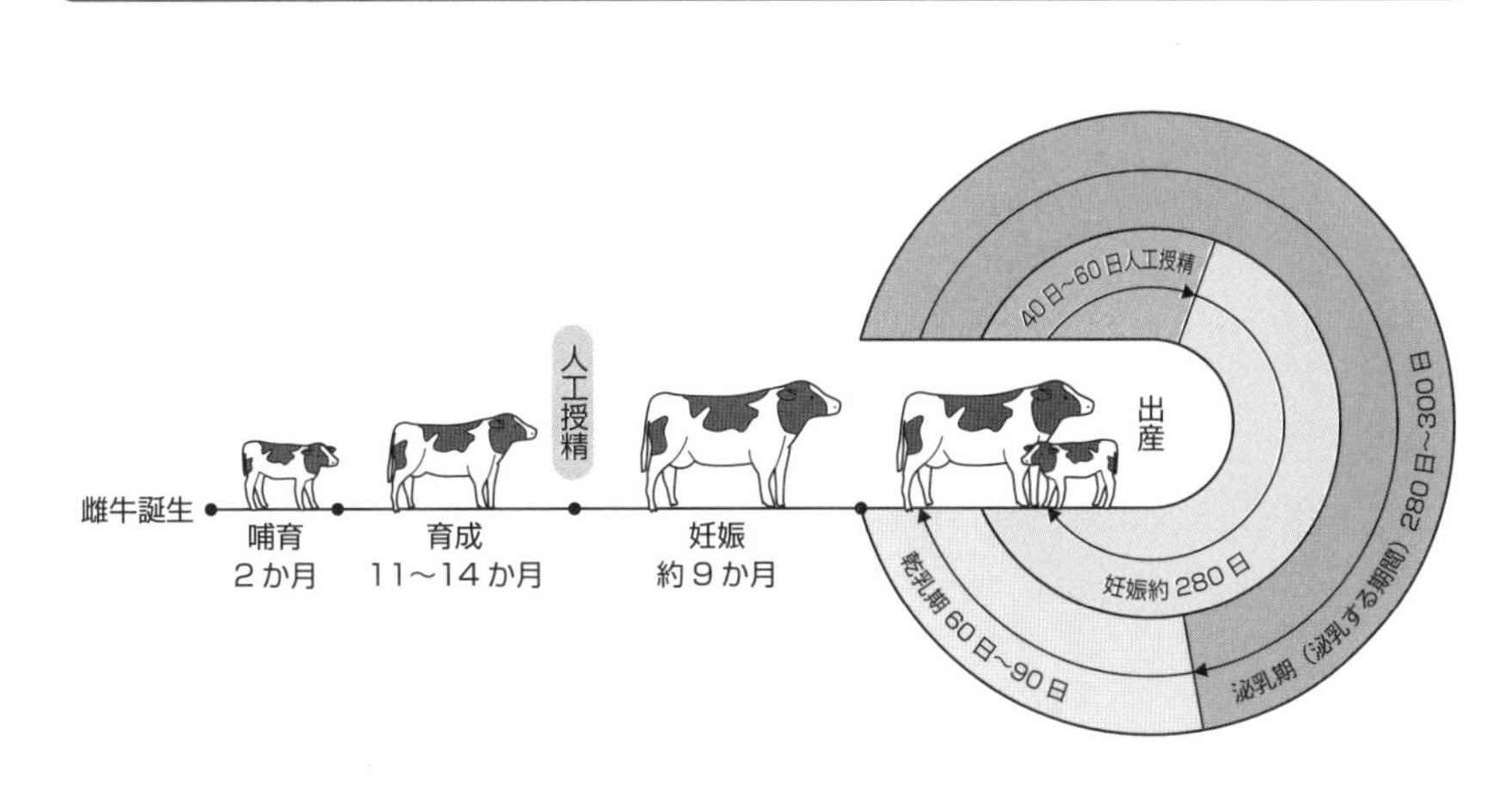

資料：Jミルク「牛乳乳製品の知識（改訂版）」をもとに作成

酪農
牛乳を生産する農業で、畜産の一部門。

敷料
家畜が横たわったり座ったりする場所をやわらかく暖かくし、排せつ物の水分を吸収するために敷くもの。わらやおがくずなどが使われる。

ミルカー
搾乳機のこと。搾った生乳をステンレス容器にためる「バケットミルカー」と、ミルクパイプで連続的に送乳する「パイプラインミルカー」に区分される。

4 牛の繁殖技術と和牛の系統

日本の牛のほとんどは人工授精で生まれる

人工授精は、子牛を得るために、人が雄牛の精液を雌牛の生殖器に注入するという家畜繁殖の重要な技術です。日本では、肉牛も乳牛もそのほとんどが人工授精で誕生しています。

家畜の繁殖では古くから、特定の雄と雌を交配させ、肉づきがよいなど経済的にすぐれた子を作る自然交配が行われてきました。しかしこの方法では、1回の交尾で1頭の雌を受胎させるだけです。家畜の移動には費用や労力がかかるため、1頭の優秀な雄が種付けできる雌の数、地域も限られてしまいます。そこで18世紀末に、人工授精技術が考えだされ、日本では昭和初期に、まず馬で導入されました。その後、1949年にはイギリスで牛の精液の**凍結保存技術**が開発され、活用に弾みがつきました。

しかし、人工授精が普及しても、乳量が多いなどのすぐれた性質を持つ雌牛が一生に産める子は、多くても10頭ほどにすぎません。

そこで64年に開発されたのが、受精卵移植技術です。性質のすぐれた雌牛にホルモンを投与することで多くの卵子を排卵させ、その状態で人工授精をしてたくさんの受精卵を作ります。そして、この受精卵を別の雌牛に移植します。現在は、乳牛の種雄牛の多くは受精卵移植で生産されています。

黒毛和種の系統と種雄牛たち

肉牛の改良を進めるには、それぞれの個体が持つ遺伝能力を把握することが欠かせません。和牛には1頭ずつ、名前や血統、生産地、誕生日などが明記された証明書が作られ、データベースできちんと管理されています。

用語

凍結保存技術
生きた精子を保存液で処理し、マイナス196℃の超低温（液体窒素）で保存する技術。牛の精液の場合、ストロー型の容器に入れられて凍結保存・流通する。

黒毛和種の場合、大きく分けて3つの**系統**が使われています。

田尻系　兵庫県の種雄牛「田尻」を祖先とするもので、肉量は少ないのですが、肉質にすぐれています。

気高系　鳥取県の種雄牛「気高」を祖先とし、発育がよく肉量も多いのが特徴です。子育ても上手です。

藤良系（糸桜系）　岡山県の「種雄牛第6藤良」を祖先とする系統で、発育がよく、肉量が多くロース芯の面積も広いのが特徴です。

「田尻」は、但馬牛の改良に最大の貢献をした偉大な種雄牛でした。現在の但馬牛の種雄牛で肉質のよい牛は、田尻を中心とした血統繁殖の直系です。兵庫県内で供給される繁殖牛の祖先をたどると、ほとんどが、田尻に到達するといいます。

また、肉質が優秀な血統の牛を交配し続けて誕生した、肉質のすぐれた子が生まれる種牛は「スーパー種牛」とよばれています。一方、近親交配が繰り返されることで、発育が悪かったり、病気にかかりやすい子牛が生まれるといった弊害も指摘されています。

牛の受精卵移植の大まかな流れ

黒毛和種の受精卵をホルスタイン種へ移植する場合

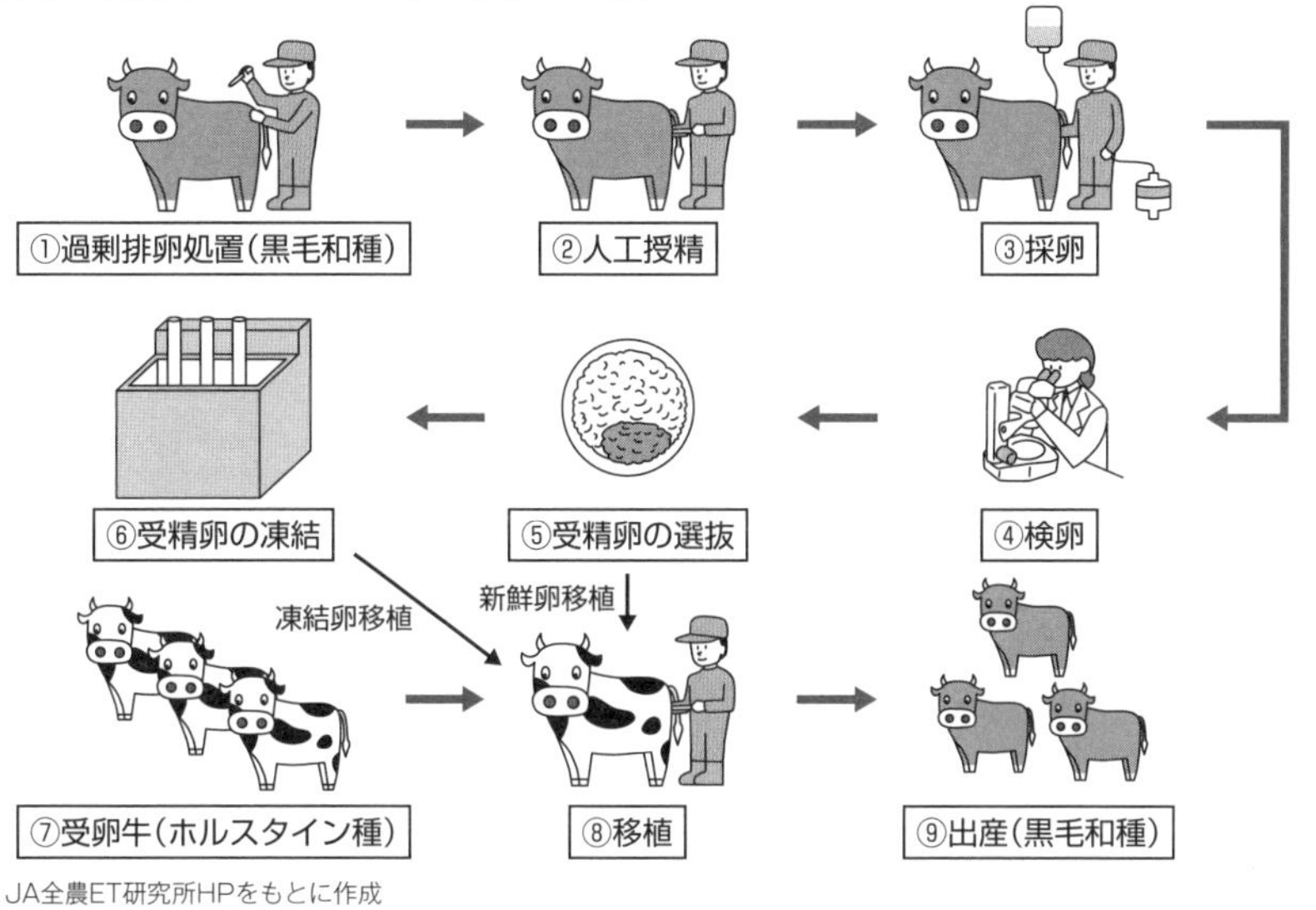

資料：JA全農ET研究所HPをもとに作成

系統
祖先を同じくする牛のつながり。

5 豚の特徴と品種

1度に約10頭を出産

豚はイノシシ科の動物で、野生のイノシシが長い年月をかけて人に飼育され、家畜化されたものです。

イノシシが持つ生物学的な特性は、家畜化に適していました。まず、雑食性で人間の残飯や木の根、雑草、昆虫や小動物などを食べるため、餌の確保が容易でした。さらに、1回に3～8頭の子を産み、成長も早いので、食料とするのに適していました。また、学習能力が高く、幼いころから飼うと人に慣れやすかったため、世界各地で家畜化が進みました。

豚は、畜舎の中で飼う舎飼いでも、放牧でも、1日の7～8割を横になって過ごし、残りの時間の大半は餌を食べたり水を飲んだりしています。反芻動物ではなく胃は1つしかありません。土のある環境で飼うと鼻であちこちを掘り返し、食べ物を探す習性があります。また、豚は体温調節機能が十分に発達しておらず、水浴びや泥浴びを好みます。

性成熟期を迎えるのは、雄で生後7か月齢、雌で8か月齢ごろです。雌豚の妊娠期間は平均114日で、子だくさんで1度に10頭前後を出産します。

世界では約30品種が普及している

現在、世界的に普及している豚は約30品種です。

ランドレース種　デンマークの在来種に大ヨークシャー種を交配して誕生した大型の白色種。早熟で繁殖能力が高く、薄い脂肪と適度な赤肉割合で、ハムなどの加工用に向いています。

大ヨークシャー種　イギリス原産の大型の白色種。気候や環境の変化に強く強健です。比較的早熟で子どもをたくさん産み、哺育能力にすぐれています。

中ヨークシャー種　イギリス原産で、大ヨークシャー種より早く成熟し、筋肉質です。肉がよくつき、肉質も良好です。かつては日本の豚の主力品種でしたが、1960年代前半以降、激減しました。

バークシャー種　イギリスの在来種に中国種などを交配して誕生しました。四肢や尾の先端、顔の先以外は黒いのが特徴。肉は良質で、鹿児島県の黒豚は本種です。

デュロック種　アメリカ東部原産で、肉質と肉づきがよく経済性の高い豚です。強健ですが、穏やかな性格で扱いやすいのが特徴です。

金華豚（きんかとん）　中国原産の小型豚で、頭部と臀部が黒色、ほかは白色です。日本での飼育頭数は限られていますが、本種を使った中国の金華ハムは世界的に有名。

梅山豚（めいしゃんとん）　黒色の大型種。日中国交正常化のさい、中国から贈られましたが、その後輸出が禁止され、日本ではわずかしか飼育されない「幻の豚」です。

アグー豚　約600年前に中国から導入され、飼い続けられてきた小型の「島豚」由来の黒豚。系統を保持し、ブランド化されています。

代表的な豚の品種

大ヨークシャー種（雌）

ランドレース種（雄）

バークシャー種（雄）

デュロック種（雌）

写真提供：独立行政法人家畜改良センター

豚肉の多くは三元豚

日本国内で一般的に飼われている品種(純粋種)は、ランドレース種と大ヨークシャー種、デュロック種が中心で、ほかにバークシャー種や中ヨークシャー種などがいます。肉豚として出荷される豚の多くは、これらの純粋種の特徴を利用した、雑種が用いられています。

現在もっとも多いのは、**雑種強勢**の原理に基づき、肉づき、肉質がよいうえに、繁殖性も高くなるように3種類の純粋種を掛け合わせた「三元交雑種」です。これがいわゆる「三元豚(さんげんとん)」です。三元豚は「品種」だと勘違いされることが多いですが、三種類の純粋種を掛け合わせているという意味なのです。

日本では、ランドレース種(L)と大ヨークシャー種(W)の雑種豚(LW、WL)を母豚とし、デュロック種(D)の雄を掛け合わせた雑種豚(LWD、WLD)を肉豚にすることが多く、市販の豚肉の多くがこの三元豚です。

三元豚の交配方法の例

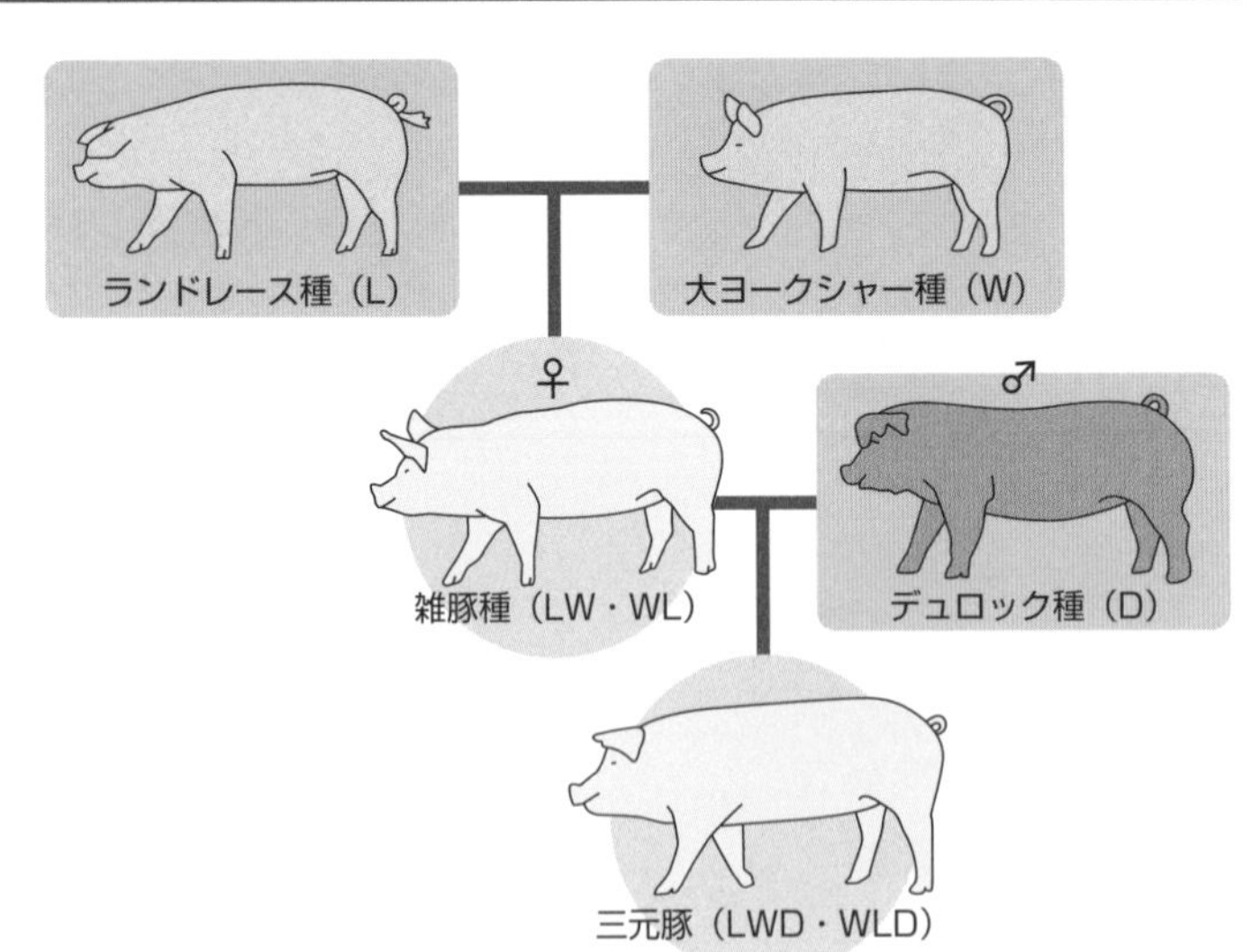

用語

雑種強勢
超優性。2つの品種または系統同士を交配して誕生した子(F1・1代雑種)に、生産性や耐性などの面で、両親のいずれの系統よりもすぐれた性質があらわれる現象。

6 豚の一生

生後約200日で食肉となる

繁殖用の親豚は「種豚（しゅとん）」とよばれ、雌雄どちらの豚も含まれます。

雌の種豚（母豚）は、出産が近づくと分娩用の豚舎に移動し、出産を待ちます。1回に生まれる子豚は10頭前後で、母豚は、出産から3週間ほど子豚に乳を与えます。そして離乳から5日前後には次のお産のために交配をします。従来は自然繁殖が一般的でしたが、最近は人工授精も増えてきています。母豚は平均して1年に2～3回、生涯で8～10回出産し、その後は食用とされるのが、日本での一般的な飼い方です。

生まれた子豚が雄の場合、生後3日くらいに去勢します。成長するにつれて獣臭が強くなるので、そのにおいが肉に出ないようにするためです。

肉用に育てる場合の発育ステージは、子豚期と肥育期の2段階に分けられ、肥育期はさらに前期と後期の2段階があります。

子豚期は、生後10週齢ごろ、体重40kgくらいまでの段階をさします。

肥育前期は、体重60～70kgまでの段階で、骨格や筋肉、内臓が発達する時期です。良質のタンパク質やミネラル、ビタミンを十分に与えます。肥育後期は、約110kgで出荷するまでの段階で、赤身肉を増やし、脂肪を適度に沈着させることでおいしい肉に仕上げます。出荷されるのは生後約200日です。

一貫経営が増えている

豚の飼育は、経営の内容によって次の3つに分けられ、日本では一貫経営が一般的になっています。

子どり経営　繁殖用の豚を飼い、雌豚を妊娠させ、子豚を取り上げ、その子豚を市場に出荷します。

肥育経営　市場で子豚を購入して肥育し、食用として出荷します。

一貫経営　繁殖から出荷までを一貫して行います。

子豚を産ませる繁殖用と肉用では、育て方も違ってきます。そのため、一貫経営の養豚場は、大きく分けて繁殖豚舎・育成豚舎・肥育豚舎の3種類の施設を用意しています。そして、繁殖用、食肉用とも、運動スペースを含めた飼育場所が必要です。

繁殖用の雄豚は争いを避けるため、1頭ずつ飼育します。繁殖用の雌豚は、グループで飼われますが、分娩のさいには1頭にされます。

食肉用の豚も、グループで飼育されます。ほとんどの場合、生まれてから出荷まで同じグループで過ごし、体重が10～40kgまでは育成豚舎、40～70kgを肥育前期、70～110kgを肥育後期という順で豚舎を移り、飼料も変えていきます。子豚のうちはできるだけ栄養分の少ない餌を与え、適度な運動をさせることが肉質の向上につながります。

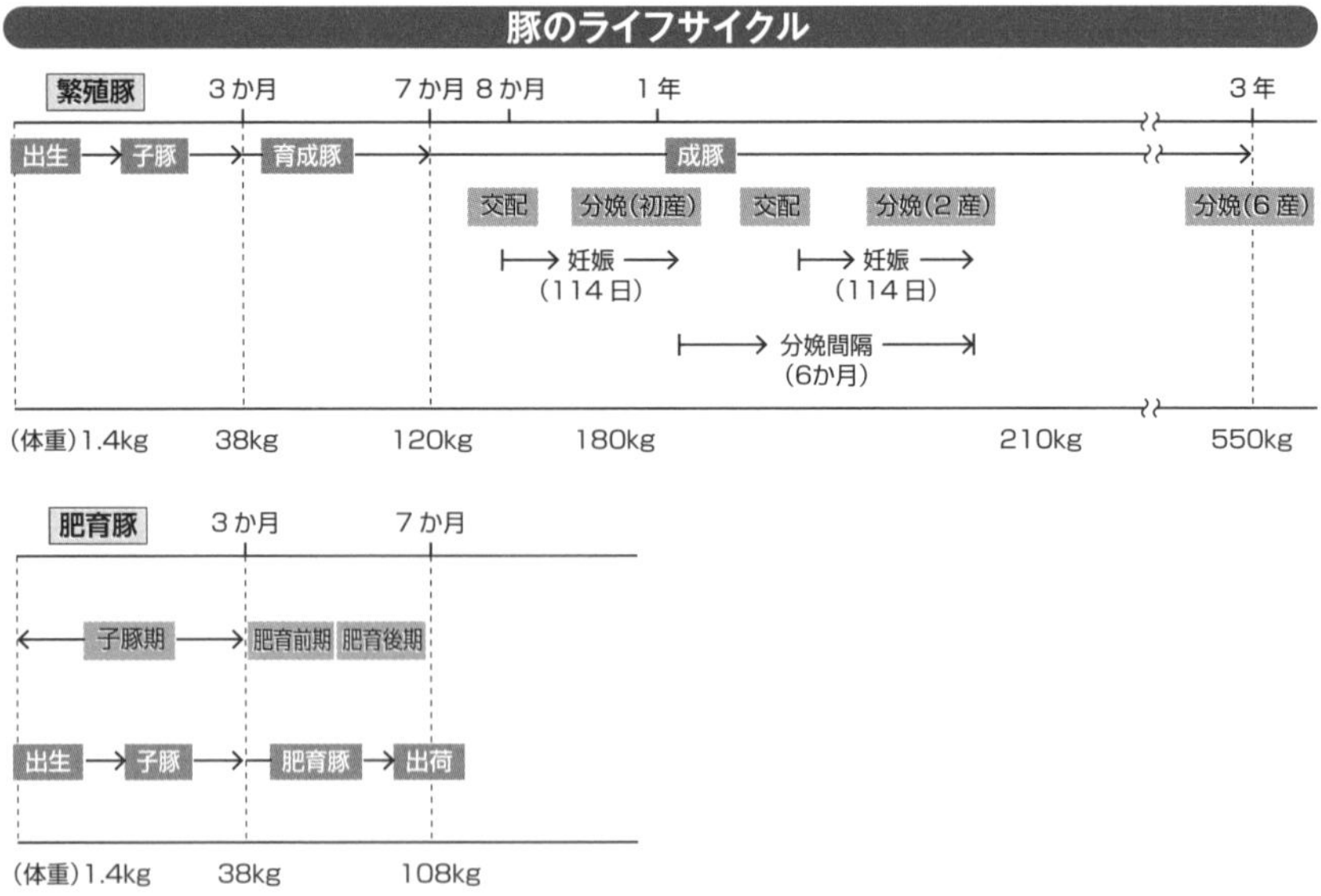

豚のライフサイクル

繁殖豚

3か月　7か月　8か月　1年　3年

出生 → 子豚 → 育成豚 → 成豚 →

交配　分娩(初産)　交配　分娩(2産)　分娩(6産)

妊娠(114日)　妊娠(114日)

分娩間隔(6か月)

(体重)1.4kg　38kg　120kg　180kg　210kg　550kg

肥育豚

3か月　7か月

子豚期　肥育前期　肥育後期

出生 → 子豚 → 肥育豚 → 出荷

(体重)1.4kg　38kg　108kg

資料：農林水産省「グラフと絵で見る食料・農業」をもとに作成

7 鶏の特徴と品種

卵を産み続ける性質に注目

鶏は、分類学上キジ科に属し、南アジアから東南アジアにかけて分布する赤色野鶏が原種だといわれています。赤色野鶏が産む卵の数は年間十数個にすぎず、当初は卵用ではなく、鶏同士を闘わせる「闘鶏」や、夜明けに鳴く性質を利用した「時告げ」の目的で飼育されていたようです。鶏が家畜化されたのは約5000年前といわれ、日本には紀元前300年ごろの弥生時代に伝わりました。

鶏の卵はどのようにできるのでしょうか。鶏の雌は、約生後18週齢で性成熟し産卵を始めます。このころ、卵巣には卵子の入ったさまざまな大きさの卵胞が存在します。卵胞が成育すると、卵胞から卵が排卵され、卵管に入ります。卵が卵管内を通過する間に膨大部で卵白が、峡部で卵殻膜が、子宮部で卵殻が形成され、完全な卵になって産み落とされます。

鶏はなぜ毎日卵を産めるのか

赤色野鶏は産んだ卵がなくなると、それを補おうとさらに卵を産む補卵という性質があります。人類はこの性質に注目し、野鶏に卵を産み続けさせようと、卵を産む能力の高い個体を選んで品種改良を進めました。さらに、鶏は長日周期の動物なので、北半球では日長時間が長くなる春に繁殖期を迎えます。これを念頭に、鶏舎の点灯時間を明期14時間と暗期10時間に設定すると、産卵数が最大になりました。

一方、鶏の排卵の周期は25～26時間であるため、毎日少しずつ産卵時間が遅くなります。そして、数日間卵を産み続けたあとは、1日休み、ふたたび数日間産卵を続けます。

これらの点を念頭に、家畜化も品種改良と管理方法に工夫を加えた結果、現在では、多いもので年間280個ほどの卵を産むようになりました。

日本で飼われているおもな品種

現在、鶏は約200種の品種が知られ、用途別に卵用種、肉用種、卵肉兼用種、愛玩品種に分類します。厳密にはすべて卵肉兼用種ですが、卵と肉のどちらの形質を重視するかを基準に分類されています。

●卵用種　比較的小型で産卵能力の高い鶏で、白色レグホーン種が代表的です。白色の卵を産む卵用鶏は、この品種またはその交雑種が大部分を占めます。

白色レグホーン種　羽色は白、皮膚と足の色は黄、卵殻は白です。卵を温める性質（就巣性）はほとんどなく、世界的にもっとも普及しています。

●卵肉兼用種　産卵能力は卵用種と遜色なく、大型で肉質もよい品種です。

ロードアイランドレッド種　羽色は濃褐色、皮膚と足は黄、卵殻は赤褐色です。白色レグホーン種の雄と交配した1代雑種（F_1）は、ロードホンとよばれ、

鶏の卵の形成

卵胞から卵子が排卵され卵管に入ると、約24時間後に卵として総排せつ腔から産み落とされる

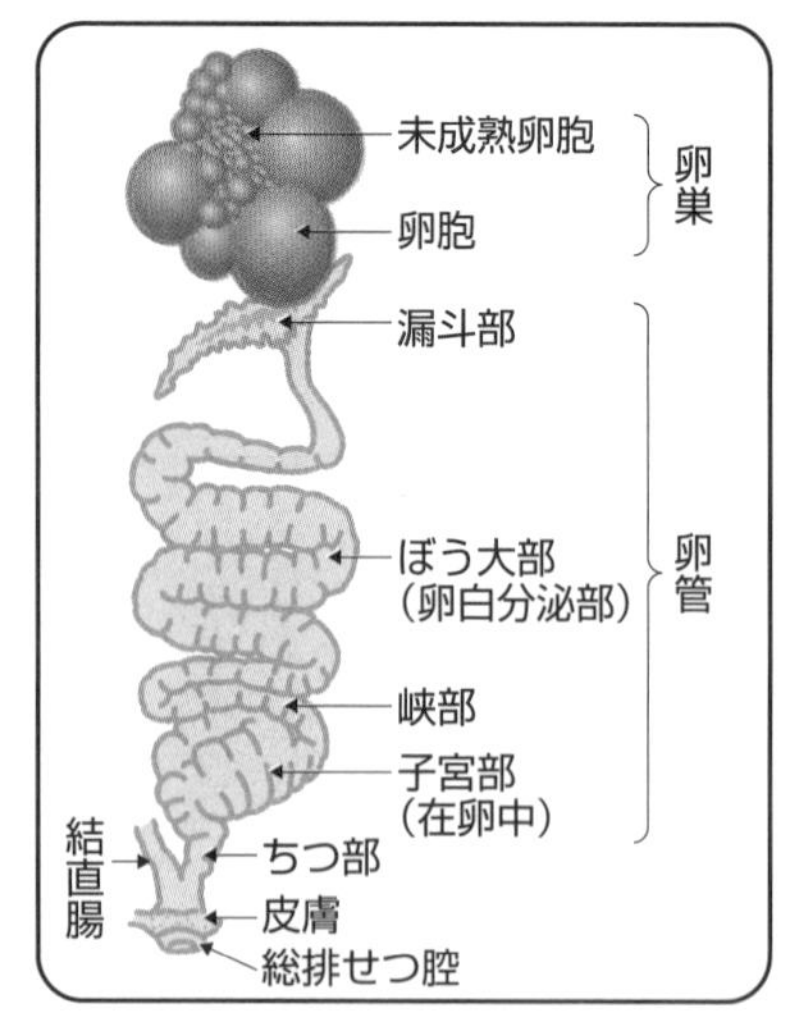

資料：『新版　家畜飼育の基礎』（農文協　2014年）などをもとに作成

産卵能力が高くなります。シャモや**比内鶏**と交配して、高級鶏肉生産にも利用されています。

横斑プリマスロック種　羽色は黒色と白色の横斑で、皮膚と足の色は黄、卵殻は白です。白色レグホーン種に比べるとずんぐりした体型です。

名古屋種　通称名古屋コーチン。羽色は黄褐色、足は鉛色、卵殻は褐色です。就巣性があるものが多く、明治初期に愛知県で在来種と中国原産の大型種バブコーチンの交雑種をもとに作出されました。

●肉用種　大型で成長の早い品種。白色コーニッシュ種の雄に白色プリマスロック種などの雌を交配した交雑種が、ブロイラー専用種ともいわれています。

白色コーニッシュ種　羽色は白色で、肉づきがよく、とくに10週齢までの発育が早いのが特徴です。

白色プリマスロック種　横斑プリマスロック種の突然変異で、産卵能力も比較的高いのが特徴です。

●愛玩品種　チャボ、長尾鶏など愛玩を目的に飼われているもの。日本では17種類の鶏が天然記念物に指定されています。

代表的な鶏の品種

白色コーニッシュ種（雌）

白色レグホーン種（雌雄）

横斑プリマスロック種（雌）

写真提供：独立行政法人家畜改良センター

用語

比内鶏
秋田県北東部、比内地方の地鶏で、1942年に天然記念物に指定された。そのため食用にすることはできず、食用として流通する「比内地鶏」は、比内鶏とロードアイランドレッド種を交配させたものである。

8 肉用鶏の一生

流通する鶏肉の大部分はブロイラー

日本で飼育されている肉用鶏は「ブロイラー」と「地鶏」の2種類に大別できます。

ブロイラーは本来、ブロイル（broil＝焼く、あぶる）専用の若鶏を意味する言葉で、特定の品種名ではなく、効率よく飼育し、大量生産される肉用若鶏の総称です。大規模な養鶏場で雌雄の区別なく飼育され、国内で流通する肉用鶏の大部分を占めます。

ブロイラーの成長はきわめて早く、大型のものでも約2か月、体重約3kgで出荷されます。自然界で鶏が成鳥になるまでの期間は4~5か月です。このスピードは、品種改良と配合飼料の給与によって実現され、結果、生産コストも引き下げられました。

スーパーの店頭などでは、ブロイラーより価格の高い「地鶏」も見かけます。地鶏の多くは、ブロイラーと比べ肉づきは少なく、肉はかためで締まりがあり、歯ごたえや風味がよいのが特徴です。

地鶏には品種や飼育期間、飼育方法についてさまざまな規定があります。明治時代までに日本に定着した比内鶏や会津鶏など38種の鶏は「在来種」といわれています。地鶏として出荷するには、雛の両親もしくは片方の親が在来種で、在来種由来の血液の割合が50％以上でなければなりません。たとえば秋田県の「比内地鶏」は、比内鶏とロードアイランドレッド種を掛け合わせたものです。

飼育期間は、ブロイラーより長い75日以上でなければなりません。さらに、4週齢以降は**平飼い**で、1㎡当たり10羽以下で飼育する必要があります。

成長にしたがい、飼育密度を下げる

肉用鶏は、出荷までどう飼育されるのでしょうか。

用語

平飼い
鶏が自由に地面の上を歩き回れるようにした飼い方。余分なストレスをかけないようにすることで、肉質や卵の質がよくなる。

スーパーなどで売られている卵は記載がない限り無精卵なのでいくら温めても孵化することはありません。雛を誕生させるには有精卵が必要で、雄と交配したり、人工授精をしたりして産ませます。鶏の受精卵は21日間で孵化します。自然の状態であれば親鳥が卵を抱くのですが、現在では人工的に温めるために孵卵器を使うのが一般的で、大きいものだと数万個の卵を収容できます。卵を孵化させ雛を提供する種鶏会社は国内に数社あり、養鶏農家は、誕生した雛を群れ単位で購入します。

肉用鶏は、群れで飼うのに適し、機械化も容易なことから、平飼いが一般的です。床には、おがくずなど吸湿性がよい敷料を使います。

雛は、傘型の育雛器で飼育しますが、大型の施設ではコンクリート床の下にお湯などを通して温める方式もみられます。成長段階に応じた配合飼料を与えて育て、大きくなるにしたがって飼育密度を低くして、出荷時期には1坪当たりブロイラーで45～50羽、地鶏では25～30羽にします。

ブロイラーのライフサイクル

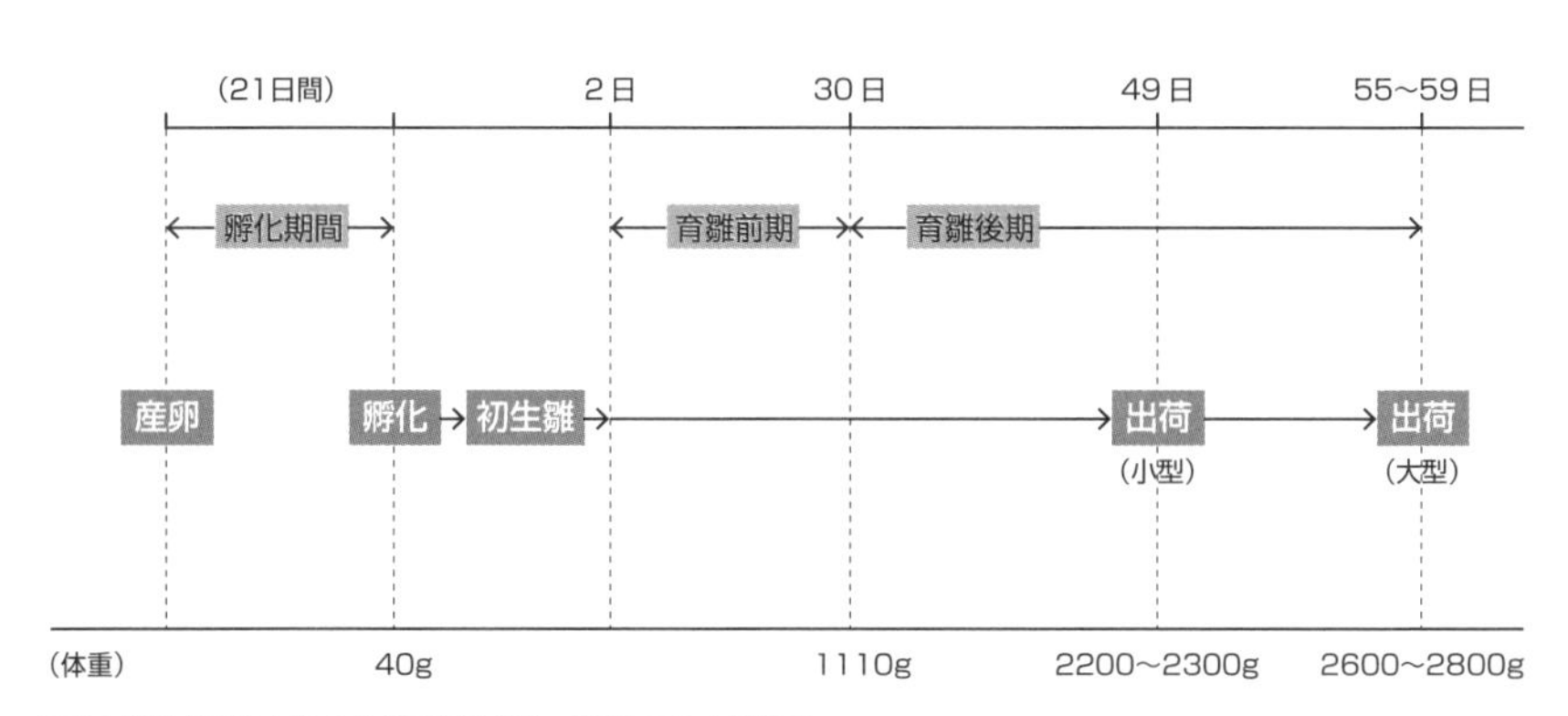

資料：農林水産省「グラフと絵で見る食料・農業」をもとに作成

9 採卵鶏の一生

生後5か月で産卵開始

採卵鶏は採算性を重視して飼育期間が定められ、これを経済寿命といいます。本来、鶏の寿命は10年を超えますが、採卵鶏の一生は長くても3年以内です。収益性の高い時期に採卵をやめて加工肉にされます。

卵から孵化した雛は、すぐに歩き出し、自分で水を飲み、飼料を食べます。2週齢前後までは、体温を調節する機能が不十分なため給温します。

採卵鶏の場合、卵を産むのは雌だけなので、できるだけ早い段階で雌雄を鑑別します。肛門周辺の形で見分けるのが日本で開発された肛門鑑別法で、専門の資格を持った**初生雛鑑別師**が行います。

羽毛や足の色などで区別する羽毛鑑別法も普及しています。ちなみに、かつて縁日の屋台などでみられたカラーひよこには、採卵鶏の雄が使われていました。現在では、雌のW染色に特有なDNA配列を検出する方法や、孵卵中の胚からサンプルを採取して孵化する前に胚の雌雄判別を行う方法が開発されています。

日本の養鶏場はケージ飼いが主流

多くの養鶏場では、専門業者から群れを単位として、雛を購入しています。産卵を始める時期は、鶏の品種や系統、育雛の季節、飼育方法などによって異なりますが、一般的には、集団の平均初産月齢は5か月程度で、その後の約13か月間を採卵期間とします。

孵化から約1年後、農家は次の世代の雛を導入します。そして、初めの一群が17〜18か月齢になり産卵率が下がってくると肉用とし、次世代に更新する

用語

初生雛鑑別師
初生雛鑑別技術は、日本で確立された、生まれたばかりの雛の雄・雌を瞬時に判別する技術。鑑別師の資格を取得するには、日本で唯一の養成機関である公益社団法人畜産技術協会の初生雛鑑別師養成所に入所し、初等科（5か月間）・特別研修科（2か月間）を修了して予備考査に合格し、孵化場で2年から3年の鑑別研修を行ったのち、資格認定のための高等鑑別師考査を受ける。考査では99％の鑑別率が求められる。合格後は国内だけでなく海外でも活躍。

という流れを繰り返します。

養鶏場の朝一番の仕事は、鶏の健康状態の確認です。配餌車や自動給餌器で飼料を与え、飲み水を満たす作業をしながら、鶏の様子や飼料の食べ方、糞の色や固まり具合などを観察します。

成鶏用の鶏舎は、ケージ（鳥かご）飼育と平飼いに大別されます。ほとんどがケージを使った立体飼いで、大規模養鶏場では窓のない**ウインドウレス鶏舎**が導入され、給餌・除糞などの飼育管理や集卵などは全自動で行われています。

ＥＵ（欧州連合）では**アニマルウェルフェア**に積極的に取り組み、２０１２年から採卵鶏の従来型ケージ飼育を禁止しました。現在は改良ケージを含め、ケージ飼育そのものを禁止する方向で検討が進められています。アメリカでも、州によってはケージ飼育を禁止し、生産者団体もアニマルウェルフェアの対応に向けてさまざまな検討を行っています。アニマルウェルフェアへの注目は世界的に高まっており、日本でも議論が行われています。

採卵鶏のライフサイクル

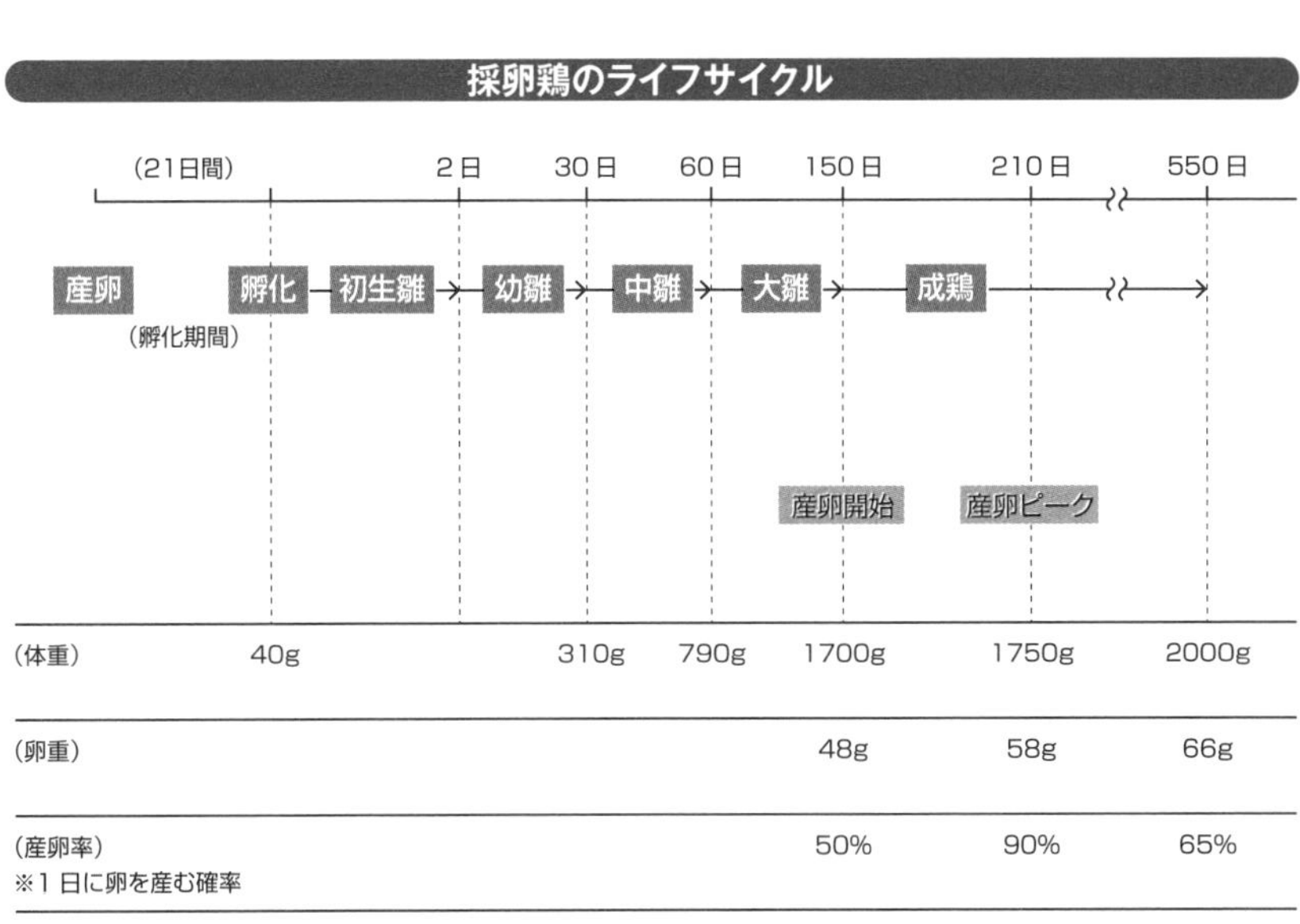

資料：農林水産省「グラフと絵で見る食料・農業」をもとに作成

ウインドウレス鶏舎
無窓鶏舎。鶏の発育や産卵に影響を与える日長時間を調節するため、窓を作らず自然光を遮断した鶏舎。電灯により明るさや点灯時間を管理しており、換気は換気扇で行う。

アニマルウェルフェア
家畜福祉、動物福祉なども訳される、動物を飼養するさいの生命倫理。詳しくは１８０ページ。

10 家畜はどんな飼料を食べているのか？

繊維質の多い粗飼料、高カロリーの濃厚飼料

家畜が必要とする餌の質と量は、家畜の品種、性別、発育段階や、生産・繁殖状況により異なりますが、多くの研究結果を元に家畜毎にまとめたのが「日本飼養標準」です。個々の飼料の成分を分析した上で「日本飼養標準」に基づき飼料設計が行われます。

家畜に与える飼料は「粗飼料」と「濃厚飼料」、「特殊飼料」に分類されます。繊維質を多く含むものを粗飼料とよび、稲わらや乾草（干し草）、**サイレージ**（牧草や**青刈り**トウモロコシなどの飼料作物を発酵させた飼料）、**稲WCS（稲発酵粗飼料）**が代表的なものです。反芻動物の牛や羊、山羊などは草類が主食なので、粗飼料が欠かせません。

粗飼料に比べて繊維質が少なく、タンパク質や炭水化物などの栄養素を多く含むものが濃厚飼料です。具体的には、①トウモロコシや**コウリャン**、大麦、米などの穀類、②米糠やふすま（小麦をひいて粉にしたあとに残る表皮のくず）などの糠類、③大豆油粕やビール粕、ビートパルプ（**ビート**から砂糖を抽出したあとの搾り粕）などの粕類です。牛などの反芻動物にとって、粗飼料を主食とするなら、濃厚飼料は「おかず」に相当するといえるでしょう。特殊飼料は粗飼料と濃厚飼料以外の添加物で、ビタミンやミネラル等が含まれます。

家畜の種類に応じて、いくつもの濃厚飼料をミックスしたものを「配合飼料」といいます。一般的に、豚や鶏は濃厚飼料と特殊飼料を中心に育てられます。

日本国内で供給される飼料は、人間でいうカロリーベースの考え方に近い**TDN**ベースで計量すると、粗飼料が21％、濃厚飼料が79％です。ちなみに、粗飼料は76％が国産ですが、濃厚飼料と特殊飼料はそ

用語

サイレージ
牧草、青刈り作物など水分含量の多い飼料を、サイロなどに詰め込んで発酵させ貯蔵した飼料。埋め草ともいう。

青刈り
家畜の飼料とするために、作物を生育途中で刈り取ること。トウモロコシなど、子実をとるために栽培する作物を、子実が熟す前、あるいは花の咲く前に青刈りして利用することが多い。

稲WCS（稲発酵粗飼料）
稲Whole Crop Silage（ホールクロップサイレージ）。稲の穂と茎葉を丸ごと乳酸発酵させた飼料。栄養バランスのよい粗飼料となる。

の大部分を輸入に頼っています（154ページ）。
畜産経営に占める飼料費の割合は高く、粗飼料の給与量が多い牛では45％程度、濃厚飼料が中心の豚や鶏では65％前後にもなっています。

肥育中の肉牛が必要とする配合飼料は1頭当たり4～5t

体重1kgを増やすのに必要な穀物量を比較すると、牛は11kg、豚は3kg、肉用鶏は1・7kgです。飼料の量だけを基準にすれば、もっとも生産効率のいい家畜は鶏です。

家畜を育てるのに必要な飼料は、生育段階によっても異なります。北海道立総合研究機構農業研究本部の畜産試験場では、去勢した肥育牛に飼料を与えるときの目標値をまとめています。生後9か月齢、体重270kgの素牛を肥育し、28か月齢750kgで出荷する場合、毎日、乾草や稲わら、麦稈（ばっかん）（麦わら）といった粗飼料を1～4kg、肥育牛用の配合飼料を3～10kg与えます。肥育期間中の配合飼料の給与量を合計すると、4～5tにもなります。

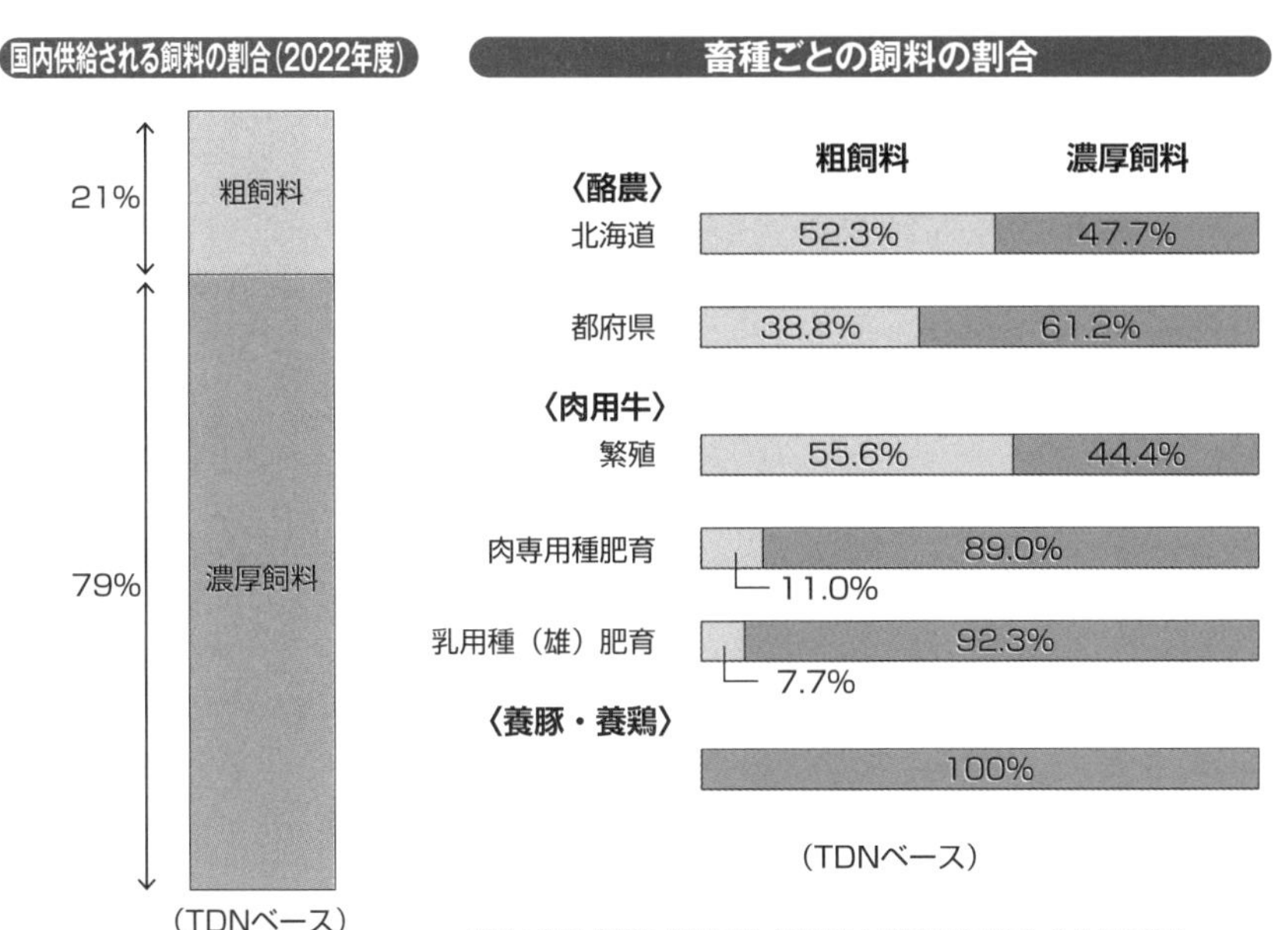

資料：農林水産省「飼料をめぐる情勢」（令和4年8月）をもとに作成

コウリャン　アフリカ原産のイネ科の穀物。ソルガムやモロコシなどともよばれる。

ビート　テンサイとも。砂糖の原料になるアカザ科の植物。国内では北海道で生産される。

TDN　Total Digestible Nutrients（可消化養分総量）の略。家畜が消化できる養分の総量。

11 牧草の種類と栽培方法

牧草にはイネ科とマメ科がある

家畜の餌にする目的で栽培される作物を「飼料作物」といいます。日本で飼料作物が本格的に栽培されるようになったのは、明治初期の北海道でのこと。酪農の本格化にともない、大量の餌が必要となったのです。そこで、お雇い外国人であった**エドウィン・ダン**は、**北海道開拓使**の依頼でアメリカから牛や羊とともに飼料作物の種子を持ち込み、栽培試験を始めました。農林統計に飼料作物の栽培面積が登場するのは、しばらくたった昭和になってからのことで、当時はレンゲとトウモロコシが中心でした。栽培面積が急激に増加するのは、戦後のことです。

飼料作物は、①牛などの反芻動物が好む牧草、②種子が熟す前に刈り取るトウモロコシや麦類などの青刈り作物、③飼料用ビート（テンサイ）などの根菜類に大別されています。

牧草は牛の主食であり、放牧の場合、1頭で1日に50kgほどの草を食べることもあります。また、刈り取って乾草にしたり、発酵させてサイレージにしたりして与えられます。

牧草は植物学的に、オーチャードグラスなどのイネ科植物と、クローバーのようなマメ科植物に分類されます。一度種をまくと何年も収穫できる種類（多年生）と、秋にまき春に収穫する種類（1年生）、また寒いところから来た種類（寒地型）と、熱帯から来た種類（暖地型）という分類もあります。

日本は南北に長く地域により気候が異なるので、それに適したさまざまな種類・品種の牧草が必要です。そこで、研究機関や種苗メーカーなどは、収量が多く栄養豊富なものや、暑さや寒さなど気候条件に左右されにくい品種の開発を進めています。

用語

エドウィン・ダン
北海道開拓使に雇用され、畜産業の発展に貢献したアメリカ人の畜産農業家・獣医師。「日本酪農の父」ともよばれる。

北海道開拓使
1869年から13年間、北海道の開拓経営のために置かれた行政機関。

イネ科牧草

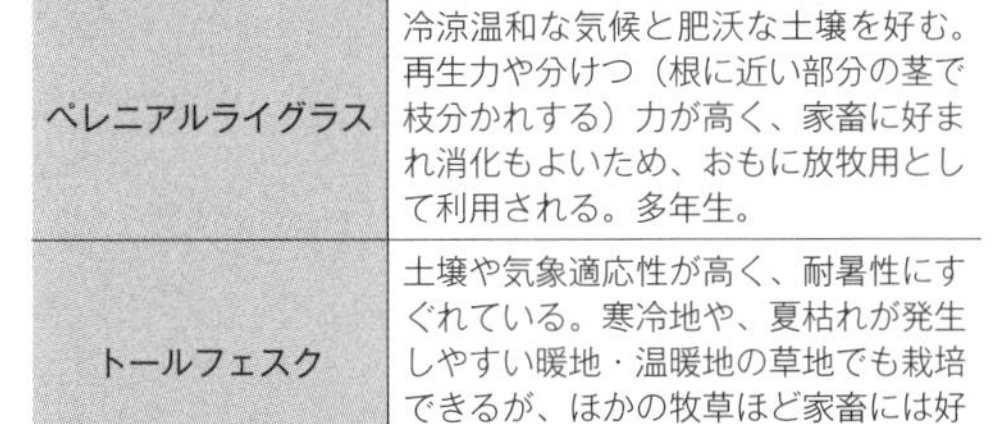

オーチャードグラス	放牧と、乾草やサイレージにするための採草の両方の目的に利用される。耐寒性が強く、比較的耐暑性もある。北海道から九州の平地、中標高地の広範囲で栽培されている。多年生。
チモシー	耐寒性がもっとも強い草種に属し、北海道や東北の高冷地で、おもに採草用として利用されている。収量性が高く、家畜からも好まれるが、高温と乾燥に弱い。多年生。
イタリアンライグラス	初期生育が早く、東北から九州まで広範囲で栽培される。夏作のトウモロコシと組み合わせたり、水田の裏作としたりして利用することも可能。1年生。
芝	暖地型の牧草のなかではもっとも耐寒性が強い。地上茎、地下茎で広がる草丈の短い植物で、古くから馬や牛の放牧に利用されている。多年生。
ペレニアルライグラス	冷涼温和な気候と肥沃な土壌を好む。再生力や分けつ（根に近い部分の茎で枝分かれする）力が高く、家畜に好まれ消化もよいため、おもに放牧用として利用される。多年生。
トールフェスク	土壌や気象適応性が高く、耐暑性にすぐれている。寒冷地や、夏枯れが発生しやすい暖地・温暖地の草地でも栽培できるが、ほかの牧草ほど家畜には好まれない。多年生。
ギニアグラス	関東以西の高温下で旺盛な生育を示し、収量が多い暖地型の牧草。青刈りや乾草、サイレージなどに適する。沖縄では多年生だが、それ以外の地域では1年生。

マメ科牧草

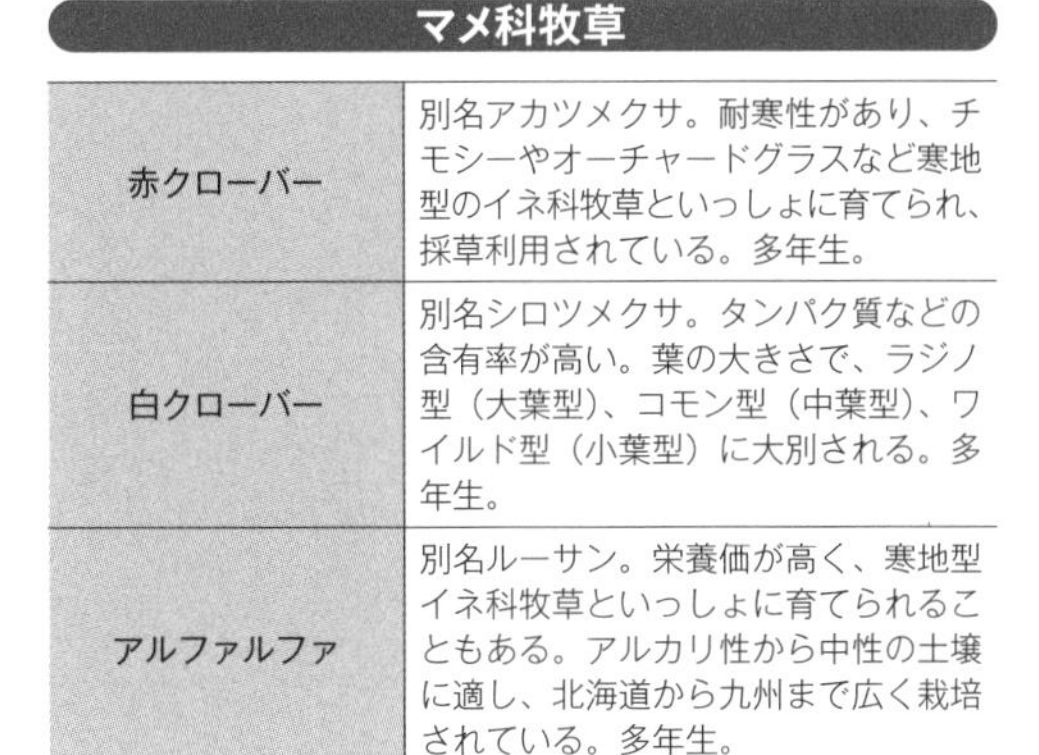

赤クローバー	別名アカツメクサ。耐寒性があり、チモシーやオーチャードグラスなど寒地型のイネ科牧草といっしょに育てられ、採草利用されている。多年生。
白クローバー	別名シロツメクサ。タンパク質などの含有率が高い。葉の大きさで、ラジノ型（大葉型）、コモン型（中葉型）、ワイルド型（小葉型）に大別される。多年生。
アルファルファ	別名ルーサン。栄養価が高く、寒地型イネ科牧草といっしょに育てられることもある。アルカリ性から中性の土壌に適し、北海道から九州まで広く栽培されている。多年生。

オーチャードグラス

牧草は刈り取り後、ロールにする

赤クローバー
写真提供：独立行政法人家畜改良センター

12 家畜の糞尿はどう処理されるのか？

乳牛1頭で人間100人分の排せつ量

家畜が1日に排せつする糞尿はたいへんな量になります。たとえば、体が大きく生乳生産量が多い乳牛は、毎日、1頭当たり約50kgの糞と約15kgの尿を排せつします。体重30～110kgの肥育豚は糞と尿をそれぞれ3kgずつ、体の小さな鶏は糞尿混合物として150gを、毎日排せつします。

水質汚濁の指標として用いられる**BOD**（生物化学的酸素要求量）という数値に換算すると、乳牛1頭の糞尿量は人間100人分の糞尿量に相当します。乳牛を80頭飼っている酪農家1戸で、人口8000人の町と同じ量の糞尿を扱っているわけです。

家畜の糞尿は、野積みや素掘りといった不適切な管理によって悪臭が発生したり、河川へ流出して水質汚染を招くなど、環境問題の要因となる一方で、肥料として畑に還元し、土作りに役立てることができます。家畜排せつ物の管理の適正化及び利用の促進に関する法律（家畜排せつ物法）が1999年に成立して以来、たい肥処理施設の整備が進みました。

糞など固形の排せつ物は処理しやすく、多くの場合発酵させて堆肥にします。これを畑に施し土壌に還元すれば、環境負荷が少なく低コストですみます。水分が少ないほうが堆肥にしやすいので、糞と尿を分離したり、**ハウス乾燥**させたりすると効果的です。

どろどろのスラリー状の糞尿や、液体の尿は、貯留槽にため、微生物によって発酵を進め、においを弱めたりしてから、液肥として農地に還元するのが一般的です。微生物の活動を活発にするため、酸素を供給することもあります。農地がなく、下水処理場のような装置で浄化して放流する農場もありますが、維持管理に多額の経費がかかります。

用語

BOD
Biochemical Oxygen Demandの略で、生物化学的酸素要求量などと訳される。水の汚染をあらわす指標の一つ。河川や工場排水中の有機物が微生物によって無機化またはガス化されるときに必要な酸素量のこと。この数値が大きくなれば、水質が汚濁していることを意味する。

ハウス乾燥
畜舎で発生した糞尿をハウスに搬入し、太陽熱などによって乾燥させること。

温暖化防止のため、げっぷを減らせ⁉

牛などの反芻動物は、糞や尿だけでなく、ルーメン内での発酵の結果、口から「おくび（げっぷ）」も排出します。このおくびには、温室効果ガスの一つであるメタンが含まれ、その量は牛1頭当たり1日500ℓ前後にもなります。畜産の盛んな国では、家畜のおくび対策が課題になっています。フランスでは、飼料中に含まれるメタン発生の原因となる脂肪酸のバランスをとる実験が行われました。そして、小麦と大豆の代わりにアルファルファや**亜麻**の種、牧草をミックスした飼料を与えたところ、メタン排出量を20％削減することに成功しました。

日本でも、帯広畜産大学の研究グループが、羊に硝酸塩とアミノ酸の一種を与えたり、乳酸菌由来の抗菌性物質を投入したりして、メタン発生を抑える方法を調べています。北海道大学も民間企業と協力して、カシューナッツの殻から抽出した植物油を使ってメタンの低減につなげる方法を研究しています。

日本での家畜排せつ物の一般的な処理方法

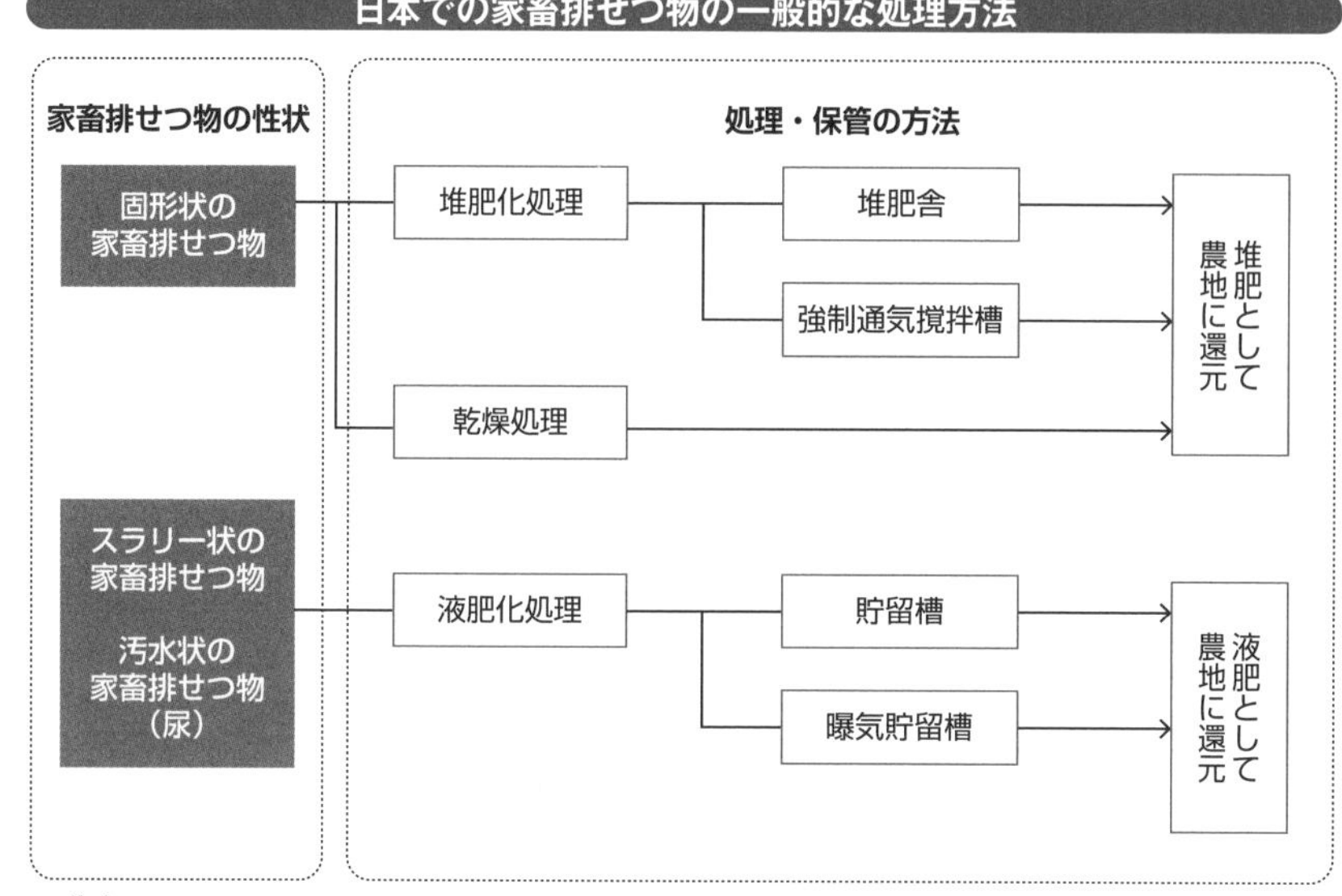

注：曝気（ばっき）とは、排水に空気を触れさせて酸素を供給すること。水質浄化を行う微生物に酸素を供給する基本的な方法。
資料：農林水産省HPをもとに作成

亜麻
冷涼な生育環境に適したアマ科の1年草。茎の繊維は衣料原料に、成熟した種子からは亜麻仁油が得られるほか、飼料や菓子類にも使われる。

13 家畜の生命を扱う獣医師

産業動物診療に携わる獣医師は11％

日本には、獣医師免許を持つ人が約4万人います。獣医師が携わる仕事にはさまざまな分野があり、日本獣医師会では大きく8つに分類しています。

①牛や豚、鶏、馬などの産業動物や、犬・猫などの小動物の健康を管理する動物診療獣医師、②公務員として、家畜衛生をはじめ、人と動物の共通感染症の予防や食肉などの衛生を監視する公衆衛生、動物愛護などに貢献する獣医師、③大学や研究所などで獣医学に関する研究や学生の教育に携わる獣医師、④幼稚園や小学校などでの学校飼育動物活動を支援する獣医師、⑤動物といっしょに福祉施設の訪問などを行う獣医師、⑥野生動物対策や動物園の動物などの管理を専門とする獣医師、⑦医師と協力して実験動物を管理するなど、バイオメディカル分野に貢献する獣医師、⑧海外技術協力として発展途上国の家畜衛生や公衆衛生の向上指導に携わる獣医師。

もっとも多いのは①で全体の半数を占め、小動物診療に携わる人が40％、産業動物の診療に携わる人が11％です。②は22％、残りの③～⑦が16％ですが、獣医師として活動していない人も11％います。

産業動物を診療する場合、**ＪＡ**や**農業共済組合**などに勤務したり、診療所を開業せねばなりません。そして、周辺の畜産農家へ往診し、病気やけがをした家畜を診療し、ワクチン接種、伝染病予防の衛生指導などを行います。近年は、アニマルウェルフェアや畜産物の**トレーサビリティ**の指導をしたり、農業法人の畜産農場に勤務する獣医師も増えています。

公務員である獣医師には、屠畜場で食肉の安全を確認する検査員もいます（121ページ）。生体検査や、解体後の枝肉、内臓などの検査を行います。

用語

ＪＡ
農業協同組合。Japan Agricultural Co-operativesの略。農家を中心とした組合員による協同組合。農畜産物の共同出荷、生産資材の共同購入など農業生産にかかわる事業のほか、組合員の生活に必要な信用事業、共済事業、介護事業などにも取り組む。

農業共済組合
農業災害補償法にもとづく公共的共済事業における市町村単位の組織。国と農家が掛け金を出し合い、農産物・果樹・家畜などに損失が出た場合に農家に共済金で補償する。

トレーサビリティ
追跡可能性。詳しくは137ページ。

深刻な産業動物の獣医師不足

獣医師は国家資格なので、獣医師となるには国家試験に合格しなければなりません。受験資格を持つのは、①大学で獣医学の正規の課程（6年間）を修了し卒業した者（見込み含む）、②外国の獣医学校卒業者または獣医師免許取得者で獣医事審議会が受験資格を認定した者、③獣医師国家試験予備試験の合格者、のいずれかです。

現在、獣医学科の卒業生の約半数は小動物診療分野に就職しています。産業動物診療分野や公務員分野は減少傾向が続いていますが、安全で良質な畜産物を安定供給していくには、これらの分野で働く獣医師が不可欠で、国などによる体制整備が進められています。たとえば、卒業後に産業動物診療分野で働くことを条件とした奨学金が設けられています。また、今の獣医学生の約半数は女性であり、女性獣医師が生涯を通じ能力を発揮できる環境づくりも重要です。

獣医大学卒業者の就職状況の推移

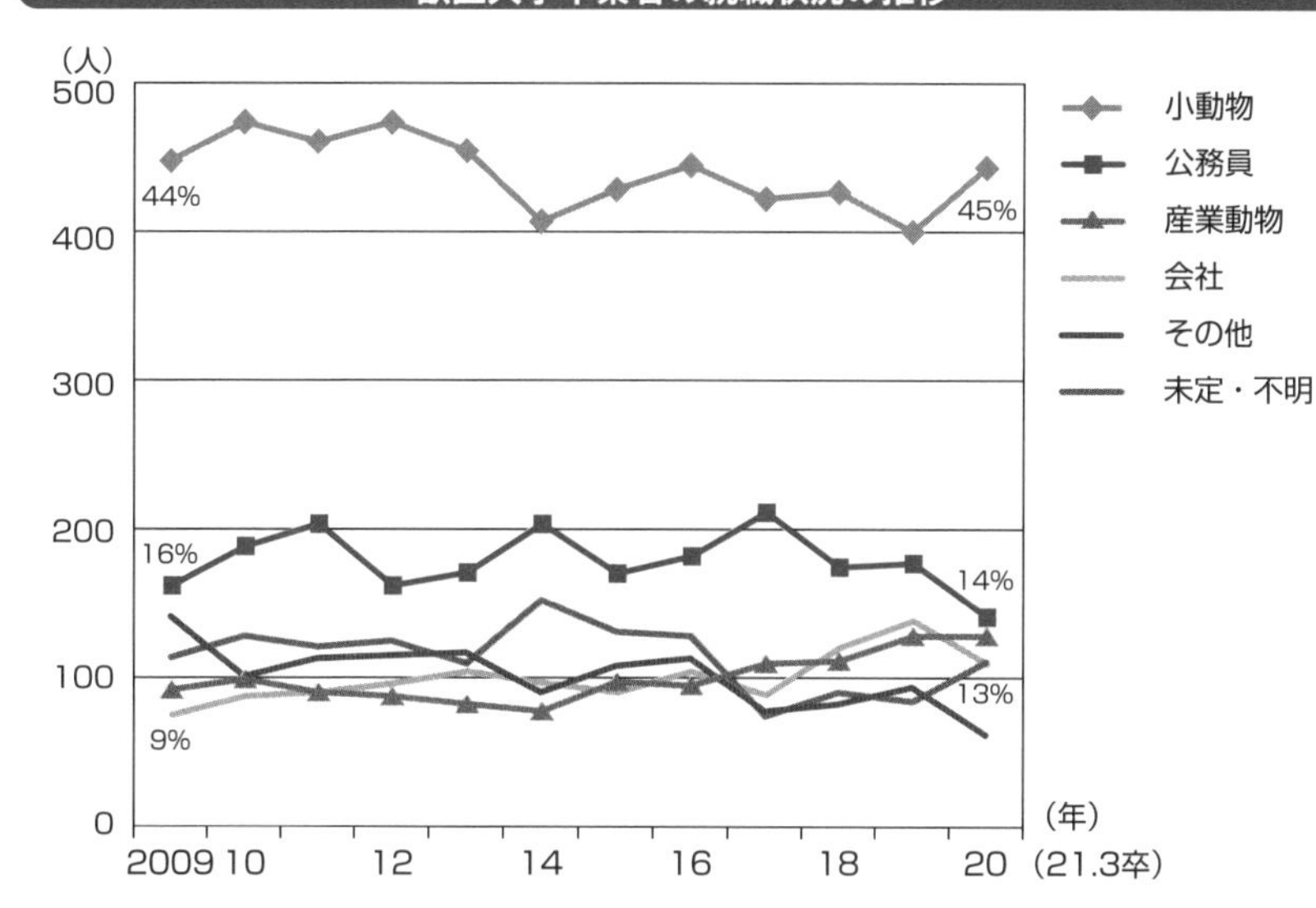

資料：農林水産省「獣医事をめぐる情勢（令和4年7月）」をもとに作成

14 経済的打撃を与える家畜伝染病

家畜にも人間にも恐ろしい病気とは

家畜はさまざまな病気にかかりますが、集団で飼育されているため、とくに恐ろしいのが伝染病です。**家畜伝染病予防法**の対象となる28の病気のうち、豚熱、口蹄疫、鳥インフルエンザなどは**特定家畜伝染病**に指定され、同じ飼育場の1頭（羽）でも感染すれば、蔓延防止のために全頭を殺処分するといった厳しい措置がとられます。このため、家畜伝染病は家畜を過酷な状況に追い込むだけでなく、畜産経営や地域経済に深刻な打撃を与えます。

豚コレラとして知られていた豚熱（CSF）

豚熱は豚やイノシシがかかる伝染病です。唾液・涙・糞に含まれるウイルスによって感染が広がります。発症した豚は、発熱で元気を失い、食欲不振、便秘、下痢、呼吸障害、うずくまるといった症状を呈しますが、劇的なものではないため、発見が遅れがちです。ただし、豚熱に感染した豚の肉が市場に出回ることはなく、仮に人間が食べても健康被害は生じません。豚熱は感染力が非常に強く、致死率も高いため、感染した豚が1頭でも見つかった農場では、法令にもとづいて全頭が殺処分され、消毒のための石灰とともに農場内の土中に埋められます。

日本では長いあいだ豚コレラと呼ばれていましたが、実際はコレラと無関係で、２０１９年からは英語名**CSF**の日本語訳の「豚熱」に変更されました。

2018年から続いたCSFの全国的感染

WOAHによる「豚熱**清浄国**」の認定を10年以上保持していた日本ですが、２０１８年に26年ぶりとなる豚熱の発生が岐阜県の農場で確認されました。

用語

家畜伝染病予防法
家畜の伝染性疾病の発生予防や蔓延の防止、輸出入検疫などについて定めた法律。家畜法定伝染病や疾病による家畜死亡の届出義務、予防のための検査・消毒、患畜および疑似患畜の届出・隔離義務、輸出入検疫などを規定。

特定家畜伝染病
ほかに牛海綿状脳症（BSE）、牛疫、牛肺炎、アフリカ豚熱の4つがある。

CSF
英語のClassical swine feverの略。

WOAH
世界動物保健機関・国際獣疫事務局。前身は「国際獣疫事務局を設立する国際合意」にも

20年には沖縄から関東まで1府10県に感染が拡大。野生イノシシの陽性事例も次々と報告され、中部、関東、東北を含む1都1府16県に及びました。

感染の拡大を受け、農林水産省は豚熱ワクチンの接種を地域限定で許可しました。20年8月までに1都2府22県でワクチン接種が実施されたものの、豚熱の発生は続きました。

22年7月には栃木県の大規模農場で、国内では過去最多となる約5・6万頭が殺処分されました。

発生防止には日常的な衛生管理

CSFウイルスは野生イノシシが媒介することもあるため、農場の周囲に柵を設置してイノシシの侵入を防ぐとともに、関係者以外の立ち入り禁止、農場の出入り口での徹底した消毒、動物性タンパク質を含んだ飼料を与える場合の十分な加熱処理といった衛生管理対策が求められます。

アフリカ豚熱（ASF）は、豚熱とは全く別の伝染病です。全身の出血性病変が特徴で、致死率が高

2018年CSF（豚熱）発生の経過

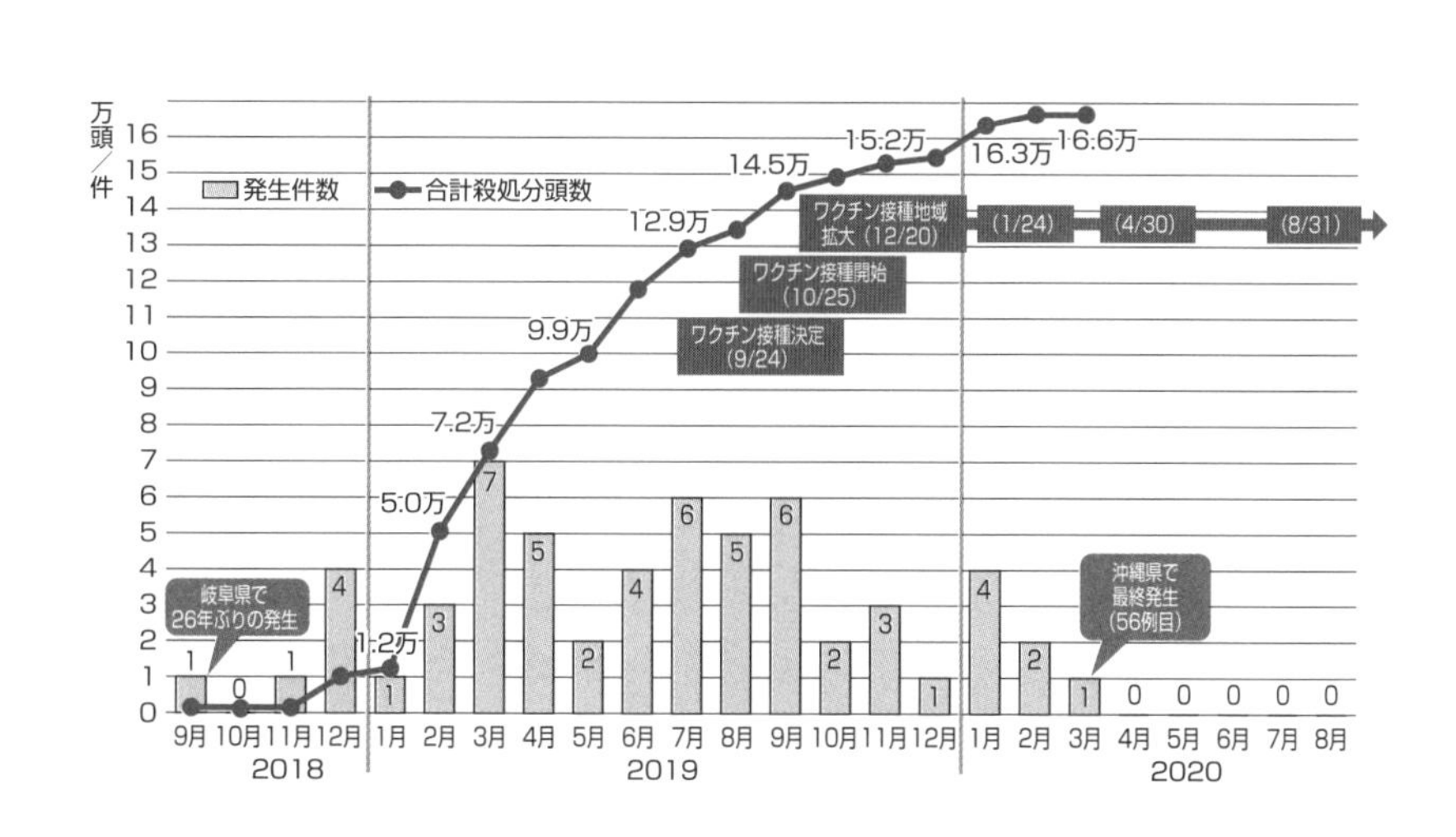

資料：農業協同組合新聞（2020年9月2日）をもとに作成

とづき設置された国際組織。かつて世界中で流行した牛疫に対応することを目的として1924年1月25日にパリにおいて28か国間で合意された。設立以来、フランス語の名称（Office International des Epizooties=OIE）を用いてきたが、2003年には通称としてWorld Organisation for Animal Health（WOAH）と英語名を利用することになり、2022年からは英語名を正式名とし、フランス語名を併用するようになった。2022年5月現在182か国が加盟しており、世界の動物衛生の向上を目指し、食品安全やアニマルウェルフェアの分野も対象に含む。

清浄国
指定されている伝染病による汚染を免れていると認められている国のこと。清浄国、汚染国は、伝染病の種別ごとに決まる。清浄国の認定（ステータス）は、

く、ＡＳＦウイルスはダニによっても媒介されます。日本では未確認ですが、中国、韓国、フィリピンなど近隣国では発生が続いており、肉製品の持ち込みも含め、徹底した侵入防止策が必要になっています。

大きな爪痕を残した口蹄疫（ＦＭＤ）の大流行

口蹄疫は、牛や豚、羊など偶蹄類の家畜や野生動物がかかるウイルス性の伝染病で、治療法はありません。40℃以上の発熱で元気を失い、多量のよだれを垂らします。舌や口中、蹄の付け根、乳頭などに水ぶくれができ、足を引きずるようになり、水ぶくれに伴う痛みで食欲を失い、衰弱します。ただし人間には感染せず、口蹄疫にかかった家畜の肉を食べたり、乳を飲んだりしても健康被害はありません。

家畜が口蹄疫に感染した農場では全頭処分、半径10㎞の農家の牛や豚の出荷が禁止され、半径20㎞以内の牛や豚の移動・搬出制限、徹底した消毒が、都道府県知事の権限で実施されます。

２０１０年4月、日本では約10年ぶりの口蹄疫が宮崎県で発生。移動制限区域の全家畜にワクチン接種を実施しましたが、感染拡大を防ぐためで、それらの家畜も殺処分され、最終的に２９２の農場で牛や豚、羊など29万７８０８頭の命が失われました。現地の畜産農家、行政やＪＡの職員、獣医師らの懸命の努力によって、約4か月後に感染は終息。「口蹄疫清浄国」の認定も12年2月に取り戻しました。

この大流行で、家畜伝染病の恐ろしさが全国に浸透し、家畜防疫への理解も高まったといわれますが、畜産や畜産関連業の損害は、宮崎県の調べで１４００億円。農業分野以外にも深刻な影響が及びました。畜産を再開できた農家は13年4月時点で62％にとどまり、県内の飼養頭数は着実に回復したものの、小規模農家の撤退と事業規模の拡大が同時に進みました。また、殺処分に携った獣医たちの心に、深い傷を残したことも忘れてはなりません。

中国、韓国、北朝鮮、ベトナムなどの近隣諸国では現在も口蹄疫が発生しています。これらの国々を訪れるときは、農場には近づかない、帰国時の消毒

肉等の生産物の輸出入にも大きく関わってくるため、その維持、失ったあとの早期回復が重要な課題となっている。ワクチン接種が続く限り、清浄国の認定は取り戻せない。

を徹底するなど、慎重な対応が求められます。

繰り返される鳥インフルエンザ

日本では2004年に鳥インフルエンザが79年ぶりに発生し、西日本を中心に養鶏業が大きな打撃を受けました。その後も、冬になると各地の養鶏場でウイルスが発見され、20年秋～21年春のシーズンには、野鳥で18道県58事例、家禽では18県52事例が確認され、過去最多となる約987万羽の家禽を殺処分。これは国内飼養羽数の約3％に相当します。

鳥インフルエンザのウイルスは、もともと野鳥などが保有するものです。野鳥は発症しないのに、ウイルスに感染した家禽は発症します。日本では、渡り鳥から感染が広がったとみられ、とくにH5型とH7型のウイルスは、鶏に対して高い病原性を持ち、感染した鶏の多くは死に至ります。感染が確認された養鶏場では殺処分を実施し、半径数10㎞圏内にあるほかの養鶏場でも鶏を検査し、未感染を確認できるまでは、鶏や卵の移動の自粛が要請されます。

口蹄疫（FMD）のOIEステータス認定状況

2022年5月31日時点

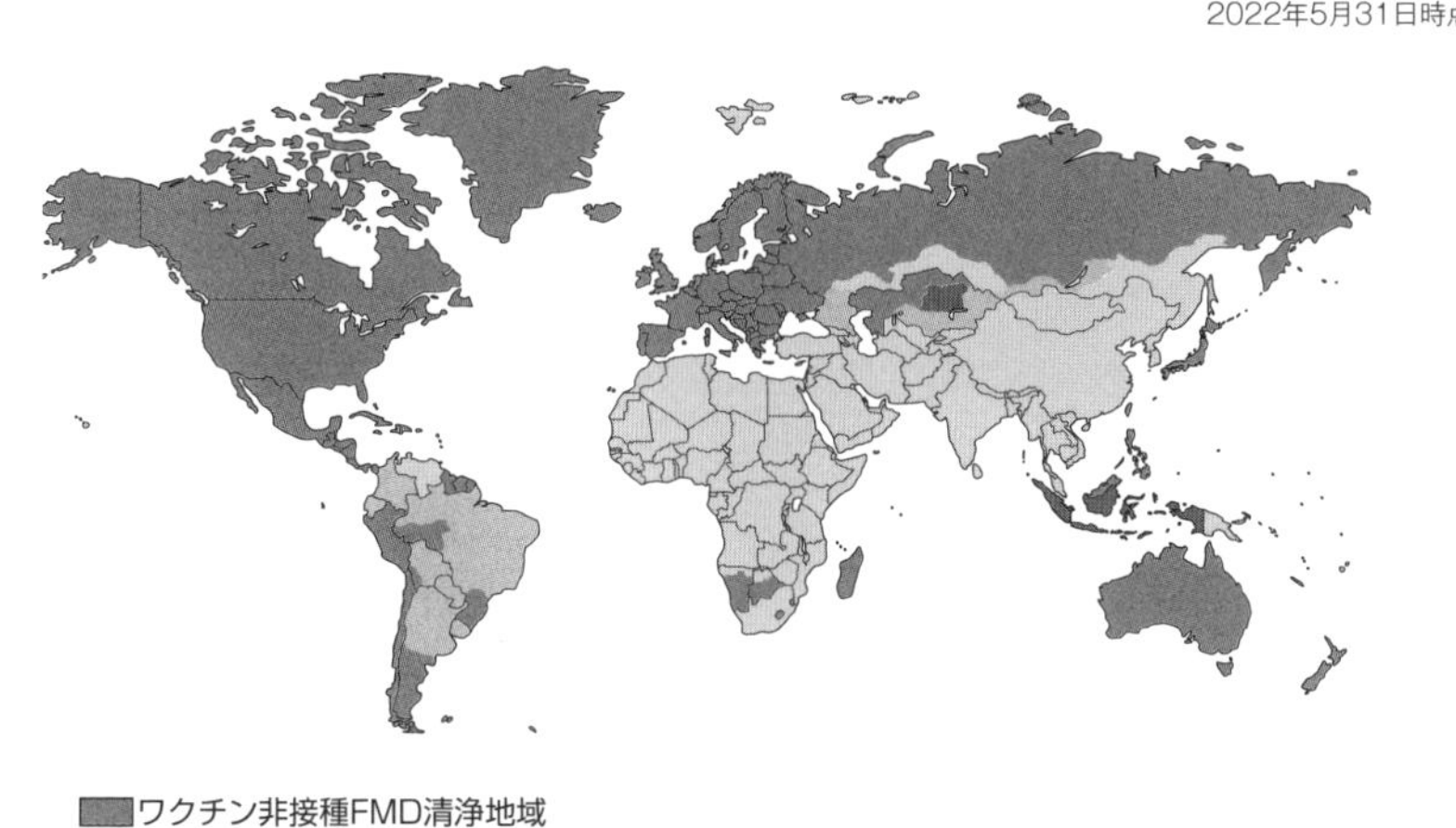

資料：国際獣疫事務局HPをもとに作成

15 人畜（獣）共通感染症

人に感染して死者も出た鳥インフルエンザ

鳥インフルエンザのウイルスは、鳥の呼吸器や腸管で増殖し、唾液・分泌物・糞便で排出され、ほかの鳥がウイルスを取り込むことで感染が広がります。これはもともと鳥の病気で、人間が鶏肉や卵を食べても感染することはありません。ただし、感染した家禽の羽や糞を吸い込んだり、内臓に触れたりして、多量の鳥インフルエンザウイルスに暴露された場合には、人間も感染する可能性があります。

人間への感染で注目されたのは強毒型のＨ５Ｎ１型のウイルスです。２００３年からの22年までの間に、世界中で８６４人が感染し、４５６人が死亡しています。

13年3月末には、家禽が感染しても死ぬことはない低病原性のＨ７Ｎ９型のウイルスで、中国の男性が死亡しました。その後も中国では、発生事例の報告が相次ぎました。感染者のほとんどは飼育場や市場などで家禽に触れていましたが、一部では家禽と接点がない人から人への感染も疑われています。

ウイルスが突然変異して「新型インフルエンザ」となり、人から人への感染が爆発的に拡大し、**パンデミック**が発生する危険性は高まる一方です。その発生は時間の問題と考える研究者もいます。

ＢＳＥも人畜（獣）共通感染症

おなじ病原体によって、人間と、人間以外の脊椎動物の両方がかかる感染症が、人畜（獣）共通感染症です。病原体は、ウイルス、リケッチア、クラミジア、細菌、真菌、原虫や寄生虫などです。

特定タイプ（型）のウイルスが引き起こす鳥インフルエンザは、人畜共通感染症の一つですが、２０

用語

パンデミック
感染症の全国的・世界的な大流行のこと。古くは、14世紀のヨーロッパにおけるペストの大流行などがあり、1918年に発生し猛威をふるったスペインかぜ、68年に発生した香港かぜは、インフルエンザによるパンデミックであった。スペインかぜでの死者は、一説によると1億人にのぼるといわれる。

00年代初め、「狂牛病」の俗称で社会の関心を集め、牛の全頭検査など大きな混乱を引き起こしたBSE(牛海綿状脳症)も、これに該当します。

BSEの病原体は異常**プリオン**と呼ばれるタンパク質です。感染源は飼料に配合された肉骨粉でした。肉骨粉は、家畜を食肉として処理する過程で発生する副産物で、もとは牧草地の肥料として利用されてきましたが、安価で栄養に富むことから飼料に転用されました。

BSEは2~8年の潜伏期間の後に運動障害が生じ、牛が死に至る病気です。治療法はありません。1986年にイギリスで初めて確認され、92年をピークにイギリス国内で累計18万頭以上が感染。そして96年にイギリス政府は**変異型クロイツフェルト・ヤコブ病**の人間への感染を認めました。異常プリオンが蓄積しやすい特定危険部位の摂取が発病の原因とされ、2013年までにイギリスなど12か国の228人が感染し、ほとんどの人が死亡しました。

肉骨粉の使用禁止で、BSEの発生は13年に世界

鳥インフルエンザと新型インフルエンザの関係

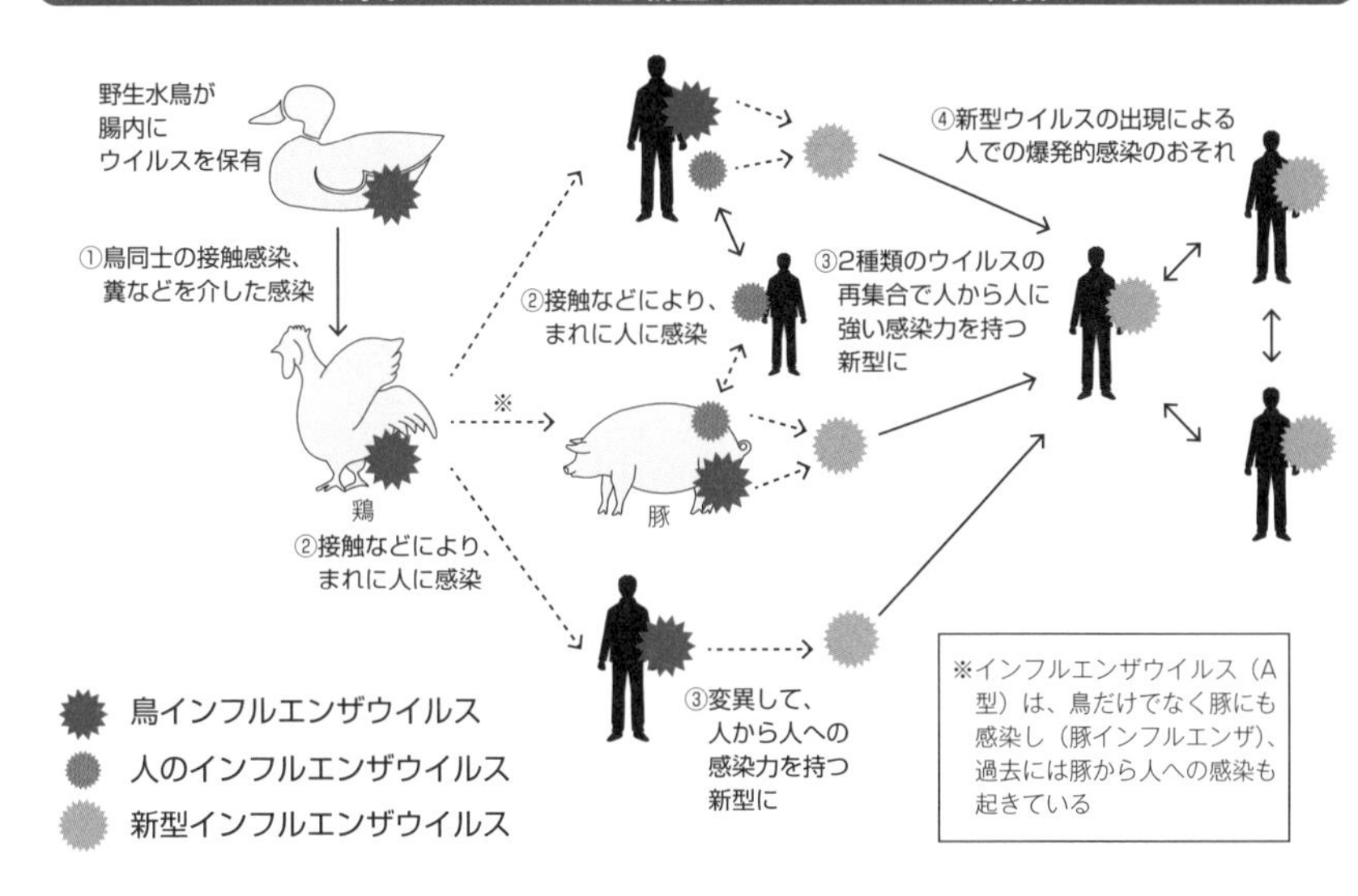

資料:厚生労働省HPをもとに作成

プリオン
タンパク質から成る感染性因子。BSE(牛海綿状脳症)や、人間のクロイツフェルト・ヤコブ病(CJD)など、さまざまな哺乳類の疾患に関与することが明らかになっている。

変異型クロイツフェルト・ヤコブ病
神経難病の一つで、抑うつなどの精神症状で始まり、進行性認知症、運動失調などをへて、発症後1~2年で全身衰弱などにより死亡する。BSEを発症した牛の特定危険部位を食べたことで人間に感染したものと推測されるのが変異型で、発症年齢が10~30代と若いのが特徴。

で7頭まで減少しました。日本の感染総数は36頭（うち乳牛30頭）で、03年以降に出生した牛からＢＳＥは確認されず、13年に清浄国の認定を受けました。この間に、日本は世界に先駆け、日本で飼育されている全ての牛を10桁の個体識別番号で一元管理する牛のトレーサビリティ制度を確立しました。

6番目のコロナウイルスはヒトコブラクダから

２０１９年に世界中で発生した新型コロナウイルス感染症（ＣＯＶＩＤ－19）。日本では20年2月以降、感染症防止法上の「新型インフルエンザ等感染症」として扱われました。これは、鳥インフルエンザや豚インフルエンザに由来するウイルスによる新しい感染症の出現が、強く警戒されていたことの現れです。実際は家畜ではなく、コウモリのコロナウイルスを祖先とする新型ウイルスだとする見方が有力です。

人間に感染するコロナウイルスは、新型が出現する以前にも6つ知られていて、4つは通常の風邪を引き起こすもの。02年に中国広東省で発生した重症呼吸器症候群（ＳＡＲＳ（サーズ））のコロナウイルスは、キクガシラコウモリが感染源（自然宿主）です。12年にサウジアラビアで発見された中東呼吸器症候群（ＭＥＲＳ（マーズ））のコロナウイルスの自然宿主はヒトコブラクダです。

中間宿主でも突然変異が疑われている

犬、猫、牛、豚、鶏、馬、アルパカ、ラクダといった家畜も、スズメ、コウモリ、シロイルカなどの野生動物も、それぞれの種に固有のコロナウイルスを持っています。多くの場合は宿主動物の呼吸器や消化器に軽い症状を引き起こすだけで、コロナウイルスが種の壁を越えてほかの動物に感染することは少ないと考えられてきました。

ところがコロナに限らずウイルスは、突然変異によって感染力や毒性を高めることがあります。宿主動物には無毒や低毒でも、ほかの動物へと媒介する中間宿主の動物の体内で突然変異することもあり、今後も新しい人畜（獣）共通感染症が出現することが想定されます。

第3章

畜産農家の特徴と経営を知る

1

日本の畜産の特徴

畜産は国内最大の第一次産業

２０２０年の農業産出額はおよそ8・9兆円。その35％以上を畜産部門が占めています。21世紀になってから、畜産の産出額はつねに米や野菜を上回り、いまや畜産は日本の農業を代表する部門です。畜産は、日本最大の第一次産業ということになります。

全国に**農業経営体**（**農家**など）が約１０７万あり、そのうち畜産を営んでいるのは約6万前後と、数では全体のわずか5％ほどです。それでも大きな産出額を生み出しているのは、米や野菜を作る農家と違って、ほとんどが専業であること、そして農家1戸当たりの経営規模が大きいことが理由です。

１９７５年の畜産の産出額は、農業全体の4分の1を上回る程度でしたが、畜産農家は１３８万戸近くありました。現在に比べると養豚農家は58倍、採卵農家は２６０倍の多さでした。

その後、兼業や小規模な畜産農家が減って、大規模農家や農業法人を中心に日本の畜産は営まれるようになっています。

日本では加工型畜産が主流

外国産の穀物など輸入飼料を購入して家畜に与え、肉や乳などの畜産物を作り出す経営を、加工型畜産とよびます。外部から持ってきた飼料を、畜産物へと「加工」しているという考え方です。これに対し、畜産農家が自分たちで生産した牧草や穀物を飼料に家畜を育てることを、自給型畜産ともいい、欧米ではこちらが一般的な形態です。

日本では、北海道を除くと広大な牧草地や飼料用作物を生産する農地に乏しく、外国産の飼料用穀物や配合飼料を輸入することが、土地の制約を受けず

用語

農業経営体
農産物の生産を行うかまたは委託を受けて農作業を行い、（1）経営耕地面積が30ａ以上（2）畜産においては搾乳牛1頭、肥育牛1頭、豚15頭、採卵鶏１５０羽のいずれかを飼養、またはブロイラー年間出荷羽数千羽（3）農作業の受託を実施、のいずれかに該当するものを指す。本書では以降、農業経営体を便宜上「農家」、単位を「戸」と記載する。

農家
経営耕地面積が10ａ以上の農業を営む世帯または農産物販売金額が年間15万円以上ある世帯。総数は１７４万戸。

に家畜の飼養頭数を増やすうえで有効でした。

さらに、明治時代の初めに畜産業が都市の内部や周辺地域を中心におこり、戦後の農業近代化政策による畜産振興では、生産量の確保が最優先されたことも、加工型畜産が主流になった大きな要因です。

この結果、日本の畜産業は、生産コストに占める飼料費の割合が高く、急激な円安など為替レートや穀物価格の変動が畜産経営に直接影響する構造になっています。

また、家畜の排せつ物は堆肥にして農地に還元するのが一般的ですが、農地面積も限られていることから、地域によっては産業廃棄物として処理されています。

飼料の自給率を向上させることは、生産コストの面だけでなく、環境面でも、また耕作放棄地の活用という観点からも重要で、農林水産省は、2030年度に飼料自給率を34％にまで高めることを目標に掲げ、牧草や飼料作物、飼料用米、**稲WCS（稲発酵粗飼料）**などの生産と利用を推進中です。

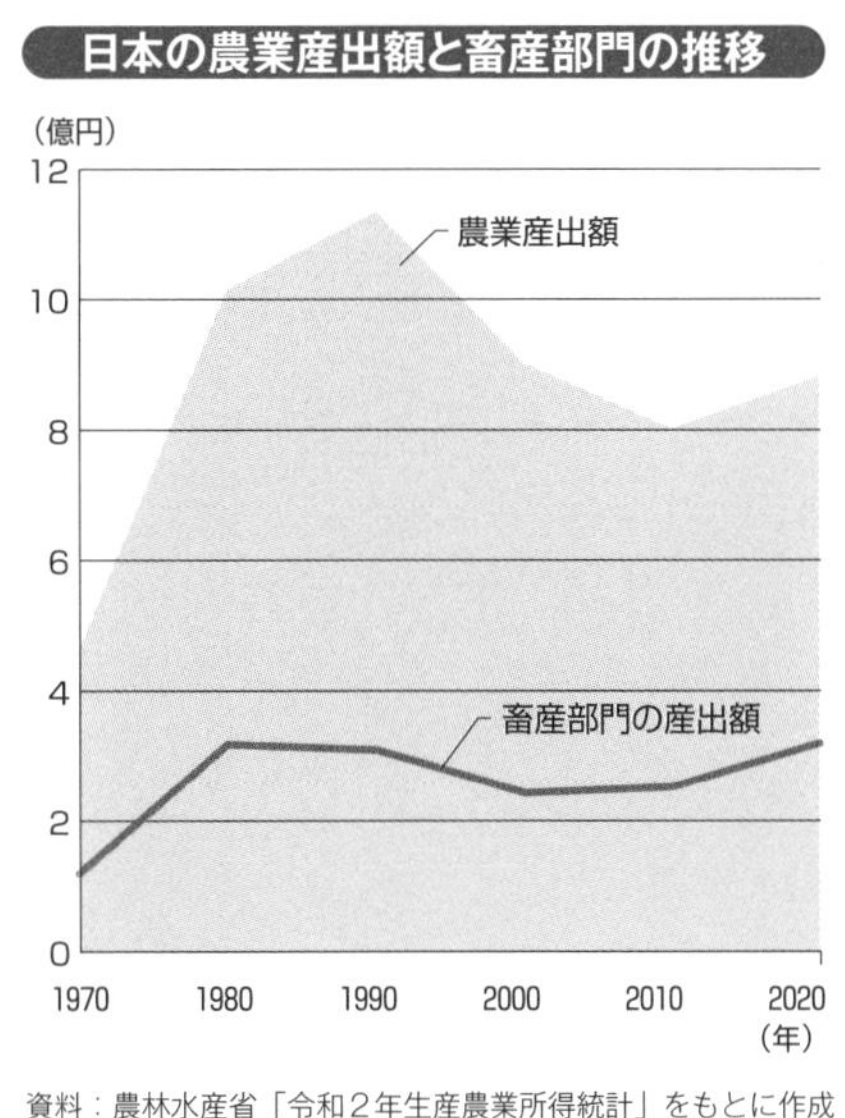

資料：農林水産省「令和２年生産農業所得統計」をもとに作成

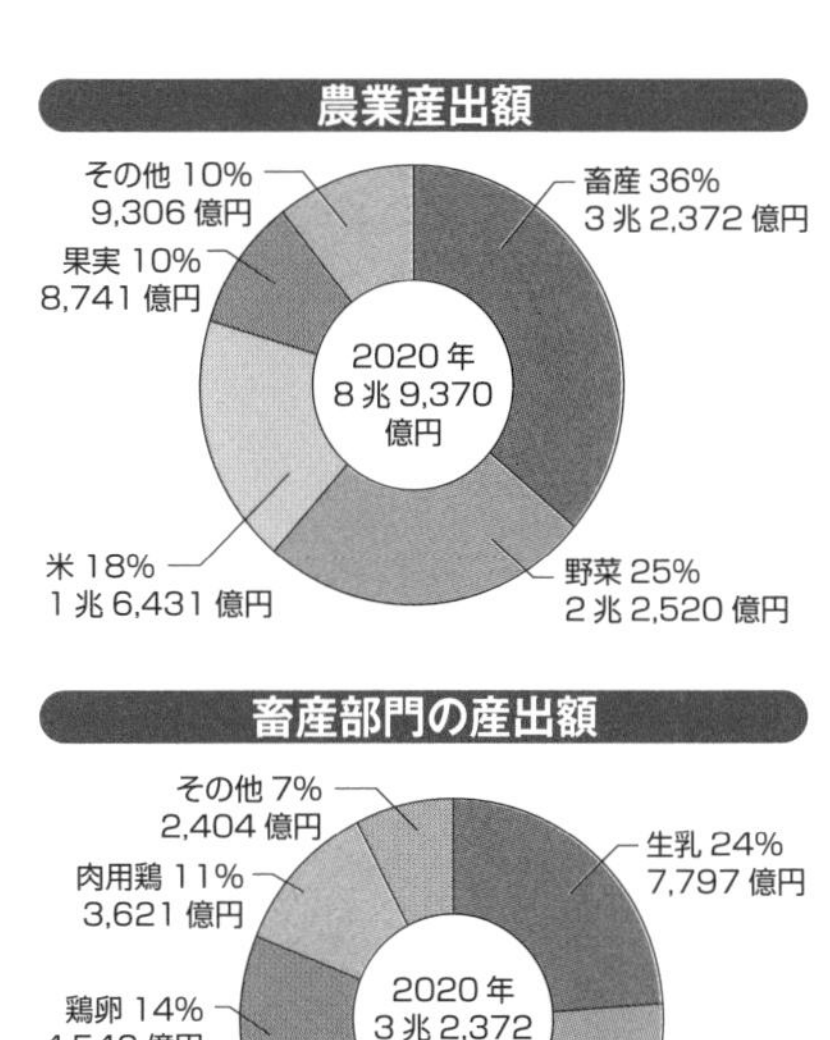

稲WCS（稲発酵粗飼料）
→76ページ

2 日本農業の近代化と畜産

畜産の近代化は生産の大規模化とともに

日本では明治時代になると、牛鍋が文明開化のシンボルになり、明治天皇は自ら模範を示すため、１８７１（明治4）年に牛乳、翌72年には牛肉を初めて食されました。とはいえ、肉も牛乳も高価で、牛肉などの畜産物の消費は、東京をはじめとする都市部が中心でした。当時は冷蔵設備がなく交通も未発達であったため、家畜を飼育し、肉や牛乳を加工販売する畜産業は、都市の内部やその周辺を中心に発達しました。こうして日本では、都市部の酪農などを中心に、飼料は自給せずに、ほかの地域から購入するという加工型畜産が発達してきたのです。

日本の畜産業の本格的な発展は第二次世界大戦後です。食生活の欧米化が進み、１９５０年代には、戦争で中断していた飼料輸入も再開。**酪農振興法**の施行で、まず酪農に注目が集まりました。61年には**農業基本法**が制定され、農業所得を高めるために、それまでの米麦中心の農業を転換して、畜産・野菜・果樹などの生産を増やすことが目標とされ、「畜産3倍、果樹2倍」のスローガンが掲げられました。

60年には全国の農家の3戸に1戸、２０３万戸が牛を飼っており、1戸当たりの飼養頭数は１・２頭でした。牛の畜力を耕耘や運搬に、糞尿を肥料に、最後は食用として利用する「有畜農業」がまだ残っていたのです。それが牛肉の輸入自由化が始まる直前の90年には、肉牛農家は9分の1まで減少。一方その30年間で、飼養頭数は1戸当たり11・6頭に増加し、肥育を中心とする肉牛農家の規模拡大が進みました。

酪農家は、小規模とはいえ60年に41万戸以上ありましたが、約20年後には10万戸を切り、1戸当たり

用語

酪農振興法
1954年に制定された、酪農の振興により牛乳・乳製品の安定的な供給を図るための法律。酪農適地における酪農経営近代化計画の作成、生乳取引の公正化と牛乳・乳製品の消費の増進措置などについて規定。

農業基本法
1961年に制定され、農家と他産業従事者との所得格差の是正をめざした法律。農業生産の選択的拡大、生産性向上、近代的な農業の担い手の育成などを進めた。99年には、農業基本法に代わり、食料・農業・農村基本法（新農業基本法）が成立。

の飼養頭数は2頭から20頭へと10倍に拡大。そして20頭から30頭になるまでに8年、40頭に増えるまでには4年で、規模拡大のペースが上がりました。

養豚農家は、62年が過去最多で約103万戸あり、飼養頭数は403万頭で1戸平均4頭でした。輸入自由化が始まった71年からの約10年間で、1戸当たり20頭から80頭に拡大。90年には4万戸余りの養豚農家が、1戸当たり272頭を飼う規模に達しました。

肉牛農家数と1戸当たりの飼養頭数

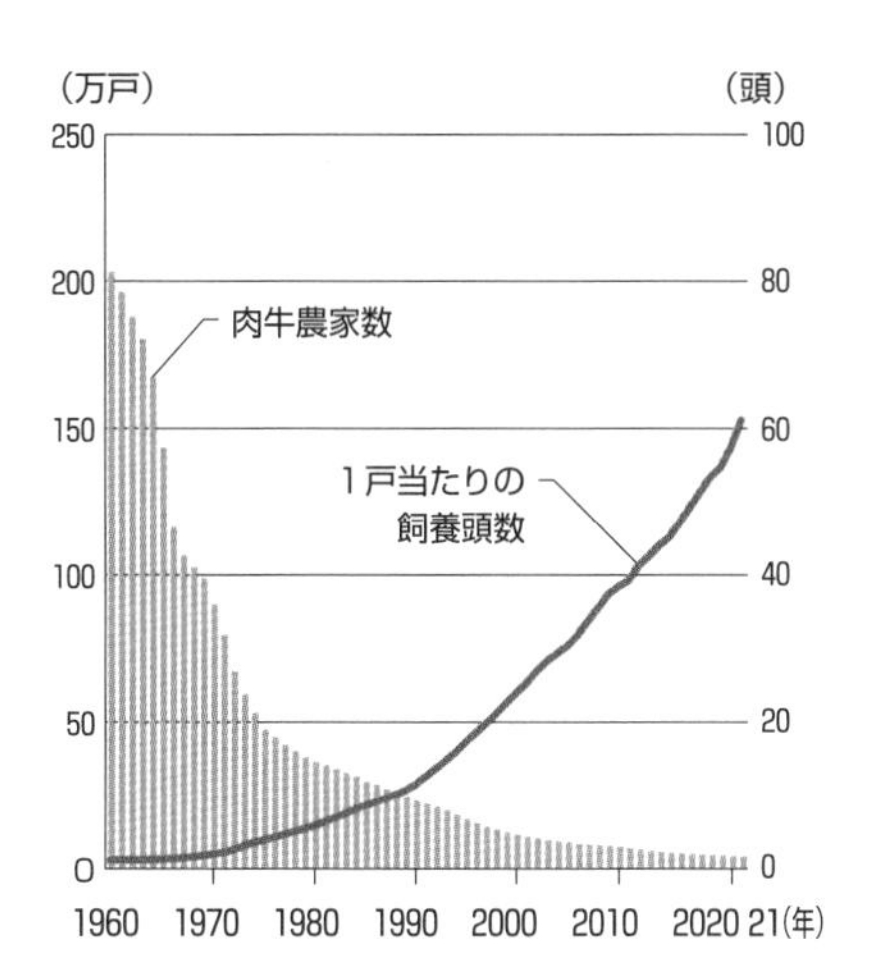

養豚農家数と1戸当たりの飼養頭数

酪農家数と1戸当たりの飼養頭数

注：グラフが途切れている年は調査結果なし
注：戸数を対数グラフで作成
資料：農林水産省「畜産統計」をもとに作成

大規模化で身近な食材になった鶏卵と鶏肉

畜産のなかでも大規模化が劇的に進んだのは鶏卵です。かつては農家が庭先で飼う鶏の卵を、業者が買い集めていましたが、現在では品種改良が進み、数万羽もの鶏が大型ケージ内で運ばれてくる餌を食べ、産みたての卵が自動的にパックされて、スーパーなどの店頭に並ぶようになりました。1960年には全国に384万戸近くあった採卵鶏農家は、75年に51万戸に。90年には9万戸を下回っています。

戦前まで、**かしわ**と呼ばれた鶏肉は、牛肉や豚肉に比べて生産量が少なく、肉の中の最高級品でした。戦後の50年代になると、アメリカで生まれたシステム式養鶏のブロイラーが日本でも主流になり、安くて味がよく衛生的な鶏肉が消費を拡大させました。鶏肉は生産の大規模化だけでなく、流通の合理化も、牛肉や豚肉に比べて進展しています。近年は健康志向の高まりから消費が伸び、地鶏や銘柄鶏も含めた鶏肉の生産量は食肉中で最大になっています。

肉用鶏農家数と1戸当たりの飼養羽数

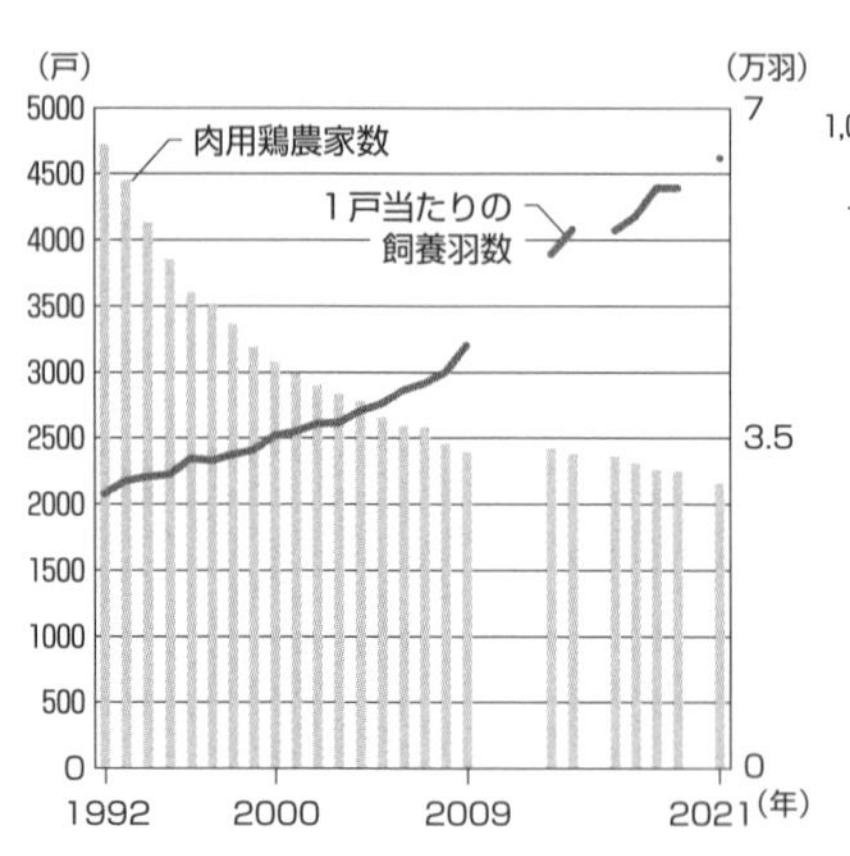

注：グラフが途切れている年は調査結果なし

資料：農林水産省「食鳥流通累年統計」「畜産統計」をもとに作成

採卵鶏農家数と1戸当たりの飼養羽数

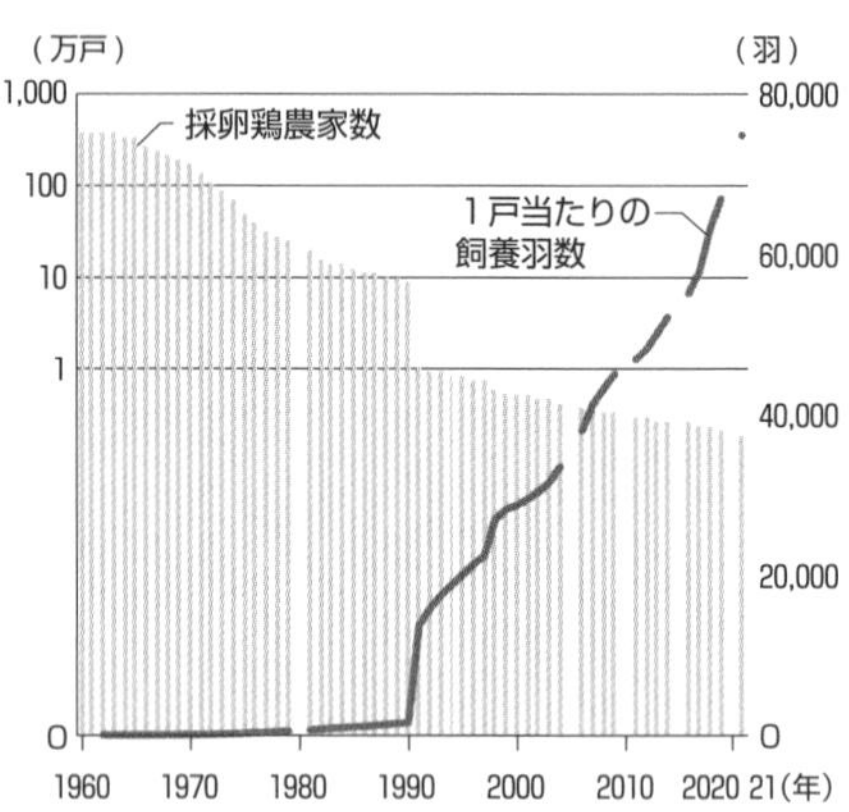

注：グラフが途切れている年は調査結果なし
注：1991年以降の数値は300羽未満の飼養者は除く
注：戸数を対数グラフで作成

資料：農林水産省「畜産統計」をもとに作成

用語

かしわ
元来は関西、九州、中部地方の一部で日本在来種の黄鶏（かしわ）をさし、やがて鶏肉一般の意味になった。「かしわうどん」「かしわめし」などとよぶ。

3 日本の肉牛農家と生産コスト

繁殖農家と肥育農家

肉牛を飼養する農家には、母牛を育てて子牛を生産する繁殖農家と、子牛を育てて十分な肉のついた成牛として出荷する肥育農家があります。農林水産省の「畜産統計」によれば、1991年には22万戸以上を数えた肉牛農家は、輸入自由化の開始から10年で半減し、2003年に10万戸を割り込み、21年には4万2100戸まで減少しました。

肉牛農家の大半を占める繁殖農家は、21年に約3万6900戸まで減少しました。約35％は繁殖雌牛の飼養頭数が4頭以下で、平均でも12・4頭。兼業の繁殖農家が多くを占めています。100頭以上を飼養している大規模な繁殖農家は、全国で550戸ほどです。

肥育農家は規模の拡大が進み、3000頭以上を肥育する企業的経営体も出現しています。

かつては、肉牛の繁殖には粗飼料が入手しやすい中山間地域が、そして肥育には大麦生産地帯が向いているといわれてきました。しかし現在は飼料用穀物の大部分を輸入に頼っているため、貨物船の入港地から近く、大規模肥育を実施しても周囲への影響が少ない場所が適地になっています。飼養頭数が多いのは、北海道、九州、東北、北関東で、ブランド

肉用牛の都道府県別飼養頭数

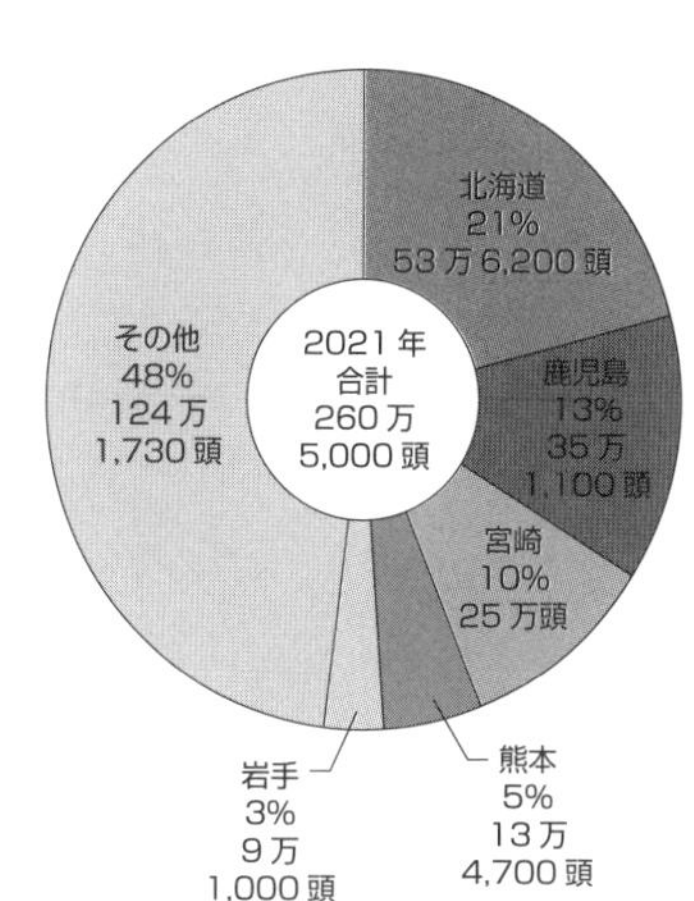

資料：農林水産省「畜産統計」をもとに作成

和牛を生産する兵庫、滋賀などがこれに続きます。

コストの大部分は素畜費と飼料費

肉用牛1頭当たり生産コストは、どれくらいなのでしょうか。2020年の場合、費用合計をみると、繁殖農家が生産する肉専用種の子牛が1頭当たり60万6187円。また、肥育農家が生産する和牛の去勢若齢肥育牛は132万7876円、乳用種の雌牛に和牛の精子を人工授精させて生まれた交雑種肥育牛は82万5614円でした。

繁殖と肥育では、生産コストの内訳も異なります。繁殖農家が飼養する子牛では、飼料費が39%、労働費が30%を占めています。

肥育農家が飼養する去勢若齢肥育牛は、子牛を買い入れる費用（素畜費）が約83万円で、コストの半分以上を占めます。飼料費は25%、労働費は6%です。交雑種肥育牛は、素畜費が約46万円で、コストに占める割合は約55%。飼料費は約35%です。

農家が購入する配合飼料は値上がりが続き、06年は1t当たり4万3000円台でしたが、円安が加速した22年には8万7000円台という過去最大の水準となりました。

一方、子牛の市場価格は高値が続いていましたが、21年にはコロナ禍による外食需要の低迷が原因で、22年には生産コスト上昇のなか、異例ともいえる下落が続きました。

繁殖農家の1年間の農業粗収益は、20年の全国平均で1794万円。これは、月平均17頭の繁殖雌牛を飼育し、13頭を肥育素牛として販売しているケースで、農業経営費を除いた農業所得は192万円です。専業で繁殖牛経営をしていくには一般的に50頭以上を飼養する必要があるとされます。

肥育農家は、20年に月平均203頭を飼育し、年に135頭を販売した場合、粗収益が1億2421万円ですが、経営費を除くと農業所得の平均はマイナス213万円と赤字になってしまいました。肥育農家の赤字は肉用牛肥育経営安定交付金制度（110ページ）の交付等で補填されます。

子牛（肥育素牛）費用合計と内訳

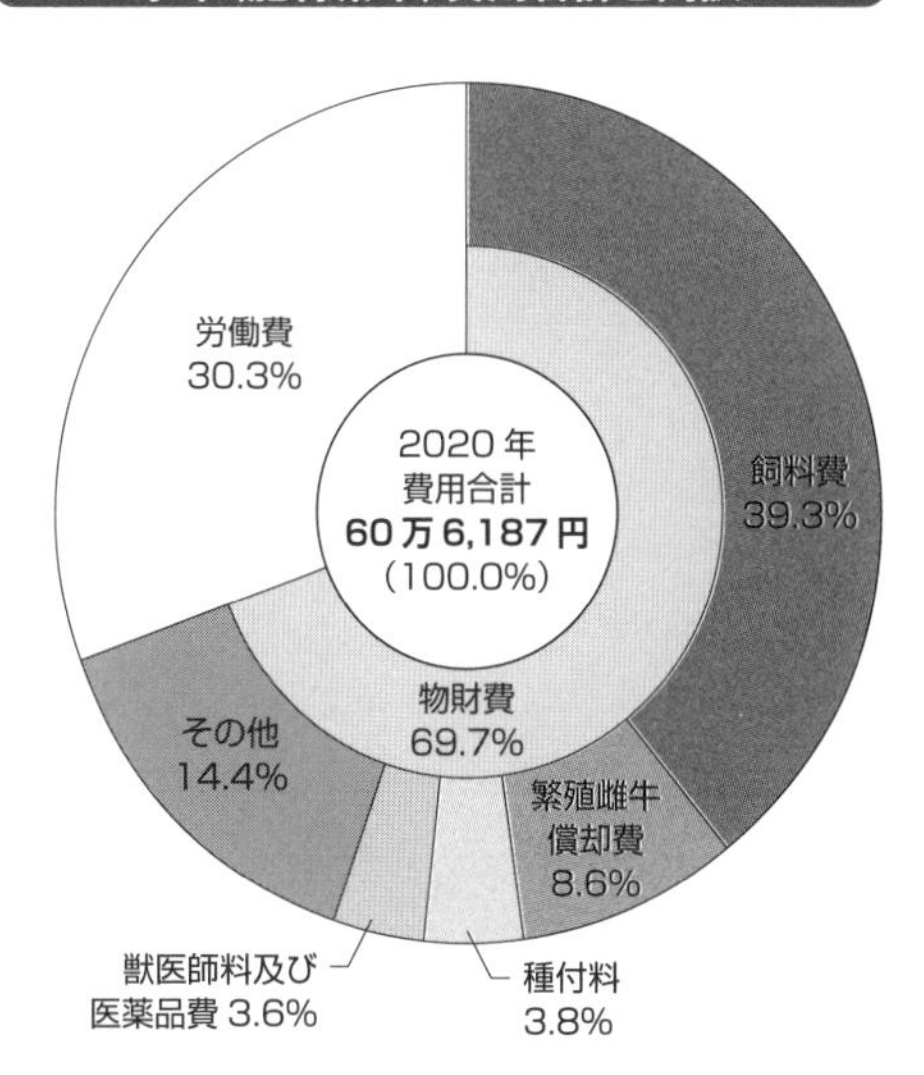

資料：農林水産省「令和２年度　畜産物生産費統計」をもとに作成

繁殖農家の平均的な経営状態（2020年）

繁殖雌牛飼養頭数	17.1頭
子牛販売頭数	13.4頭
農業専従者数	3.29人
粗収益	1794万円
農業経営費	1601万円
農業所得	192万円
労働生産性（事業従事者１人当たり付加価値額）	108万円

注：飼養頭数は月平均。数字は四捨五入したもの。

資料：農林水産省「令和２年度　農業経営統計調査」をもとに作成

肥育牛（去勢若齢）費用合計と内訳

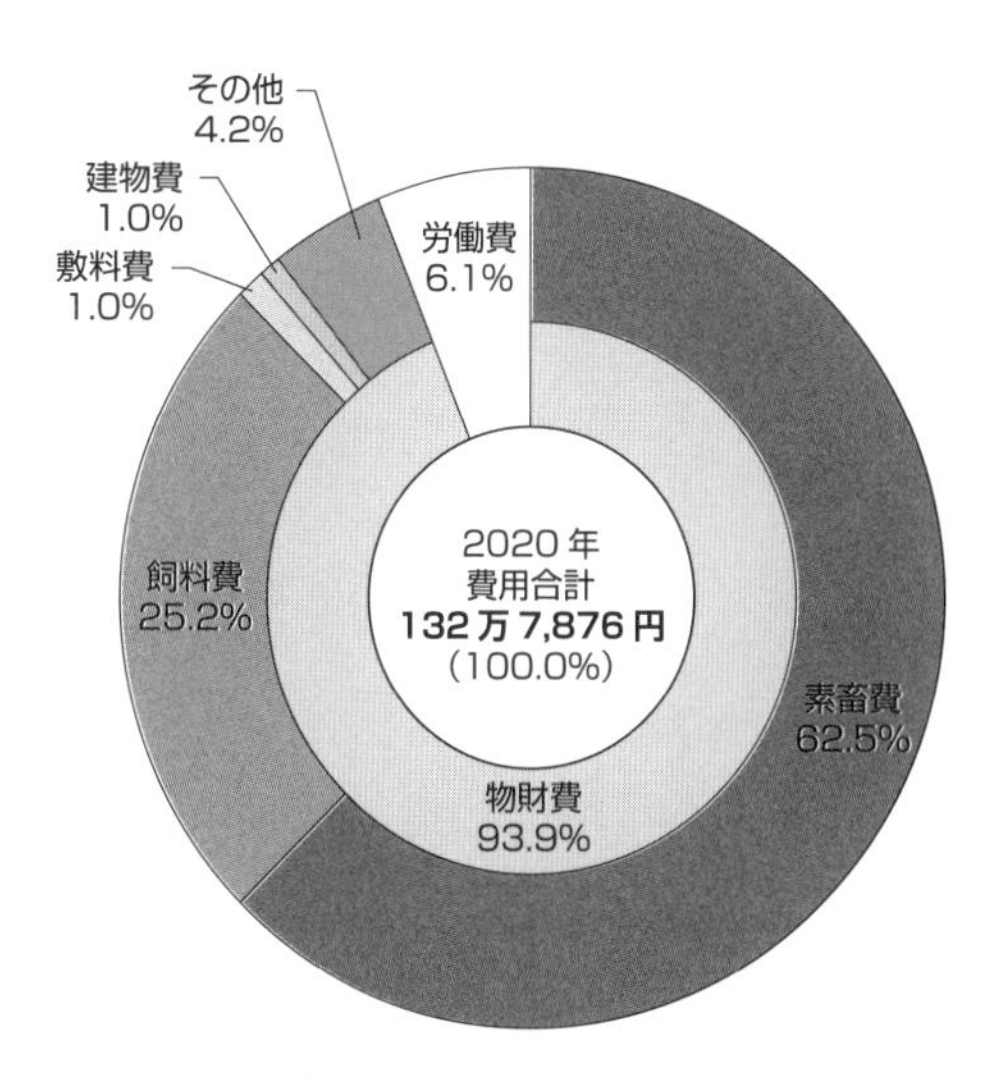

資料：農林水産省「令和２年度　畜産物生産費統計」をもとに作成

肥育農家の平均的な経営状態（2020年）

肥育牛飼養頭数	203頭
肥育牛販売頭数	135頭
農業専従者数	4.73人
粗収益	1億2421万円
農業経営費	1億2635万円
農業所得	△213万円
労働生産性（事業従事者１人当たり付加価値額）	196万円

注：飼養頭数は月平均。数字は四捨五入したもの。

資料：農林水産省「令和２年度　農業経営統計調査」をもとに作成

4 日本の酪農家と生産コスト

北海道が日本の生乳の半分以上を生産

農林水産省の「畜産統計」によれば、日本の酪農家は毎年約4%ずつ減っていて、2021年には1万3800戸となりました。このうちの5710戸が北海道にあります。乳牛の飼養頭数は135万6000頭で、前年より0・3%増えています。**生乳**生産量は759万tほどです。

生乳を生産する搾乳牛の1戸当たり飼養頭数は年々増加し、北海道では145・3頭、都府県では64・8頭です。日本の乳用牛の60%近い約83万頭が北海道で飼養されています。栃木、熊本、岩手の各県が続きますが、いずれも4~5万頭の規模です。

アメリカ西南部のカリフォルニアなどには、1農場当たり500~1000頭、なかには2000頭の乳牛がいるメガファームとよばれる巨大酪農場があります。しかし中西部の伝統的な酪農家の多くは家族経営で、規模は北海道と同程度。日本の酪農家の規模はドイツやフランスとも肩を並べています。

日本で本格的に放牧が行われているのは、北海道のほかには、東北、北関東、九州などの一部地域に限られます。また、飲用牛乳向け生乳の生産は都府県が中心ですが、生クリームやバター・チーズなどの乳製品に向けた生乳の生産は、北海道が中心です。

気温が高く雨も多い日本の大部分は放牧に適さず、乳牛を飼養するには高度な技術が必要です。しかし技術を高めることで1頭当たりの年間搾乳量は向上を続け、全国平均8900kgを上回りました。1万kgを超すアメリカには及びませんが、カナダやオランダに次いで世界上位の水準です。放牧が中心で、穀物飼料を多くは給与しないニュージーランドでは4284kg、オーストラリアも6355kgです。

用語

生乳
↓45ページ

搾乳牛1頭当たりの費用合計は全国平均で94万8534円。そのうち飼料費が44％と半分近くを、労働費も約17％を占めます。北海道では飼料費も労働費も全国平均より低くなっています。その理由は、放牧を取り入れていること、飼養頭数が都府県の2倍に近いことです。牛乳100kg当たりの全算入生産費（全国平均）は8441円で前年より2・5％増加。飼料価格が上昇したことが主因です。

規模拡大の投資が経営を圧迫

酪農家の粗収益は2020年の全国平均で1経営体当たり8755万円。農業経営費を除いた農業所得は774万円です。北海道に限ると、粗収益が1億3732万円、農業所得が1429万円。飼養頭数が北海道の半数に近い都府県では、粗収益7022万円、農業所得546万円です。

都府県で100頭以上200頭以下を飼養する中～大規模酪農家では農業所得475万円で、50頭以上100頭以下の規模の農業所得692万円より少ないという現象が生まれています。これは設備拡張のための借入金に対する返済で、経営費がふくらんでいるためです。設備拡張により規模が拡大し、粗収益が増大しても、維持費等でつねに経営費を圧迫します。都府県で飼養頭数が50頭に満たない小規模酪農家では、粗収益が3324万円で農業所得は368万円、北海道の小規模農家では、粗収益が3883万円で、農業所得は750万円にとどまっています。

乳用牛の都道府県別飼養頭数

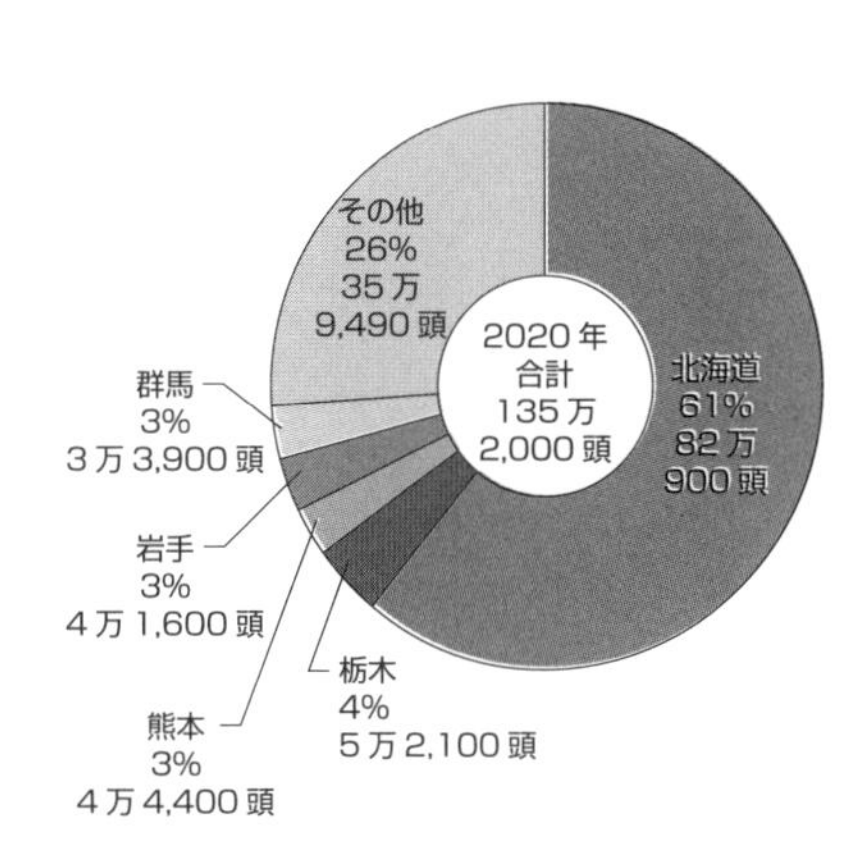

資料：農林水産省「畜産統計」をもとに作成

北海道の牛乳費用合計と内訳(搾乳牛通年換算)

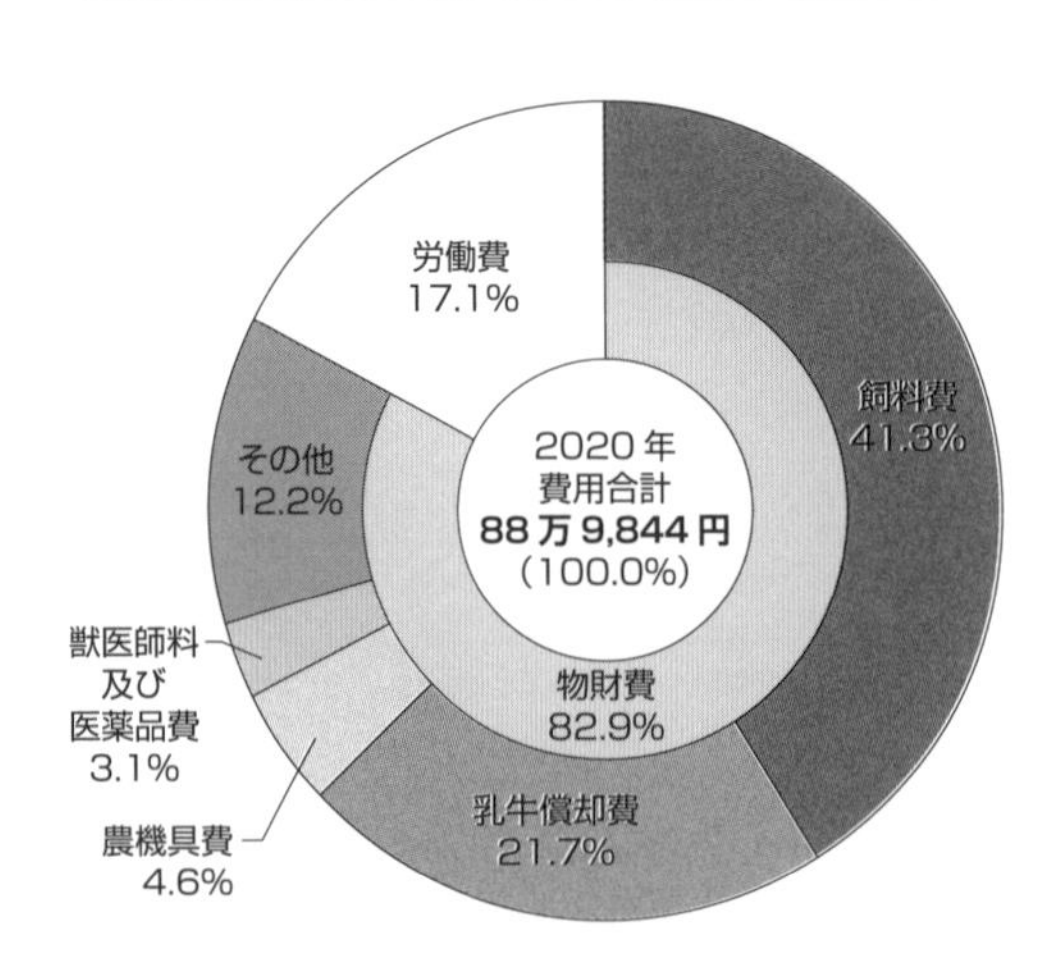

資料：農林水産省「令和２年度　畜産物生産費統計」をもとに作成

北海道の酪農家の平均的な経営状態(2020年)

搾乳牛飼養頭数	104.3頭
１頭当たりの生乳生産量	8943kg
農業専従者数	6.42人
粗収益	1億3732万円
農業経営費	1億2303万円
農業所得	1429万円
労働生産性（事業従事者１人当たり付加価値額）	509万円

注：飼養頭数は月平均。数字は四捨五入したもの。

資料：農林水産省「令和２年　農業経営統計調査」をもとに作成

都府県の牛乳費用合計と内訳(搾乳牛通年換算)

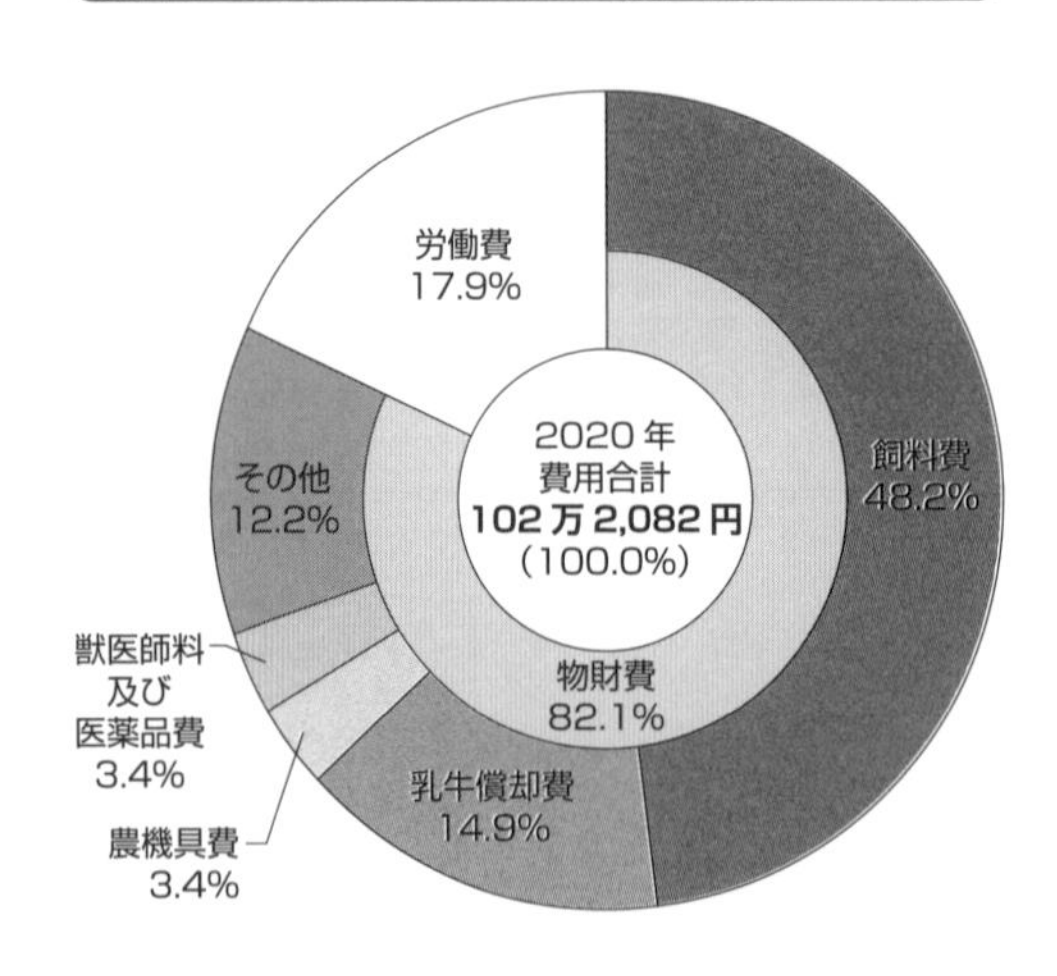

資料：農林水産省「令和２年度　畜産物生産費統計」をもとに作成

都府県の酪農家の平均的な経営状態(2020年)

飼養頭数	52.3頭
生乳生産量	8640kg
農業専従者数	4.94人
粗収益	7023万円
農業経営費	6477万円
農業所得	546万円
労働生産性（事業従事者１人当たり付加価値額）	243万円

注：飼養頭数は月平均。数字は四捨五入したもの。

資料：農林水産省「令和２年　農業経営統計調査」をもとに作成

5 日本の養豚農家と生産コスト

大規模化が進み、一貫経営が主流に

養豚農家には次の3タイプがあります。①繁殖用の豚（雄雌）を飼育し、雌豚を妊娠させて子豚を取り上げ、その子豚を飼育養豚家向けの市場に出荷する「子どり経営」。②子豚を市場で購入し、それを肥育して、食用の成豚として出荷する「肥育経営」。③繁殖から肥育、成豚を出荷するまでの「一貫経営」。

農林水産省の「畜産統計」によれば、1990年には4万3000戸以上の養豚農家が、1戸当たり約270頭を飼養していました。それが2021年には3850戸まで減り、一方で平均飼養頭数は2413頭を超え、約25%が2000頭以上を肥育しています。また、1980年代までは半数を占めていた①の子どり経営が激減して、多くの養豚農家が③の一貫経営に転換しました。

このような養豚農家の総数が減り、大規模一貫経営が増えるという流れに、豚流行性下痢（PED）の蔓延が加わり、肥育用の子豚を取引する市場が相次いで閉鎖されました。

飼養頭数、出荷額ともに全国シェア10数%で1位が鹿児島。鹿児島の飼養頭数は宮崎、千葉、北海道、群馬などの2位グループを大きく上回っています。国内産豚肉の60%近くは、南九州、北関東、北海道、東北の9道県が生産しています。大規模化は青森と岩手の養豚農家でとくに進んでいて、この2県の1戸当たり平均飼育頭数は5500頭以上です。

ちなみに、日本国内で流通する豚肉の約半分は海外から輸入されたもので、その約8割はアメリカ、カナダ、デンマーク、スペインの4か国からのものです。アメリカとカナダの養豚は、一貫経営に向かっている日本とは逆に、子どり経営と肥育経営の分

用語

PED
豚流行性下痢(Porcine Epidemic Diarrhea)。PEDウイルスで感染し、水様性下痢を発症する。10日齢以下の哺乳豚は脱水症状で死亡する率がきわめて高い。中国、韓国、東南アジアではとくに被害が深刻。

業が定着しているという特徴があります。

日本の約10倍の豚肉を生産しているアメリカでは、繁殖に集中している州から肥育中心の州へ子豚が移動していますが、分業は国内にとどまりません。カナダでは繁殖（子どり）が盛んなため、07年には生きた子豚1000万頭以上が国境を越えてアメリカに輸出されています。日本とは異なり、国内や、隣国同士で子どり、肥育の分業が進んでいる背景の一つには、飼料のトウモロコシや大麦などの生産力の地域差があります。肥育にはこれらの穀物が大量に必要であるため、生産力が高い地域や安く入手できる地域が向いているのです。

上昇する飼料価格がコストを圧迫

日本の養豚農家の肥育豚1頭当たりの生産コストは、2020年の場合、費用合計で3万3877円。前年に比べて0・6％の減少です。生体100kg当たりの全算入生産費は2万9363円と前年比0・8％の減少。生産費の6割を飼料費が占めているので、飼料価格の増減によっては、コストに大きな影響を与えます。

養豚農家の収支を、月平均で3189頭を飼養し、年間5414頭を販売している標準的な経営体でみると、農業粗収益は2億3568万円、農業経営費を差し引いた農業所得は2484万円です。

肥育豚の飼養頭数が2000頭を超える経営体では、粗収益が5億9264万円で、農業所得が6318万円です。一般的に、経営規模が大きいほど生産性や経済効率が向上し、大規模化のためには設備投資が不可欠です。そのため、大規模農家ほど設備投資のための借り入れに対する返済や設備の修繕費などが経営費を圧迫しています。一方で、小規模～中規模の養豚農家は設備拡張による投資効果が小さく、設備共有などでコスト軽減を試みても、逆に感染症リスクを高めてしまいかねません。また、頭数の増加とともに飼養管理のための作業が多くなり、農業雇用労賃が上昇して、これも経営費を押し上げています。

肥育豚費用合計と内訳

豚の都道府県別飼養頭数

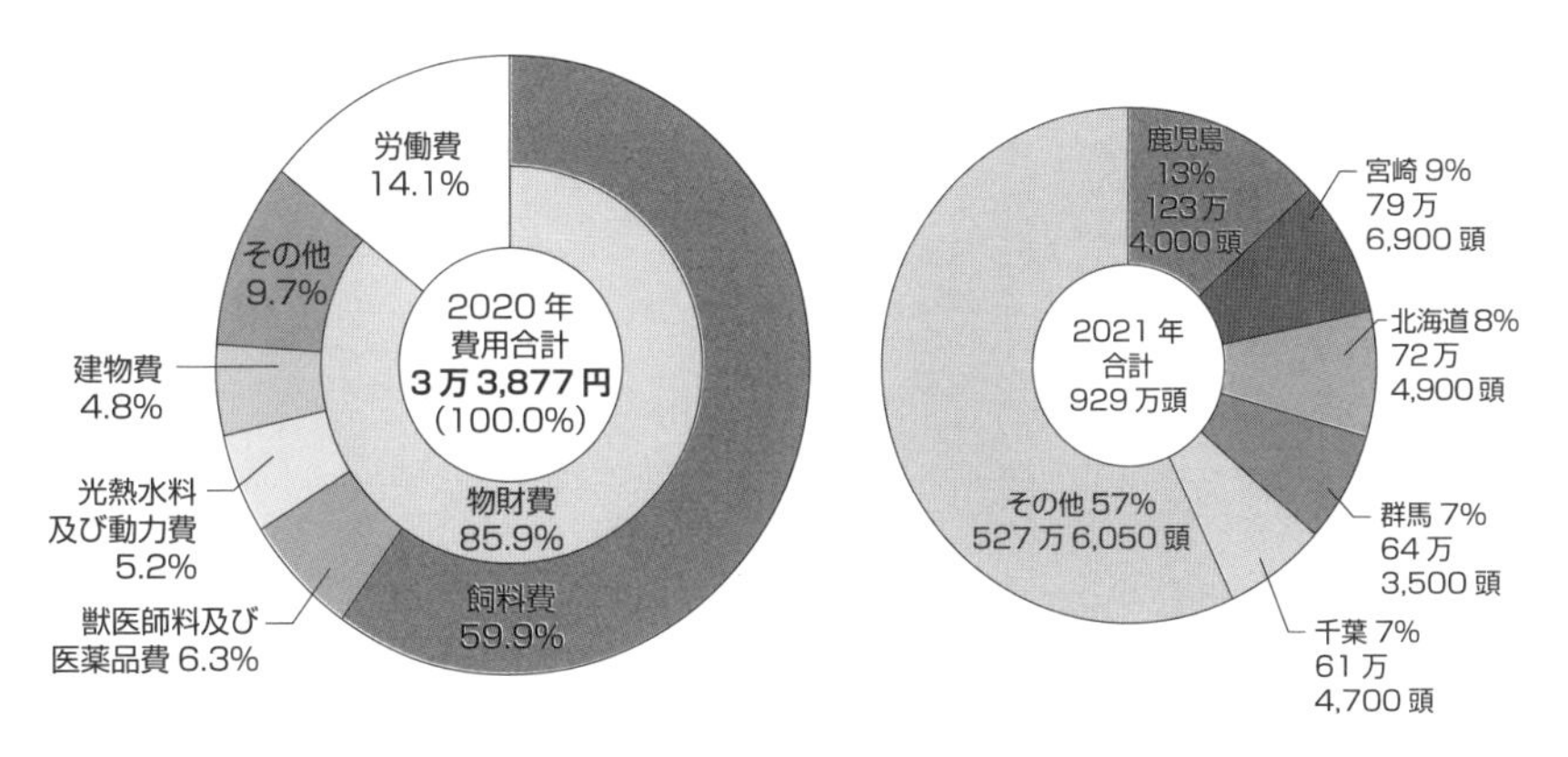

資料：農林水産省「令和２年度　畜産物生産費統計」をもとに作成

資料：農林水産省「畜産統計」をもとに作成

養豚農家の平均的な経営状態（2020年）

肥育豚飼養頭数	3189.2頭
肉豚販売頭数	5414頭
農業専従者数	7.7人
粗収益	2億3568万円
農業経営費	2億1084万円
農業所得	2484万円
労働生産性（事業従事者１人当たり付加価値額）	570万円

注：個別経営（組織法人や集落営農などの組織経営を除く）89経営体を対象とした標本調査。飼養頭数は月平均。数字は四捨五入したもの

資料：農林水産省「令和２年度　農業経営統計調査」をもとに作成

肥育豚１頭当たりの粗収益・所得（飼養規模別、2020年）

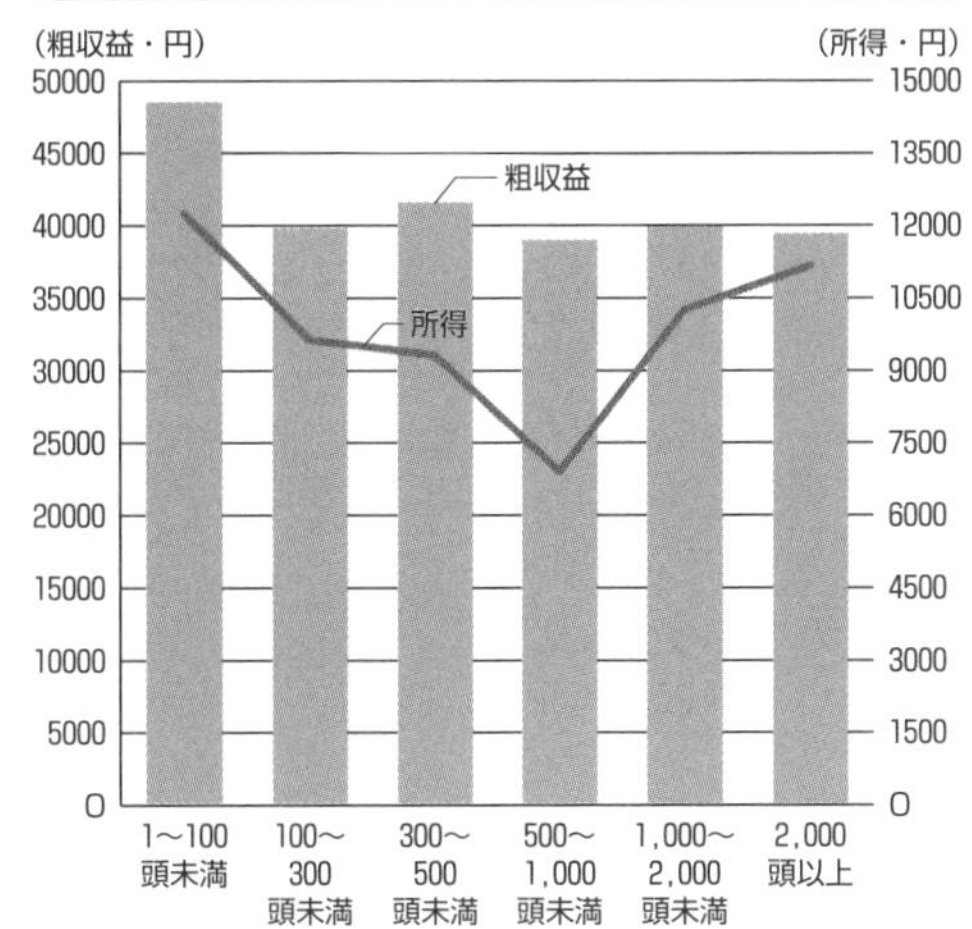

資料：農林水産省「令和２年度　農業経営統計調査」をもとに作成

6 日本の肉用鶏農家と生産コスト

生産量は過去最大、飼養戸数は過去最少

鶏肉の生産量は２０２０年に初めて年間１６６万tを突破し、過去最高の記録を更新しました。農林水産省の「畜産統計」によれば、ブロイラー（若鶏）の飼養羽数は宮崎と鹿児島の両県がそれぞれ全国シェアの20％前後を占め、岩手と青森がこれに続きます。南九州と北東北の合わせて４つの県だけで、日本のブロイラーの60％以上を生産しています。１戸当たりの飼養羽数は着実に増加し、とくに年間出荷羽数が50万羽を超える大規模経営が多くなっています。北海道では1戸当たりの飼養羽数が全国平均の8倍以上で、56万羽を超えています。

在来鶏の系統の地鶏は鶏肉生産のわずか1％、赤鶏系の銘柄鶏が5％ですが、ブロイラーの半数近くも、飼料や飼育法に工夫を凝らし、銘柄鶏として出荷しているのが、日本の鶏肉産業の特色です。

日本の鶏肉の自給率は6割程度で、輸入鶏肉は現在、大半がブラジル産です。ブラジルは、飼料になるトウモロコシの一大生産地で、生産・食鳥処理・加工・流通までを連結した**インテグレーション**が発達しているのが強みです。

飼料費と雛代でコストの70％超

２０２０年のブロイラー養鶏の1経営体当たりの農業粗収益は全国平均で1億２５１３万円ですが、農業経営費が1億円以上のため、これを差し引いた農業所得は７１６万円です。

経営費は1億１７９７万円で前年より13％減少しました。経費のなかで最大なのは飼料費で、20年は56％を占めます。飼料を与えることで、どれくらい体重が増えるかを比較してみると、肉牛は体重１kg

---

用語

インテグレーション
「統合」の意味。養鶏業などにおいて飼料・医薬品・育種・繁殖・飼育・屠畜・解体処理加工・販売など川上から川下までの部門を統合した大規模システム。最初にアメリカで発展。ほかの農業部門や経営活動一般においてもみられる。

増やすのに約11kgの飼料、豚は3kgの飼料を必要とするのに対し、ブロイラーは1・7kgで体重を1kg増やすことができます。それでも、ブロイラーの飼料費は、肉牛や豚よりも大きな割合になっています。飼料費の次に大きいのが素畜費（雛代）の16％。この2費目でコストの70％以上を占めています。4番目に多いコストは動力光熱費。鶏舎の照明、換気、糞の乾燥などに多くの電力が使われており、その値上がりは、ブロイラー養鶏農家の経営を圧迫します。

農業部門の再生可能エネルギー導入について、13年の調査によると、ブロイラーでは導入済みと検討中を合わせると36％近くで、ほかの営農形態がおおむね20％台なのに比べると、大きく前に踏み出しています。具体的には太陽光や**バイオマス**の利用が進み、省電力のために白熱灯や蛍光灯から**LED照明**へ切り替える動きも進んでいます。

ブロイラーでは肉牛や乳牛に比べて大規模なシステム化が進んでいるので、雇人費の割合が小さくなっていくことが予想されます。

ブロイラー養鶏農家の経営費と内訳

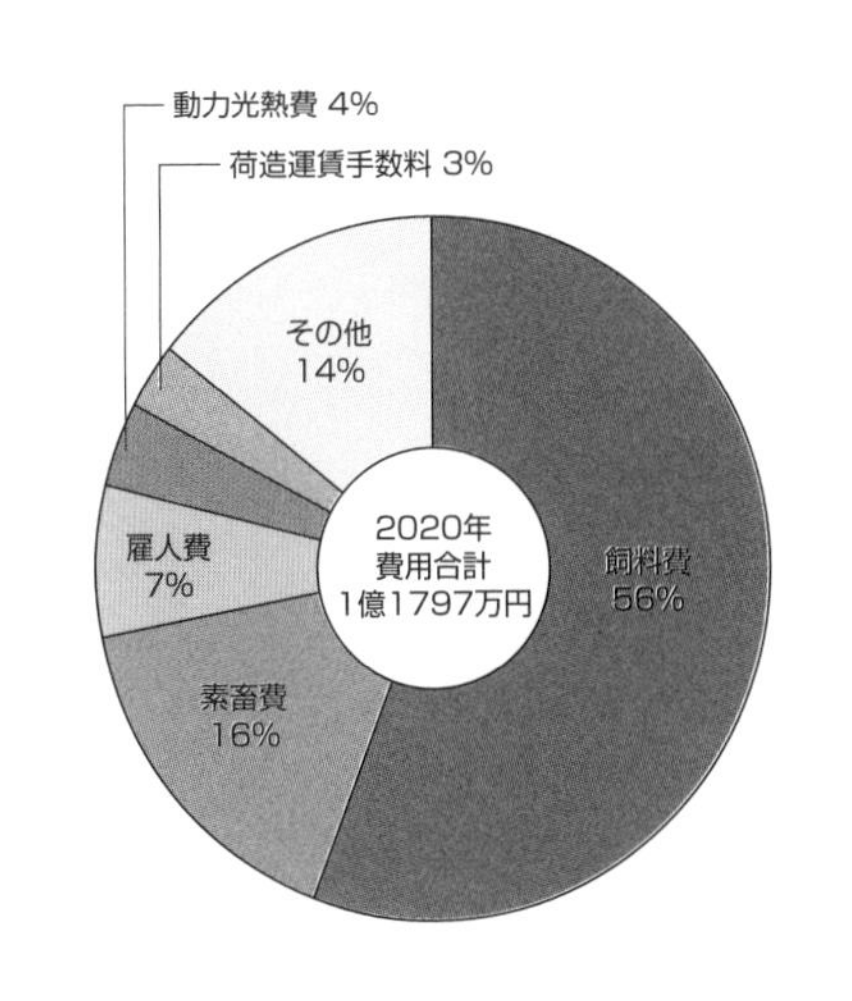

注：数字は四捨五入したもの。

資料：農林水産省「令和2年度　農業経営統計調査」をもとに作成

肉用鶏の都道府県別飼養羽数

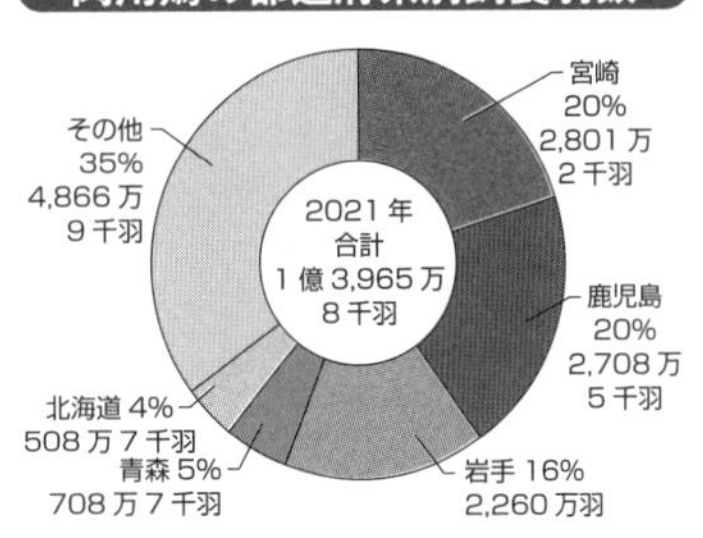

資料：農林水産省「畜産統計」をもとに作成

ブロイラー養鶏農家の平均的な経営状態（2020年）

ブロイラー販売羽数	26万1309羽
農業専従者数	4.4人
粗収益	1億2513万円
農業経営費	1億1797万円
農業所得	716万円
労働生産性（事業従事者1人当たり付加価値額）	378万円

バイオマス
農産物や林産物などの植物、家畜排せつ物などをエネルギー資源や化学・工業原料として利用すること。トウモロコシなどからバイオエタノールをつくったり、木材チップを発電に利用したり、家畜排せつ物を発酵させメタンガスを発生させたりするなどの取り組みが代表的。

LED照明
発光ダイオードを使った照明。エネルギー効率にすぐれ、低消費電力という特徴がある。

7 日本の採卵鶏農家と生産コスト

経営規模拡大と品種改良がさらに進む

採卵鶏農家の戸数は、最近の10年間でみても、毎年4～6％の割合で減り、2021年は1960戸になりました。減少分の多くは小規模農家です。畜産統計では、1戸当たり飼養羽数は7万羽を超え、成鶏めすを10万羽以上を飼養する大型農家の割合は、10年前には10％だったのが、18％に増えました。全国の採卵鶏の総羽数は1億3700万羽を超え、日本の総人口をも上回っています。

鶏卵の生産量は年間260万t前後で推移しています。飼養戸数だけでなく飼養羽数も年々減っていますが、品種改良が進んで1羽の鶏が産む卵の個数が多くなっているため、生産量は維持されています。採卵鶏の飼養羽数が多いのは、茨城、鹿児島、千葉、広島、岡山などです。しかし、全国シェアで10％以上を超えるような大型産地は見あたりません。

ちなみに、世界最大の鶏卵生産国は中国。次いでアメリカ、インドと続き、日本は第7位です。飼養羽数で日本の10倍以上の生産規模を持つアメリカには、100万羽以上を飼養する採卵企業が多数あります。飼料になるトウモロコシの生産が盛んな中西部のアイオワ、オハイオ、インディアナなど5つの州だけで、全米50州の鶏卵生産量の約半分をまかなっています。

コストでは飼料費の割合がもっとも高い

日本の採卵養鶏の1経営体当たりの農業粗収益は2億7290万円、農業経営費を差し引いた農業所得は1181万円です。畜産部門の労働時間は、他産業や、ほかの種別の農業と比べても長くなっていますが、なかでも採卵養鶏は酪農と並んで長時間の労働が必要とされます。

鶏卵鶏農家の経営費を全国平均でみると、2020年には飼料費が前年比13%増の46%を占めています。素畜費（初生雛、大雛など）が12%、農業雇用労賃は13%です。1950年代は約8割を圧迫していた飼料費ですが、輸入飼料を安く入手できるようになっていったため徐々に割合が低下していきました。

しかし、2020年以降の急激な円安により飼料価格（や原油価格）の高騰が止まらず、22年、JA全農たまごはおおよそ14年ぶりに鶏卵の出荷価格の引き上げを発表しました。安定した鶏卵の供給のためにも、国内飼料の増加が求められます。

ただし、鶏卵の値段がこれまでずっと上がらなかったのは、長く続いた円高で輸入飼料が安価だったため、という見方は正確とはいえません。経営規模を拡大し、産卵鶏の品種改良を進め、飼養技術を向上させ、流通を効率的にするなどし、総合的にコストの上昇を押さえ込んできた結果です。

採卵鶏農家の経営費と内訳

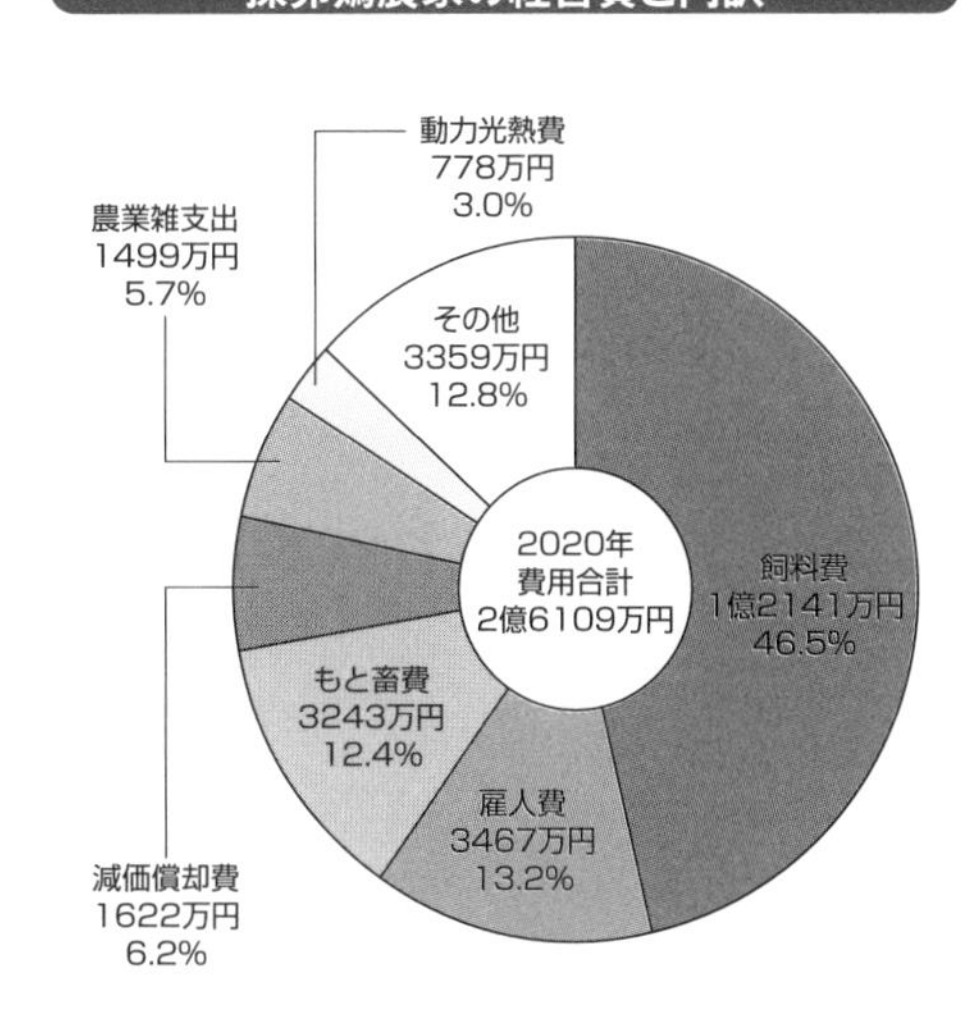

注：飼養羽数は月平均。数字は四捨五入したもの。

資料：農林水産省「令和2年度　農業経営統計調査」をもとに作成

採卵鶏の都道府県別飼養羽数

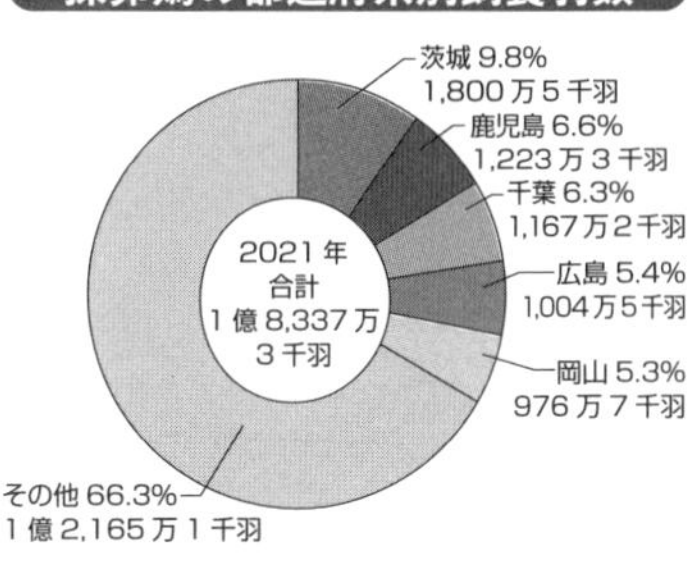

資料：農林水産省「畜産統計」をもとに作成

採卵鶏農家の平均的な経営状態（2020年）

採卵鶏飼養羽数	8万1480羽
鶏卵生産量	142万kg
農業専従者数	13.34人
粗収益	2億7290万円
農業経営費	2億6109万円
農業所得	1181万円
労働生産性（事業従事者1人当たりの付加価値額）	362万円

8

畜産物の価格を安定させる仕組み

畜産物価格が低落・高騰すると…

日本の畜産に特徴的な課題は、長時間労働にもかかわらず手取り額が少ないことです。また、輸入自由化、高齢化、後継者不足など、先行きが不透明なために設備投資が進まないことも、農業所得が伸びない一因となっています。農家の経営が悪化し、畜産を続けられなくなれば、畜産物の供給量も減り、消費者の生活に大きな影響が出ます。

国産牛肉を例にとると、2020年の小売価格を100として、16年が90・7、22年は102・8と変動しました。品薄と値上がりは消費者を苦しめますが、大幅な価格下落は生産者を苦境に追い込みます。畜産農家の経営基盤を強めて生産の安定化を実現し、価格の変動を防止することは、生産者にも消費者にも望ましいことです。そのためにさまざまな制度が運用されています。

「肉用子牛生産者補給金制度」は、牛肉輸入自由化の進展にともなう肉用子牛価格の下落を食い止め、肉用牛生産の効率化を進めることで、ゆくゆくは輸入牛肉に対抗できる国産牛肉価格が実現することを目指しています。

この制度では、111ページの図のように保証基準価格と合理化目標価格が設定されていて、肉用子牛の平均売買価格（品種別・四半期ごと）が保証基準価格を下回った場合に、その差額の全額が生産者補給金として国から交付されます。さらに合理化目標価格も下回ったときは、差額分の90％が、生産者積立基金から補填されます。積立金は、国が2分の1、県と生産者が4分の1ずつを負担します。

保証基準価格は肉用子牛の再生産を確保するためのもので、農林水産大臣が毎年度決定します。

肥育農家の収益が悪化したときは、粗収益と生産費の差額の90％が「肉用牛肥育経営安定交付金制度」（牛マルキン）によって補填されます。交付金の4分の1は生産者からの拠出金、4分の3は国費です。実際の支払いは**ａｌｉｃ（農畜産業振興機構）**が行うもので、保険に似た制度です。

「肉豚経営安定交付金制度」（豚マルキン）は、養豚経営の収益が悪化した場合に、生産者と国が拠出した積立金を使い、粗収益と生産費との差額の90％を補填金として交付する制度です。生産者の積立金は年度ごと、都道府県ごとに異なります。

肥育牛と肉豚の生産者を対象とする**マルキン**事業は、**CPTPP**（TPP11）や日EU・EPAの発効を受け、補填率が従来の80％から90％に引き上げられました。

酪農家を支えるための需給調整と補助金

生乳はバター・脱脂粉乳やチーズなどに加工すれば保存がきくので、飲用向け以外の加工原料乳が需

肉用子牛生産者補給金制度の概要

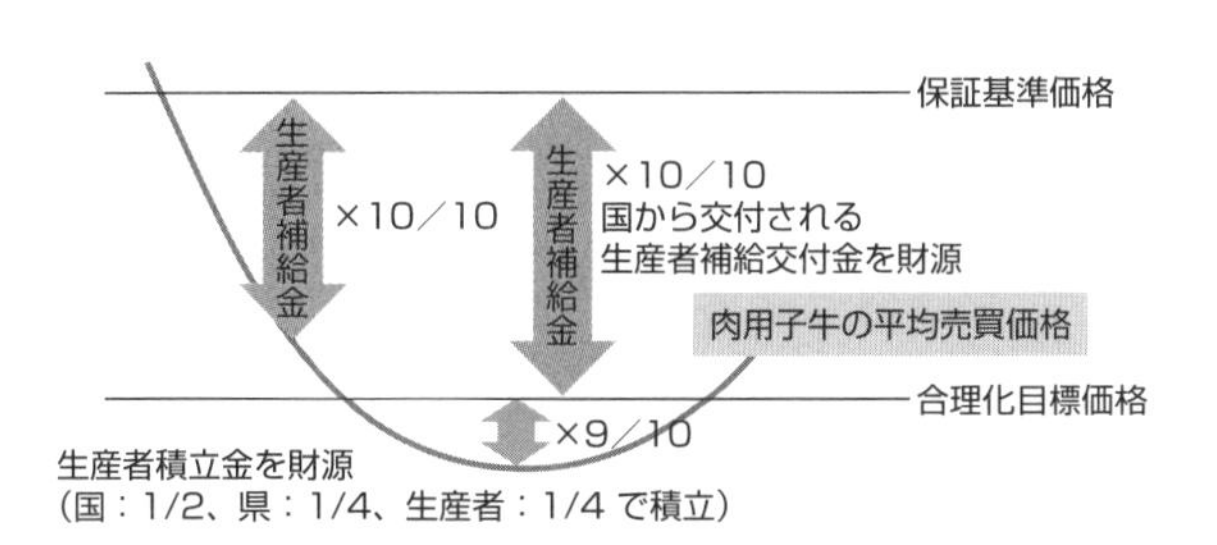

保証基準価格及び合理化目標価格（令和４年度）　　（単位：千円/頭）

	黒毛和種	褐毛和種	その他の肉専用種	乳用種	交雑種
保証基準価格	541	498	320	164	274
合理化目標価格	429	395	253	110	216

資料：独立行政法人農畜産業振興機構ＨＰをもとに作成

用語

ａｌｉｃ
独立行政法人農畜産業振興機構。国産農畜産物の安定供給を図るため、生産者経営安定対策、需給調整と価格安定対策、緊急対策、情報収集と提供などの業務を実施する。

マルキン
肥育牛と肉豚の経営を安定させるため、「畜産経営の安定に関する法律（1961年）」にもとづいて実施される。マルキンの「キン」は「緊急」対策だったことに由来する。

CPTPP
環太平洋パートナーシップに関する包括的及び先進的な協定。通称TPP11。アジア太平洋地域において11か国が加盟する経済連携協定（EPA）。詳しくは157ページ。

給調整の役目を果たしています。その一方、加工乳製品は輸入品との競争にさらされるため、バター・脱脂粉乳の輸入は、国の管理のもと、ａｌｉｃによって行われています。バター・脱脂粉乳の国内価格が高騰すれば緊急輸入で国内流通量を増やし、価格が低落すれば、国内の乳業メーカーなどが生産した乳製品の保管経費を補助します。

加工原料乳は飲用乳に比べて乳業メーカーの買取価格（乳価）が低いため、「加工原料乳生産者補給金制度」で加工原料乳の生産を支え、生乳需給の安定を図っています。加工原料として計画的に出荷した生乳の実績数量に応じ、国の補給金がａｌｉｃを通じて交付されます。

また、広域で希望する生産者のすべてを対象に集乳を行う事業者を「指定事業者」に認定し、加工用の集乳実績に応じて集送乳調整金を交付します。補給金も調整金も生産者の手取り額を補うための仕組みです（１４１ページ）。

「加工原料乳生産者経営安定対策事業」は、加工原料乳の価格が需給変動などで低落したときに、生産者の拠出金（4分の1）と国の助成金（4分の3）で、生産者の手取り額の減少を補います。その年度の加工原料乳価格が、過去3年間の平均取引価格を下回れば、差額の80％が生産者に交付されます。

鶏卵・鶏肉生産のための価格補填と需給調整

鶏卵は季節ごとの需給変動で価格が上下し、供給過剰を引き起こしやすい生産構造です。「鶏卵生産者経営安定対策事業」は、鶏卵価格が一定の基準を下回れば差額の90％を補填し、さらなる低落に対応して、需給改善のため鶏舎を長期に空けた（空舎）場合に、奨励金を交付する仕組みです。補填金も奨励金も、国と生産者の拠出金でまかなわれます。

ブロイラーの価格安定のため、国は需要に見合った計画的な生産に向けて指導しています。市場の動向で販売価格が一定の基準を下回ったときに補給金を交付する事業は、主要生産地を中心に、都道府県ごとに実施されています。

第4章

畜産物の流通と消費動向を知る

1

日本の畜産物の消費動向

牛肉の消費の多くは外食や中食に

総務省の「家計調査」によれば、家計消費のうちの食料費は、2020年に全国平均で1世帯当たり80万137円。このうち肉類は7万4179円（9・3％）、乳卵類は3万9712円（5％）です。肉類の内訳は、牛肉1万7706円、豚肉2万4340円、鶏肉1万2758円。食料費が83万円を超え、肉類が5万8682円だった02年と比べると、牛肉の10％の伸び率に対して、豚肉は30％以上、鶏肉は40％以上増えています。豚肉と鶏肉を食べる回数と量を増やしただけではありません。食肉は家庭で調理して食べる内食のほかに、外食でも消費されます。そしてトンカツや焼鳥、ハンバーグなどの調理食品を買って家庭で食べる**中食**がますます広まっています。

すき焼きが「わが家のごちそう」の代名詞だった1970年代まで、牛肉の70％は家庭で調理されていました。現在は半減し、牛肉の3分の2は、外食と中食での消費です。外食や中食産業には低価格の輸入肉が浸透し、2000年度には1人当たりの牛肉の消費量は7・6kgに達しました。しかし、2000年初頭に主要な輸入先だったアメリカでBSE（牛海綿状脳症）が発生して消費が減少。20年の消費量は6・5kgとピーク時の水準に至っていません。

豚肉と鶏肉については、以前は家庭で調理するより外食や調理食品、加工食品として食べる量のほうが多く、内食の割合は豚肉で40％台、鶏肉で30％台という時期が長く続きました。ところが最近は、豚肉は半分近く、鶏肉も40％以上が家庭で食べられるようになっています。背景には、BSE問題、デフレ経済下での牛肉離れだけでなく、社会の高齢化や

用語

中食
「ちゅうしょく」とも「なかしょく」とも読む。スーパーなどの総菜、コンビニエンスストアのおにぎり、弁当など、持ち帰ってすぐに食べられる、日もちのしない調理済み食品のこと。またはそれらを食べること。

健康志向により、栄養価やカロリーなどに注目した豚肉と鶏肉の人気上昇があります。

「飲む牛乳」から「食べる牛乳」へ

牛乳の1世帯当たりの家計消費は、2002年には1万7000円前後でしたが、現在は1万2000円前後。消費量はゆるやかに減少を続けています。牛乳類をまったく飲まない人は、17年までは14％でしたが、20年には22％に達しました。

一方、乳製品のヨーグルトやチーズは、健康機能が評価され、増加傾向で推移しています。02年にはヨーグルトが7342円、チーズが2548円だったのに対し、20年にはヨーグルトが1万1357円、チーズが5459円と大幅に消費量が増加しました。

鶏卵の家計消費は、20年は8081円、日本人が消費した総個数は前年より1個減り337個。これは350個以上のメキシコに次ぐ世界第2位です。日本では長らく個数だけでなく金額も変動が少なく、鶏卵が「物価の優等生」といわれた理由です。

家計消費のなかの畜産物（2020年）

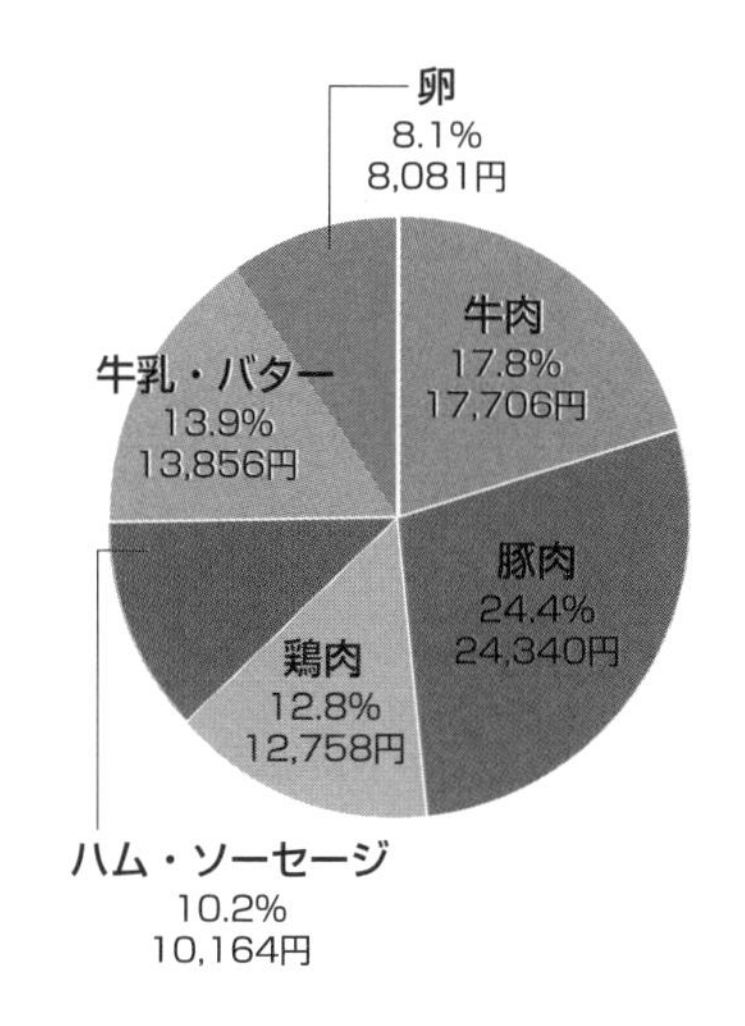

資料：総務省「家計調査」をもとに作成

牛肉・豚肉・鶏肉・米の消費量の変化（1人・1年当たり）

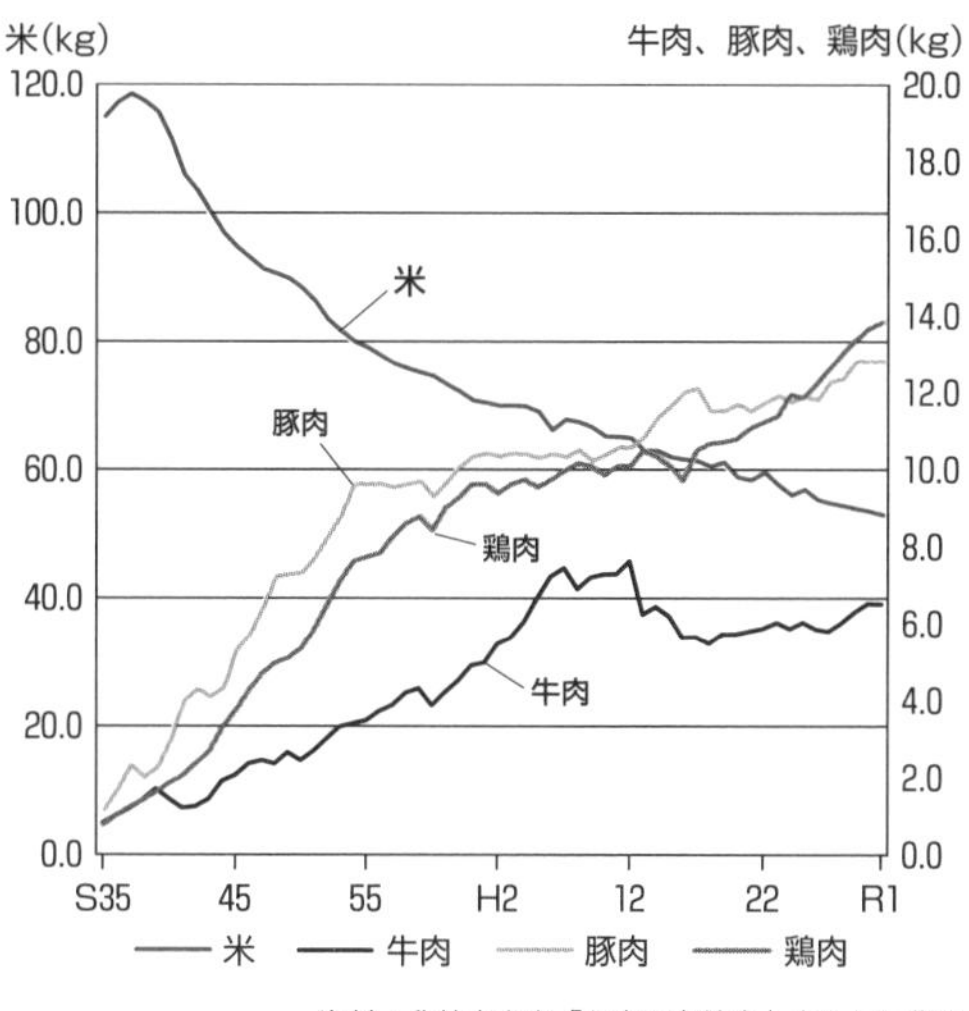

資料：農林水産省「お肉の自給率」をもとに作成

2 消費者は畜産物の何を重視しているのか?

価格だけでなく、国産へも高い意識

２０２１年の「**食肉に関する意識調査**」によると、家庭での肉料理（内食）は、牛肉が週に1回、豚肉と鶏肉は週に2~3回というのが多数派です。

食肉を購入するときに重視する点は、牛肉、豚肉、鶏肉のいずれも①価格、②原産国、③鮮度の順です。過去年度の同じ調査と比べると、肉の種別に関係なく「価格が手ごろであること」への重視が高まっており、「国産であること」「産地・銘柄（ブランド）等がしっかり表示されていること」が減少傾向にあります。

食肉の安全性についての不安は、牛肉では①ＢＳＥ（牛海綿状脳症）、②餌・飼育、③産地や添加物などの偽装。豚肉では①餌・飼育、②偽装、③病気。鶏肉では①インフルエンザ・病気、②餌・飼育、③外国産・輸入の順になっています。

機能性食品としても注目される食肉

種類別に肉のイメージとして挙げられているのは、牛肉では栄養、タンパク質の高さ、豚肉では価格の手ごろさと調理のしやすさ、鶏肉では価格とタンパク質の高さ、ヘルシーさ（低脂肪）ですが、ここにも小さな変化がみられます。

和牛の霜降り肉は、外国人観光客がすしとともに憧れる和食の一つになっています。しかし、日本の消費者の場合、２０１７年の調査によると、12年の同じ調査に比べて赤身肉を購入する傾向が増加しました。「常に赤身肉を購入する」、「常に霜降り肉を購入する」は17年と12年で小さな差でしたが、「赤身肉を購入することが多いが霜降り肉を購入することもある」という回答に関しては、12年（40・１％）

用語

食肉に関する意識調査
公益財団法人日本食肉消費総合センターが１９９５年以来毎年１~２回実施している広域の調査。２０２１年には首都圏と京阪神圏の１８００人が対象。

と比べると、17年（44・5%）には4・4ポイント高くなっています。

牛肉を選ぶ際のポイントは「価格」が7割を超えてもっとも重視されており、次に「味」、「鮮度」がともに5割前後です。和牛肉では、輸入牛肉や国産牛肉、交雑牛肉と比べると、「ブランド」という回答が高くなり2割強となりました。

近年の日本では、牛肉の消費が減って、逆に豚肉、鶏肉の消費が増えています。価格が大きな理由ですが、健康意識の高まりも大きな要因です。牛肉が最高のスタミナ源と信じられていた時代から変化して、脂質の多さにより、霜降り肉をはじめ、肥満や高血圧の原因になる悪玉と見られた時期がありました。しかし、現在は高齢者が良質の動物性タンパク質を効率よく摂取する食材として徐々に見直されています。とくに赤身肉に多いヘム鉄が貧血予防に効果があることや、アミノ酸のペプチド類に血圧降下や抗酸化の作用があることなど、**機能性食品**としての一面にも注目が集まっています。

牛肉購入の際に重視するポイント

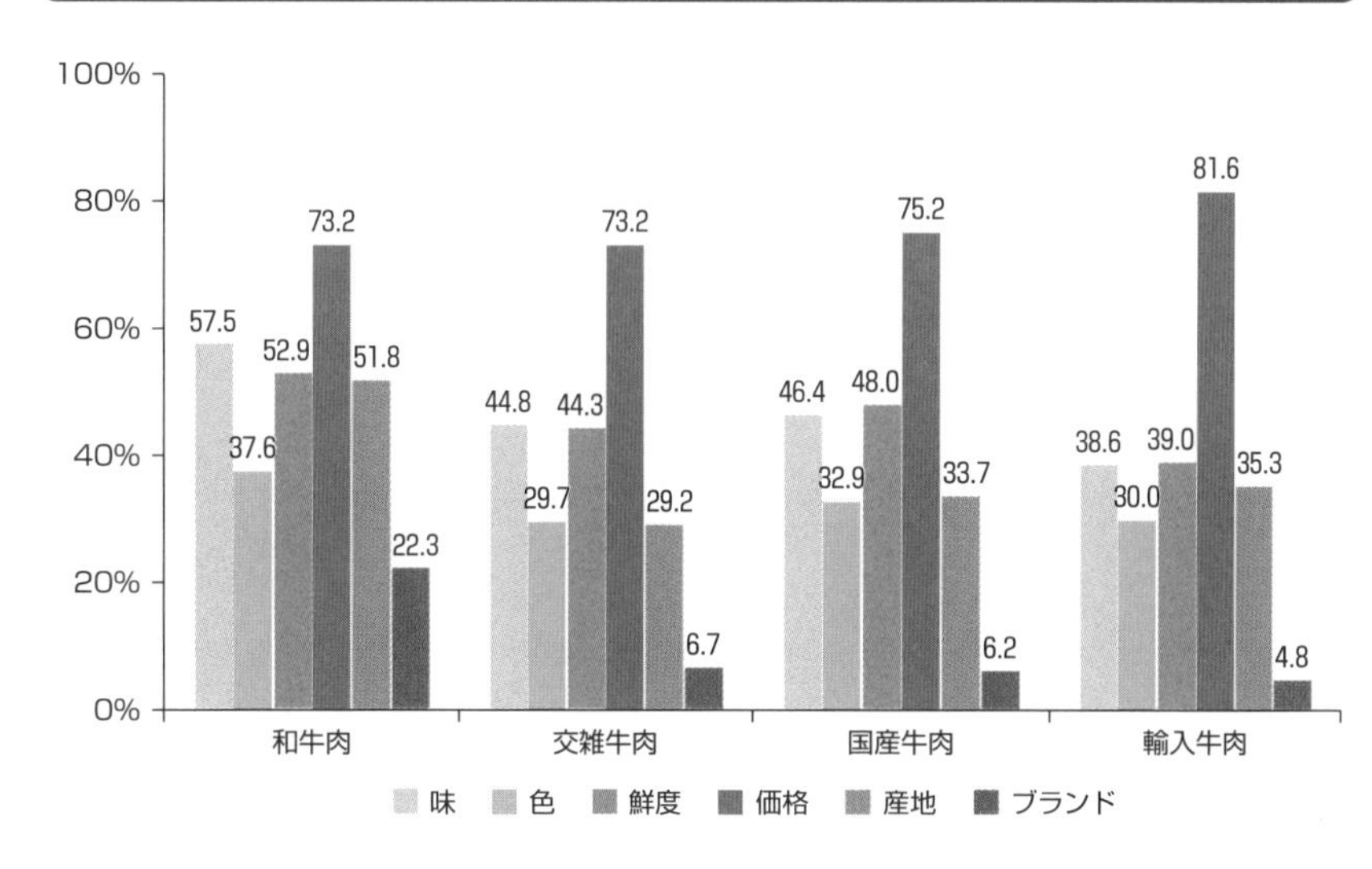

資料：日本政策金融公庫「食の志向等に関する調査結果」（2017年）をもとに作成

機能性食品
体調を整える働きを持つことを強調した食品。食品中に含まれる病気や老化防止を助ける成分が、効果的に摂取できるよう開発されたもの。機能の表示については規制がある。

3 食肉が消費者に届くまで

牛と豚は、屠畜場をへて小売店へ

米や野菜のような農産物とは違い、生きた牛や豚が精肉という商品となって消費者に届くまでには、かならず「屠畜」の工程を踏みます。日本では「**と畜場法**」で、食肉用動物の家畜（牛、馬、豚、緬羊、山羊の5種）は、指定された施設（屠畜場）で適切に検査・解体・処理するよう定められていて（121ページ）、庭先で飼っていた牛をさばいて食肉とするのは違法行為です。ただし、野生のイノシシやシカは、この法律の対象外です。

肥育された牛や豚が農家から生体で出荷されると、**JA**や家畜商を通じて、また一部は農家から直接、産地にある食肉センターや消費地にある市場併設型の屠畜場などへ向かいます。ここで頭部・四肢・内臓・皮を取り除いて二分割（背割り）した枝肉（半丸）に形を変え、市場で取引されます。卸売市場では、枝肉の肉質をみて価格を決めますが、1960年代までは、市場や農家の庭先で、生きた牛や豚の体格や毛並みをみて値段をつける生体取引が一般的でした。家畜商だけでなく精肉店も生体で買い入れ、その後屠畜場に運んで枝肉にしていました。このような取引は、高級和牛などでは今も続いています。

食肉専門店では枝肉のまま冷蔵し、死後硬直を解除させてから、部位に切り分け、スライスや角切り、こま切れなどに調製し、精肉として店頭に並べますが、現在は、枝肉から骨や余分な脂肪を除き、部位別に分割した「部分肉」の取引が主流です。肩ロース、サーロインなどの部分肉が卸売業者から百貨店・スーパー、食肉専門店、外食産業へ流通しています。必要な部位を必要な量だけ仕入れられ、保管が効率的で、輸送コストもかからないなどが部分肉流通の

用語

と畜場法
1953年に制定された、屠畜場の経営および食用獣畜の処理の適正を図り、公衆衛生の向上および増進に寄与することを目的とする法律。屠畜場以外での屠畜・解体の禁止、屠畜場の設置の許可制、屠畜場の設置者または管理者の衛生保持義務などを定めている。

JA
農業協同組合。詳しくは82ページ。

牛肉・豚肉の流通経路

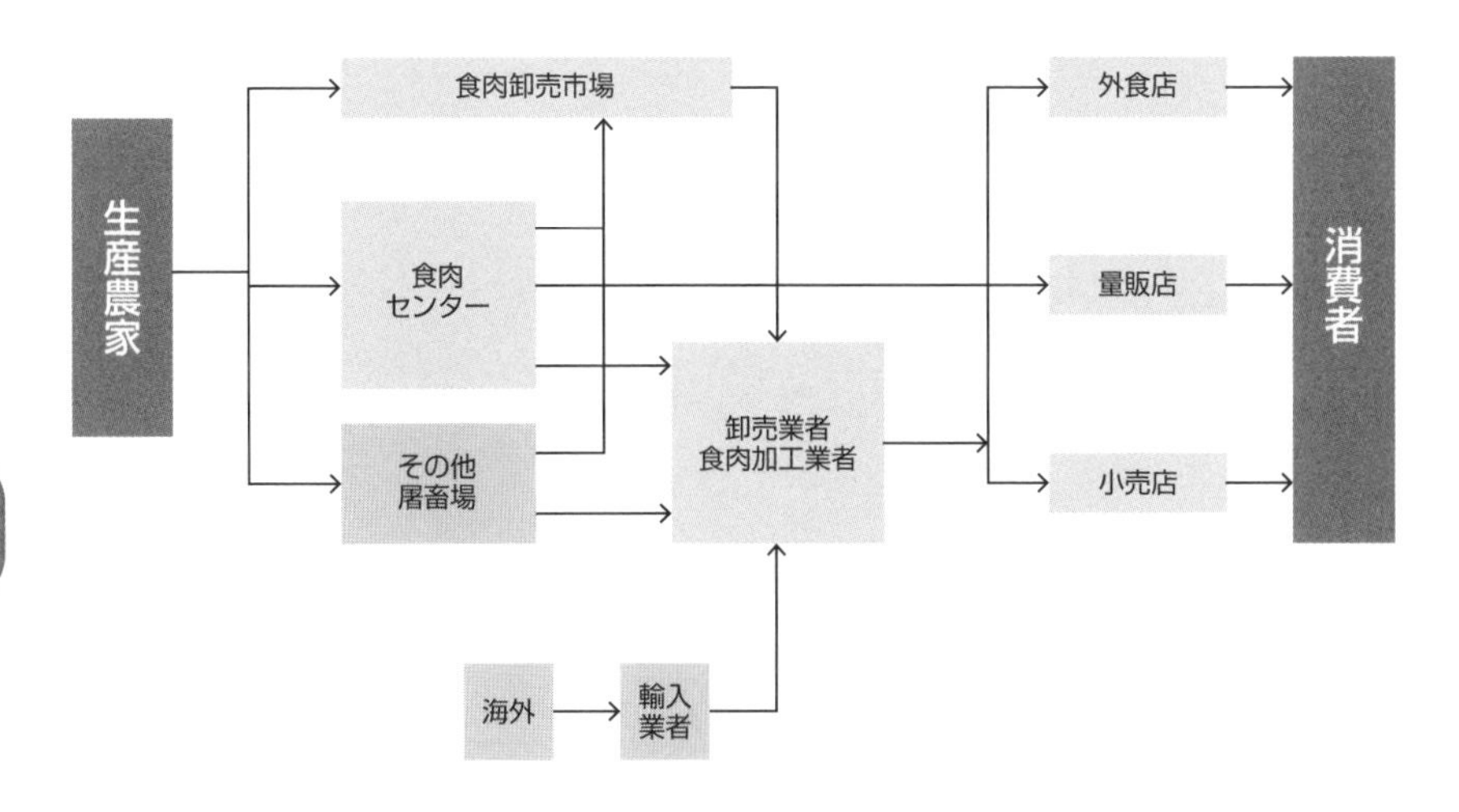

資料：農林水産省「畜産をめぐる情勢」（平成27年6月）をもとに作成

鶏肉の流通経路

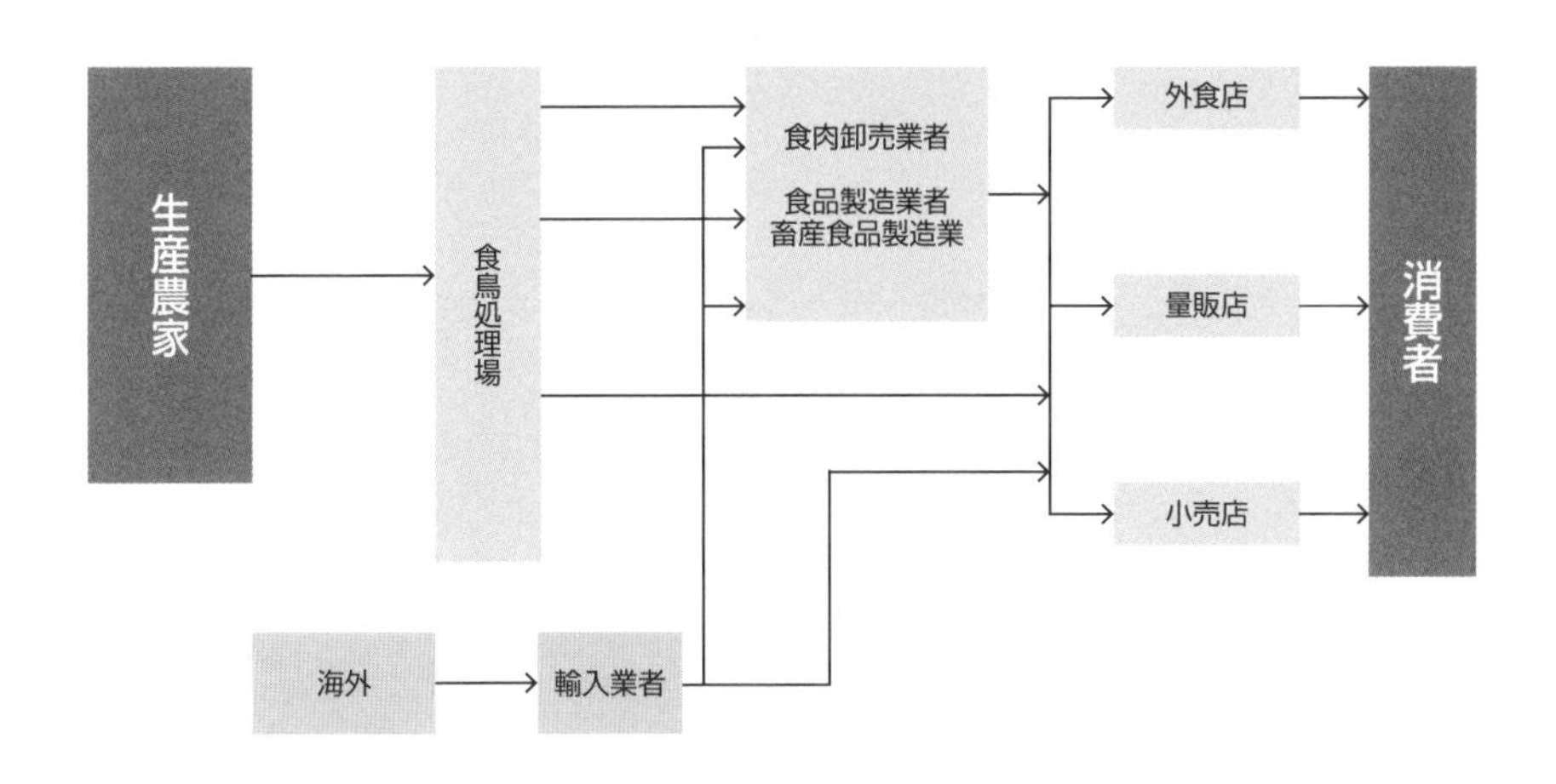

資料：農林水産省「鶏の改良増殖をめぐる情勢」（平成26年６月）をもとに作成

メリットです。生体では10頭しか積めないトラックで、20数頭分の部分肉が運搬できると推計されています。部分肉が食肉センターで精肉に加工され、小売店や外食産業に向かうケースも増えています。

鶏は食鳥処理場で肉になる

鶏肉は、鶏専用の食鳥処理場で処理することが義務づけられています。ブロイラーは産地にある処理場で食鳥検査を受け、モモやムネなどの部分肉にされ、市場を通さず、チルドや冷凍の状態で量販店、小売店、加工メーカー、外食産業に届きます。

鶏肉はとくに鮮度が重視されます。ブロイラーが主流になる以前、保存や運搬の方法が未発達だった時代には、早朝に竹かごに入った生きた鶏が専門小売店に運ばれ、「朝びき」とよんだ毛引き処理をして、その日のうちに消費されていました。当時は「活鳥」が鶏肉専門店の看板の決まり文句でした。

モツやホルモンとよばれ、最近ではバラエティーミートの名前もついている牛や豚の内臓は、畜産副生物として、食肉センターや屠畜場から、枝肉・部分肉とは別のルートで加工会社や小売店に流通しています。畜産副生物は公開取引が行われていませんが、牛は国内産4万t、輸入約7・6万t、豚は国内産13・5万t、輸入2万tと推計されます。

鶏肉の内臓は牛や豚と異なり、鶏肉と同じルートで流通しています。レバーの消費量は、牛や豚よりも鶏のほうが30～40％多めです。

増加するカタログやネットでの牛肉購入

ところで、消費者は食肉をどこで購入しているのでしょうか。食肉に関する意識調査によれば、もっとも多いのが食品スーパーの75％超で、約35％の大型スーパーが続きます（複数回答）。牛肉は、豚肉・鶏肉よりも食肉専門店や百貨店で買う割合が少し高いですが、それでも10％前後にすぎません。急速に伸びているのはカタログ、テレビ、インターネットを利用した通販です。とくに牛肉は3年間で倍増し、3・2％を占めるようになりました。

4 屠畜・解体はどのように行われるのか？

家畜を〝生き物〟から〝食べ物〟に

屠畜場は〝生き物〟を〝食べ物〟に変える施設です。2021年時点で、全国に171の屠畜場があり、その多くに「食肉センター」の名称が使われ、1年間に1683万頭の豚と105万頭の牛が処理されています（21年実績）。なかには食肉卸売市場を併設しているところもあり、東京都中央卸売市場の食肉市場がその代表的なものです。

牛が、食肉となるまでの流れをみてみましょう。まず、畜産農家から出荷された牛は、運送業者やJAなどの専用トラックで屠畜場に輸送されます。屠畜場には係留所が併設されていて、到着した牛は、半日から1日ほど休息させます。そこでは、獣医師の資格を持つ食肉衛生検査所の検査員（地方公務員）が生体検査を行い、牛の異常をチェックします（82ページ）。

異常がなければ解体ラインに導き、ノッキングペンとよばれる場所に1頭ずつ入れ、専用の道具を使って眉間に衝撃を与え、牛を気絶（スタニング）させます。倒れ込んだ牛は、横の放血スペースに転がり落ちる仕組みになっていて、大動脈を切って一気に放血させ、屠畜作業を終えます。

屠畜後の牛は、皮を剥がしてから腹部を切開して内臓を摘出し、検査に合格したものは内臓処理室に運ばれていきます。内臓を摘出された屠体は、BSEの危険部位である脊髄を除去したあと、専用の電動ノコギリを使って背骨を2つに切り分ける「背割り」とよばれる工程にまわり、枝肉になります。最後に、枝肉を水洗いして検査をし、異常がなければ検印が押されて冷蔵庫に搬入されます。

豚のスタニングには、電気式と二酸化炭素ガスに

牛の解体作業工程

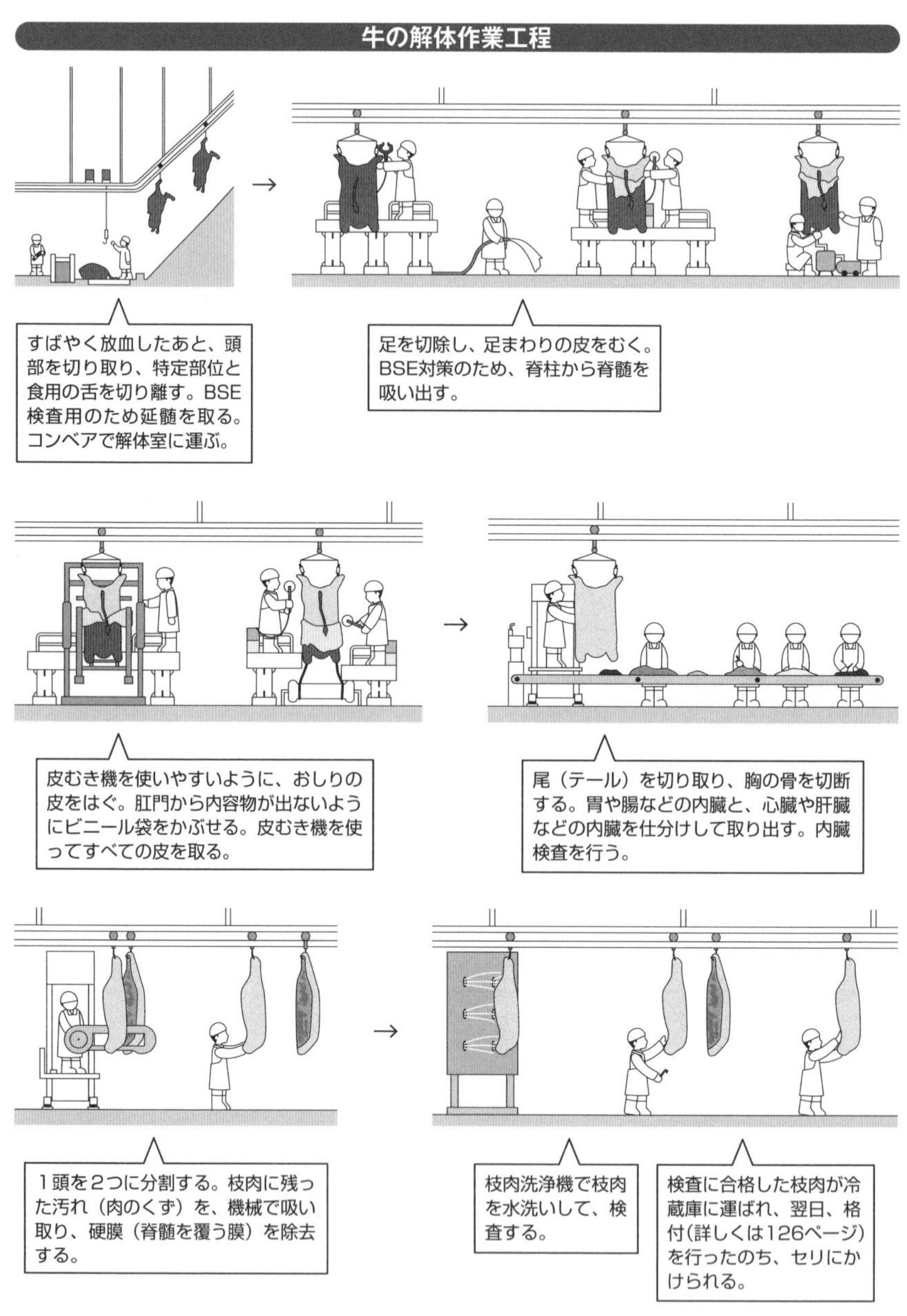

すばやく放血したあと、頭部を切り取り、特定部位と食用の舌を切り離す。BSE検査用のため延髄を取る。コンベアで解体室に運ぶ。

足を切除し、足まわりの皮をむく。BSE対策のため、脊柱から脊髄を吸い出す。

皮むき機を使いやすいように、おしりの皮をはぐ。肛門から内容物が出ないようにビニール袋をかぶせる。皮むき機を使ってすべての皮を取る。

尾（テール）を切り取り、胸の骨を切断する。胃や腸などの内臓と、心臓や肝臓などの内臓を仕分けして取り出す。内臓検査を行う。

1頭を2つに分割する。枝肉に残った汚れ（肉のくず）を、機械で吸い取り、硬膜（脊髄を覆う膜）を除去する。

枝肉洗浄機で枝肉を水洗いして、検査する。

検査に合格した枝肉が冷蔵庫に運ばれ、翌日、格付(詳しくは126ページ)を行ったのち、セリにかけられる。

資料：東京都中央卸売市場食肉市場・芝浦と場HPをもとに作成

よる方法がありますが、日本では電気式が主流です。電気式では、豚の頭部に電気ショックを加えることで無感覚状態にし、屠畜時まで持続させます。

放血後は、舌を取り出し、頭部と足を切断してから内臓を摘出します。皮を剥いだのちに、自動背割機を使って牛と同じように半丸に二分割します。

枝肉検査で異常がなければ、枝肉に検印が押され、冷蔵庫に収納するという流れになっています。

鶏は食鳥処理場で肉になる

鶏の屠鳥・解体は、法律で認められた食鳥処理場で行われます。「大規模食鳥処理場」と、年間処理羽数が30万羽以下の「認定小規模食鳥処理場」に大別され、全国で合計1779施設が稼働。うち14 3施設が大規模食鳥処理場です。

処理場に搬入された鶏は、逆さにして吊り下げ、二酸化炭素ガスで麻酔したり、電気ショックで気絶させたりしたあと、頸動脈を切断し放血します。

その後、60℃前後の湯に90〜120秒浸けてから羽を取り、頭と足を切除して内臓を摘出します。そして、食肉の部分は、それぞれの部位に解体されます。

また、骨はスープ用などに、鶏冠(とさか)などは医薬品の原料に利用されています。

屠畜前の家畜のストレスを減らすために

屠畜場までの運搬方法や屠畜場で家畜がどのように過ごすかが、肉の量や質に大きな影響を与えます。

豚の場合、ストレスがかかると毛細血管が切れて、肉が水っぽくなってしまいます。そのため、屠畜場への輸送や、スタニングをする場所までの移動には、細心の注意が払われています。

牛の場合、係留所で水を飲ませると、枝肉量が増えることがわかっています。日本では係留所に給水設備を設置することは義務付けられておらず、水が飲めないところも少なくありません。WOAH(世界動物保健機関・国際獣疫事務局)もガイドラインで「係留所では飲料水を与えるべき」と示しており、アニマルウェルフェアの観点からも重要だといえます。

5 和牛、国産牛、輸入牛は何が違うのか？

「和牛」は品種の表示

日本での牛肉の表示は、大きく分けて、和牛、国産牛、輸入牛の3つです。

和牛とは、日本固有の牛の品種を意味します。黒毛和種、褐毛（あかげ）和種、日本短角種、無角和種（55〜56ページ）の4品種に加え、これらの品種同士を交配させた交雑種か、その交雑種と4品種、または交雑種同士を交配させた牛の肉は「和牛」と表示できます。4品種は「和牛」のみの表示が許されていますが、交雑種は「和牛間交雑種」、もしくは交配した品種名を表示することが義務づけられています。

現在、日本で肥育されている和牛の90％以上は、黒毛和種です。そのため、「和牛」といえば、実質的に黒毛和種をさすことがほとんどです。

近年、外国でも、和牛の霜降り肉の人気が高まっています。それにともない、アメリカやオーストラリアなどで、和牛の血を引く「ＷＡＧＹＵ」（164ページ）が育てられるようになりました。低コストで生産される肉なので、販売価格も日本産の和牛より安くなります。外国産の「ＷＡＧＹＵ」を日本に輸入する動きもありますが、日本では農林水産省の**和牛等特色のある食肉の表示に関するガイドライン**により、国内で生まれた牛以外は「和牛」として販売することはできません。

「国産牛」は原産地の表示

国産牛は、和牛と混同されることがよくありますが、和牛が品種をさすのに対し、国産牛は原産地をあらわします。つまり、日本で飼養された牛の肉はすべて国産牛です。

和牛も国産牛に含まれますが、表示するさいは、

用語

和牛等特色のある食肉の表示に関するガイドライン
農林水産省による表示に関する規定。和牛の場合、定められた書類によって品種を証明でき、なおかつ、牛トレーサビリティー制度により、品種や日本国内で出生したこと、国内で飼養されたことが確認できる牛の肉のみ「和牛」と表示できる。

高級なイメージのある「和牛」とするのが一般的です。「国産牛」と表示される肉、つまり和牛以外の国産の牛肉は、ホルスタイン種などの乳用種や、和牛と乳用種を交配させた交雑種です。

ただし、国産牛と表示される肉が、日本で生まれた牛の肉であるとは限りません。その理由は、JAS法により、畜産物はもっとも飼養期間の長い国を原産地とすることが定められているからです。そのため、仮に外国で生まれた牛でも、日本国内での飼養期間のほうが長ければ「国産牛」と表記されます。

輸入牛は国名が表記される

輸入牛は、外国から輸入された牛肉です。原産地である国名を表記することが定められていますが、前述したように、原産地として表記されるのは、もっとも飼養期間が長かった国です。たとえば、カナダで生まれ、5か月飼養されたあと、アメリカで9か月飼養され、最後に日本で8か月飼養された牛の肉の原産地表記は、「アメリカ」となります。

和牛・国産牛・外国産牛の関係

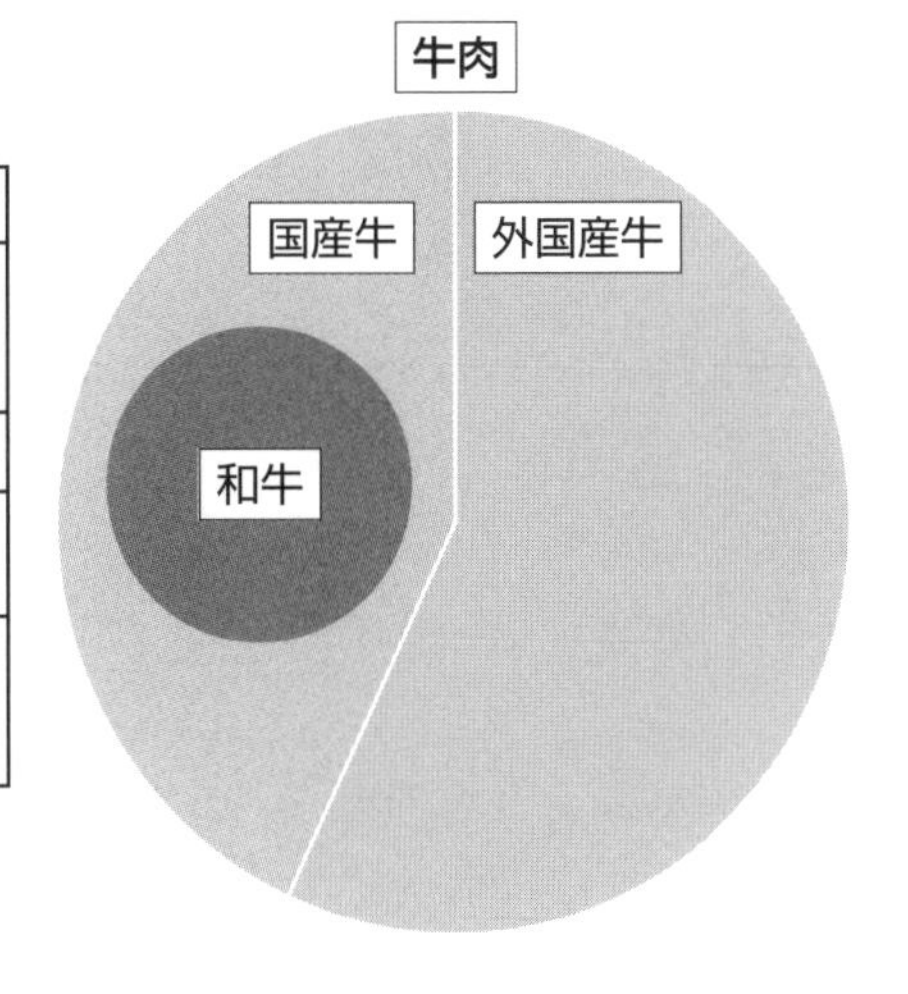

牛肉の表示について

	表示例	品種など
和牛	「国産和牛」 原産地＋品種を表示するものが大半	和牛
国産牛	「国産牛」 品種を表示する場合もある	乳用種
		和牛・乳牛の交配種
外国産牛	「○○産牛」 原産国のみを表示	外国から輸入された外国種

※牛の品種の表示は義務ではない

資料：全国食肉公正取引協議会「お肉のQ&A　改訂版」をもとに作成

6 牛肉、豚肉の格付の決め方

霜降りが高く評価される牛肉の格付

「A5ランクの肉」といった言葉を耳にすることがよくあります。「A5」とは、牛の格付を示すもので、日本食肉格付協会が制定する「**牛枝肉取引規格**」にもとづいて判定されます。格付は、歩留（ぶどまり）等級（A、B、Cであらわされる）と、肉質等級（5～1であらわされる）の組み合わせで決まります。全部で15段階あり、最高がA5です。

歩留等級は、枝肉から骨や余分な脂肪を取り除き、部分肉がどのくらいとれるかを示します。標準よりたくさんの肉がとれる場合は「A」（**歩留基準値**72以上）、標準的な量の場合は「B」（歩留基準値69以上72未満）、標準より量が少ない場合は「C」（歩留基準値69未満）と判定されます。

肉質等級は、①脂肪交雑、②肉の色沢、③肉の締まりおよびきめ、④脂肪の色沢と質の4つの項目で、それぞれ5～1等級に判定されます。3が標準で、数字が大きいほど高い等級になります。そして、①～④の別等級のうちもっとも低い値が採用され、格付されます。たとえば①～③は「5」でも、④が「3」だったら、その牛の肉質等級は「3」になります。

肉質等級は4つの項目ごとに正確に判定するための基準が設けられています。たとえば①の脂肪交雑は、左ページの図のようなビーフ・マーブリング・スタンダード（BMS）というNo・1～12のサンプルに照らし合わせ評価します。No・12～8に該当するものは、脂肪交雑がかなり多い「5」、No・7～5はやや多い「4」、No・4～3は標準の「3」、No・2はやや少ない「2」、No・1は、ほとんどない「1」の等級とされます。

等級は、価格や売れ行きに大きく影響しますが、

用語

牛枝肉取引規格
牛枝肉の公正な取引を推進することを目的に、公益社団法人日本食肉格付協会が農林水産省の承認を得て制定した規格。これにもとづき、全国の食肉卸売市場や食肉センターなどで、枝肉の格付が実施される。格付は、価格形成の指標となる。

歩留基準値
左半丸枝肉を第6～第7肋骨の間で切り開き、切開面における胸最長筋（ロース芯）の面積、バラの厚さ、皮下脂肪の厚さ、半丸枝肉重量の数値を、定められた計算式に入れて計算して決める。

等級の高い肉がおいしく、低い肉はおいしくないとは一概にいえません。というのも、この格付は、脂肪交雑の多い肉を高く評価する内容となっているからです。そのため、必然的に、霜降り肉になる黒毛和種に有利に働きます。格付の結果は、あくまでも一つの指標としてとらえるのが妥当でしょう。

豚肉の格付は5段階

豚肉は、「**豚枝肉取引規格**」に従って格付されます。基準となる項目は、大きく分けて、重量と背脂肪の厚さの範囲、外観（全体のバランスや肉づき、脂肪のつき方、損傷がないかなど）、肉質（肉の締まりやきめ、肉の色沢、脂肪の色沢と質、脂肪の沈着）の3つです。豚肉はこれらの項目に照らして評価され、総合的に「極上」「上」「中」「並」「等外」の5等級に格付されます。しかし、これは、食肉市場において流通を公正に行うための評価です。消費者にとっては、牛肉同様、あくまで一つの指標と考えたほうがよいでしょう。

牛肉の脂肪交雑基準のイメージ

5級（かなり多いもの）

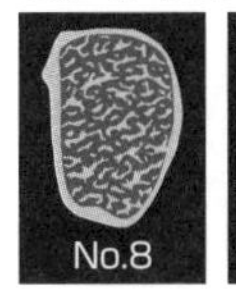

No.9

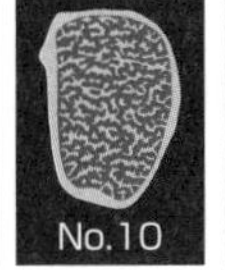

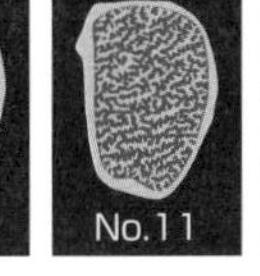

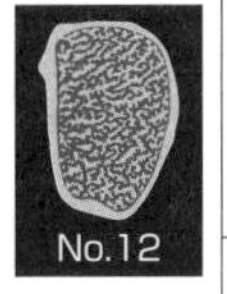

4級（やや多いもの）

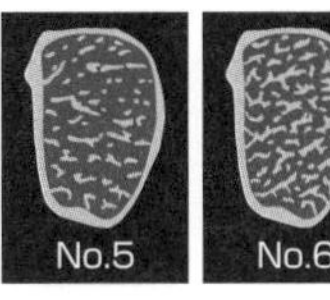

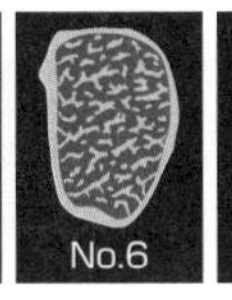

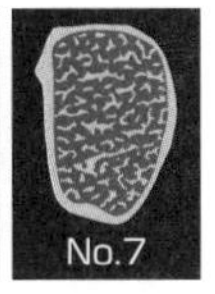

3級（標準のもの）

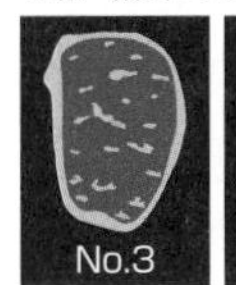

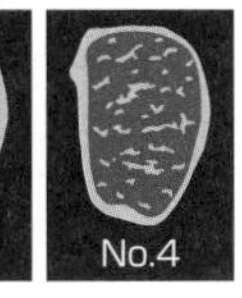

2級（やや少ないもの）

1級（ほとんどないもの）

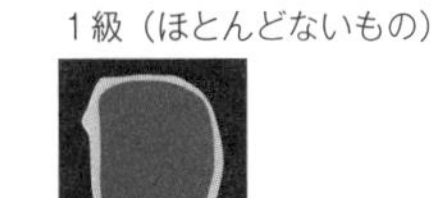

資料：公益社団法人日本食肉格付協会ＨＰをもとに作成

規格の等級一覧

肉質等級	歩留等級		
	A	B	C
5	A5	B5	C5
4	A4	B4	C4
3	A3	B3	C3
2	A2	B2	C2
1	A1	B1	C1

資料：公益社団法人日本食肉格付協会HPをもとに作成

豚枝肉取引規格 牛枝肉取引規格と同じように、公益社団法人日本食肉格付協会が農林水産省の承認を得て制定した規格。

7 ブランド化が進む牛肉

出生地や肥育地によるブランド

日本の牛はもともと農耕や運搬のために飼育されていた使役牛ですが、肉食の広がりとともに、枝肉歩留（飼育効率）のよいものや肉質のすぐれた系統が食用向けに選抜・改良されるようになりました。

代表的な品種が、現在、国産牛肉の約半分を占める黒毛和種（55ページ）です。これらの牛は、生産地や肥育された地域にちなみ、さまざまな名称がつけられています。とくに、すぐれた血統の素牛に、通常飼育よりも濃厚飼料の比率を多くしたり、肥育期間を長くしたりするなどして味わいを深めた高級品は「銘柄牛」「ブランド牛」などとよばれます。

肉質のよしあしは、血統にも大きく左右されるため、素牛の生産地にもブランド的な評価があります。たとえば但馬牛は、但馬地方（兵庫県北部）で厳密に血統管理されてきた黒毛和種のことをさします。地域一丸ですぐれた血統を守ってきた歴史があり、但馬産素牛を一定の基準で県内肥育したものは、神戸牛（神戸ビーフ）などの名で流通しています。

「松阪牛」はなぜ有名になったのか

銘柄牛としてよく知られている松阪牛（三重県）や近江牛（滋賀県）は、但馬を主とする黒毛和種の素牛産地から出荷された子牛を競り落とし、各地域の生産協議会の定める方法で飼育したものです。

松阪牛といえば、体をマッサージしたり、ときにはビールを飲ませたりするなどの手間ひまかけた飼い方により、緻密なサシ（脂肪交雑）と香り高い味わいを生み出した霜降り肉の代名詞です。産地としての松阪の名が知られるようになったのは、文明開化のころといわれています。鉄道がまだ開通して

全国のおもな銘柄牛

● 日本三大和牛
○ そのほかのおもな地域銘柄牛
◇ 特徴的なブランド牛
◇オホーツクハマナス牛
整腸作用のあるゼオライトと海藻（アルギット）を与えて飼育
●米沢牛
日本三大和牛には、山形県の米沢牛を加える場合もある。置賜地方の3市5町の登録牛舎で生後32か月以上の飼育、枝肉格付3等級以上、黒毛和種未経産雌牛などの規定がある。
◇あおもり十和田湖和牛
飼料用米にリンゴの搾りかすを加えた餌で飼育
○前沢牛
●神戸牛（神戸ビーフ）
兵庫県で肥育された生後28か月以上60か月以下の未経産牛（雄は去勢）。但馬牛のうち、枝肉等級がAまたはB、BMS（脂肪交雑値）No.6以上で、一定の枝肉重量のもの。
○飛騨牛
○能登牛
○上州和牛
○三田牛
○常陸牛
○隠岐牛
◇甲州ワインビーフ
ワインを搾ったあとのブドウかすを餌に加えて飼育
○佐賀牛
●近江牛
滋賀県内においてもっとも長く肥育された黒毛和種。A - 4、B - 4以上の枝肉等級のものには認定書などが発行される。
○伊賀牛
●松阪牛
個体識別管理システムに登録した個体は枝肉評価に関わらず松阪牛とよべる。但馬系黒毛和種の雌を900日以上肥育し、肉質等級5を「金」、4を「銀」とする自主基準（特産松阪牛）も。
○熊野牛
◇オリーブ牛
オリーブ油を搾ったあとのオリーブかすを乾燥させ餌に加えて飼育
◇伊予麦酒牛
発酵ビール粕を餌に加えて飼育
○鹿児島黒牛
○石垣牛

いない明治初期、牛肉需要の高まりを知ったある業者が、松阪近隣からよい牛を買い集め、20日ほどかけて東京まで歩いた「牛追い道中」が話題になり、牛どころ松阪の名が知られるようになります。1935年に開かれた初の全国肉用牛畜産博覧会では名誉賞を受賞し、その評価は不動のものとなりました。

飼育方法や餌の違いによるブランド化

最近は品種や血統、脂肪交雑などの格付にこだわらず、さまざまな評価軸からブランド化する動きも活発です。たとえば日本短角種を100%自給飼料で飼育した「北里八雲牛」が注目を集めています。また、サシが入りにくい品種だという理由で人気がなかった褐毛(あかげ)和種などの牛は、健康意識の高まった今、赤身のうまさと脂肪の少ないヘルシー感が評価され「あか牛」などの名で銘柄牛入りしました。

松阪牛に象徴される国産高級品と、安価な輸入牛肉とに二極化した感のあった牛肉マーケットですが、その中間的な位置づけで、消費者ニーズにきめ細かく応える国産牛肉も増えてきました。そして、乳用のホルスタイン種を食肉用に肥育したものや、ホルスタイン種と黒毛和種の**交雑種**に、地域の農産物を飼料に加えるなどの特徴づけをすることで、ブランド化に成功するケースも出てきました。

たとえば、JA全農とちぎの「とちぎ霧降高原牛」「日光高原牛」は、乳牛の雌に黒毛和種の雄を交配した交雑種です。遺伝子組み換えでないトウモロコシを与えるなど、消費者意識に配慮して生産された肉は、純粋種の和牛にもひけをとらない枝肉成績を誇り、高い評価を受けています。

また、JAや行政だけでなく、企業や個人の間でも、味と価格のバランスがとれた「お値打ち感」をアピールすることで、交雑牛をブランド化する動きが広まっています。こうした傾向はバブル経済の波に乗った1980年代から顕著になり、91年の牛肉輸入自由化後は、国産牛肉の重要な戦略として位置づけられてきました。現在、銘柄は全国で300種以上にのぼります。

用語

交雑種
F1種とも。異なる品種同士の交配により生まれた子（雑種）。雑種の1代目には、両親のすぐれた性質があらわれる。詳しくは66ページ。

8 数百ものブランドが存在する豚肉

日本初のブランド豚は鹿児島の黒豚

日本で最初のブランド豚とされるのは、鹿児島県の黒豚（バークシャー種）です。1949年、枕崎市の家畜商により、鉄道貨物で生きたまま東京市場まで送られました。サツマイモで育てられたこの黒豚の味わいは評判を集め、出荷駅の車票の名から「鹿籠（かご）豚」とよばれました。しかし、当時はまだ豚肉の飼育頭数そのものが少なく、食生活の欧米化にともなって高まりはじめた肉需要にどのように応えていくかが大きな課題でした。

60年代ごろから、配合飼料の普及や施設整備など飼育効率を高める技術が進みました。大ヨークシャー種やランドレース種、ハンプシャー種、デュロック種といった大型品種の導入と、それらを交配させた成長の早い交雑種による生産も始まり、世の中の求めに応えられる体制ができました。

70年代に入ると、**トキソプラズマ**や**マイコプラズマ**など肉の衛生問題が浮上。感染の心配がないSPFブランドが誕生します。この方法で生産された**SPF豚**は高価ですが、安心・安全に気をつかう消費者に少しずつ浸透し、現代の銘柄豚人気の基礎の一角を築きました。

三元交配で量から質の時代へ

1980年代に入って安い輸入品との競合が激化すると、量の供給が第一で特徴に乏しかった国産豚肉は苦境に立たされました。バブル景気もあって日本人の舌はぜいたくになり、豚肉は量から質の転換を余儀なくされます。注目されたのが三元交配（三元豚（さんげんとん）・66ページ）に代表される味重視の飼育です。

一般的な三元交配では、まず繁殖能力にすぐれた

用語

トキソプラズマ／マイコプラズマ
ともに人畜共通の原虫感染症。感染してもほとんどは不顕性で症状は出ないが、体調や体質によっては重篤な症状が出る場合もある。

SPF豚
指定病原菌を持っていない（Specific Pathogen Free）豚という認証。種豚となる子豚は帝王切開で生まれた個体を用い、特定病原菌の母子感染を排除する。

ランドレース種に、温和で**脂肪融点**が高い大ヨークシャー種を掛け合わせます。生まれた交雑個体に、今度は肉質がやわらかでサシの入りやすいデュロック種を交配することで、生産性と味わいのよさが両立する〝いいとこどり〟をめざします。銘柄によっては味のバランスを最優先し、あえて出産頭数の少ない品種を掛け合わせて三元交配を行うこともあります。

こうした考えに基づいて、東京都畜産試験場が、90年から、7年がかりで誕生させた新しい品種が、「TOKYO X（トウキョウ）」です。元親は北京黒豚、バークシャー種、デュロック種の3品種で、これらを交配したものから5世代にわたり選抜を繰り返しました。

沖縄では、近年の琉球料理人気にともない、在来の小型黒豚「アグー」（島豚）が再評価され、飼育頭数が伸びています。茨城県の塚原牧場は、89年に『西遊記』の猪八戒のモデルである中国産の「梅山（めいしゃん）豚」を輸入しました。その後、中国政府が梅山豚を輸出禁止品目に指定したため、日本で唯一の生産者であり銘柄になっています。原種はおもに交配用で、デュロック種と交配したものが販売されています。梅山豚の飼育を通じ、食品加工の残渣を資源循環させる社会的な取り組みも高く評価されています。

飼育方法により付加価値を高める

近年は品種特性だけでなく、餌の原料や配合方法、飼育環境などに独自のこだわりを盛り込むことで、付加価値を高める取り組みもみられます。その銘柄数は、県レベルで推奨するものや、同じ飼育方法を実践する事業者による横断型のブランド、個人が立ち上げた銘柄、さらには商標登録されていない通称に近い名前も含めると、数百にも及びます。

かつては、脂がくどいときらわれることもあった豚肉ですが、これら銘柄豚に共通する特徴は、脂身も香ばしくさっぱりとした味わいであることです。**イベリコ豚**など輸入ブランド豚の影響や、イタリアンやフレンチなど料理メニューが多様化したことも、豚肉の品質がアップしている背景といえます。

脂肪融点
食肉の脂肪が融け始める温度で、食味や調理を大きく左右する。温度は鶏、馬、豚、牛、羊の順で高くなる。

イベリコ豚
スペインに産する豚の品種の一つ。体色が黒く、ドングリを多く食べさせ、放牧で育てる。肉には甘みが、脂身には独特の風味がある。

全国のおもな銘柄豚

● おもな純粋品種系銘柄
◎ おもな三元交配銘柄

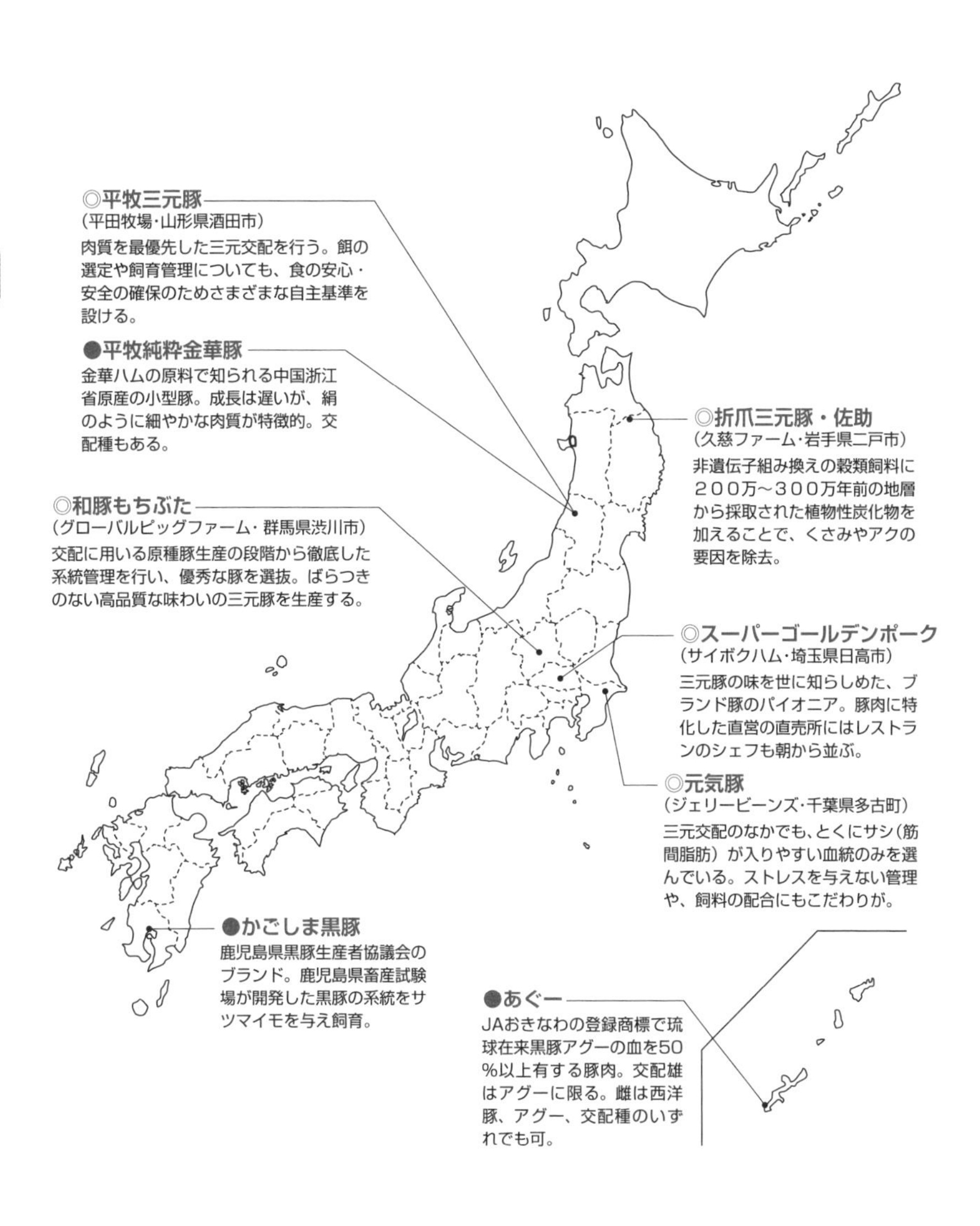

9 地鶏由来のブランドが人気の鶏肉

量と安さの時代からふたたび味の時代に

かつての日本では、鶏肉は宴席や特別な来客があった日にだけ味わうことができるごちそうでした。その状況が大きく変わるのは戦後です。ブロイラーを生産するため、アメリカから配合飼料を柱とする近代的な飼育技術と、短期間で大きく育つ肉用種が導入されると、鶏肉はいつでも気軽に食べられる食材になりました。若鶏で出荷するため、やわらかくて食べやすいのもブロイラーの利点でした。

やがて安価な冷凍鶏肉も大量に輸入されるようになり、フライドチキンなど鶏肉を使ったファストフードが普及すると、鶏肉の消費量は右肩上がりに伸びていきます。一方、一部の消費者からは「もっと食べごたえのある鶏肉が食べたい」「昔の鶏肉はおいしかった」「チキンの安全性はどうなのか」といった不満や不安の声も出てくるようになりました。

そこで、各地の試験場や飼育業者が力を入れ始めたのが、在来の地鶏の遺伝的性質を取り入れた味重視の交配でした。また、飼育期間を長くしたり、独自の配合飼料の使用や健康管理に取り組んだりするなどこだわりの飼い方をするところも出てきました。

日本食鳥協会は、前者のような鶏のうち、日本農林規格が定める基準に合ったものを「地鶏」と定義しています（72ページ）。そして、地鶏の血が50％未満、あるいは地鶏由来の交配種ではないものの通常より手間をかけて育てた鶏を「銘柄鶏」とし、両者をあわせて「国産銘柄鶏」としています。

たとえば秋田県の「比内地鶏」は、**ヤマドリ**の味のようだといわれた伝統の比内鶏（雄）に、大型のロードアイランドレッド種（雌）を掛け合わせた1代交雑種です。肥育期間がひじょうに長く、放し飼

用語

日本食鳥協会
正式名称は一般社団法人日本食鳥協会。日本の食鳥産業の全国組織。鶏肉の生産・流通の改善、消費の拡大などを図ることで、畜産の発展と国民食生活の改善向上に寄与することを目的としている。

ヤマドリ
キジ科の鳥で山あいに分布。味のよい狩猟鳥としても知られる。

おもな国産銘柄鶏

資料：一般社団法人日本食鳥協会「全国地鶏銘柄鶏ガイド」をもとに作成

いで160~180日かけて育てます。同様の方法で作出されたのが高知県の「土佐ジロー」で、母親はロードアイランドレッド種、父親は高知県の天然記念物の土佐地鶏です。

各地の在来**シャモ**を元親にした肉用シャモも、料理店からの引き合いがひじょうに強いブランドで、「青森シャモロック」「奥久慈しゃも」などが知られます。ほかの鶏種との交配個体に純系シャモを**戻し交配**し、純系シャモの味の特徴をより強化した「東京しゃも」も人気の銘柄鶏です。「大山（だいせん）どり」のように、企業独自のブランドながら全国的に認知度が高まっている銘柄鶏もあります。

ご当地グルメ人気で脚光を浴びる銘柄鶏

「B-1グランプリ」などのご当地グルメブームの到来で、誕生して間もない無名のブランド鶏や、焼鳥、から揚げなどの消費がきわだって多い地域の食文化にも光が当たるようになりました。

たとえば、やきとりを食べることが昔から盛んな全国7つの街が連携して「全や連（全国やきとり連絡協議会）」を結成。毎年持ち回りで『やきとりリンピック』を開催しています。このような消費者参加型のイベントも、国産銘柄鶏の周知に大きく貢献しています。

東京・秋葉原にある「からあげ家 奥州いわい」のように、岩手県の銘柄鶏「奥州いわいどり」を一貫生産する企業が直営する専門店も注目されています。また、競争が激しい大衆居酒屋チェーンなどでは、大都市に拠点を持ちながらも、店名や店の看板メニューに地方色を打ち出すことで差別化を図る動きが進んでいます。そうした演出戦略の一つとして、各地の銘柄鶏の名前を大きくアピールする例が増えてきました。

また、みやざき地頭鶏（じとっこ）事業協同組合のように、指定店制度を設けて認定証を発行しているところもあります。協定を結んだ店舗のPRも産地が支援するなど、生産と流通が共同で消費促進を行っている例もあります。

シャモ
日本で改良された闘鶏用の鶏。江戸時代のはじめにシャム（タイ）から渡来したのでこの名がある。

戻し交配
交配で生じた交雑個体に一方の親と同品種を交配し、最初の親の特徴をより強く具えた交雑個体を出現させる方法。

10 トレーサビリティとHACCPとJGAP

生産履歴を追跡できるシステム

家畜が、どこで生まれて、どこでどのように育ち、どこで屠畜されたか、飼養管理から屠畜、さらに加工、流通まで、1頭ごとの情報を継続して伝えるのが**トレーサビリティ**（追跡可能性）です。日本は、2001年にBSE（牛海綿状脳症）感染牛を初めて確認して以降、牛トレーサビリティ法にもとづく牛の「個体識別」を制度化し、生産履歴を追跡できるシステムが確立しました。

このシステムでは、牛1頭ごとに10桁の識別番号を記載した耳標（じひょう）（家畜の耳につける標識）を装着させ、出生から屠畜までの情報を記録し、履歴が把握できる個体識別の方法をとっています。生産者は牛が生まれるとただちに**家畜改良センター**のホームページから、出生年月日、雌雄の別、母牛の個体識別番号などを農林水産大臣に届け出ます。これらの情報を家畜改良センターがデータ化し、個体識別台帳を作成・管理します。耳標は、屠畜時まで外されることはありません。

屠畜後、個体識別データは販売業者に引き継がれ、販売業者は、牛肉のパッケージに貼るシールに個体識別番号を表示する義務を負っています。消費者は、家畜改良センターのホームページで個体識別番号を検索し、牛の生産履歴を知ることができます。

豚肉・鶏肉・鶏卵でも運用が進む

豚や鶏は群れでの飼養が多く、トレーサビリティも群れごとの記録が必要です。**日本養豚協会**は、国産豚肉を生産する農場のデータベースを作り、農場名や銘柄、5桁の農場番号から、商品の産地や生産農場を検索できるようにしました。農場内での飼養・

用語

トレーサビリティ
生産物履歴管理。物品の生産から流通までを個別に追跡できるシステム。

家畜改良センター
家畜の改良や飼料作物の増殖に関する事業、肉用牛枝肉情報全国データベースの運用などを手がける独立行政法人。牛トレーサビリティ法にもとづく事務も行っている。福島県に本所、全国11か所に家畜改良のための牧場がある。

日本養豚協会
正式名称は一般社団法人日本養豚協会。再生産可能な養豚産業の確立をめざす全国の生産者で構成される。国際化への対応や生産性の改善、流通の合理化、

衛生管理状況や商品の販売状況などのトレーサビリティに関する情報提供も行います。2021年2月時点で、国内3850戸の豚飼養農家のうち118の農場が豚トレーサビリティに参加しています。

日本食鳥協会も、食品の信頼確保のため、会員企業の概要や加工工場、生産農場を閲覧できる独自のシステムを構築しています。

安全な畜産物を追求する農場HACCP

畜産物の安全性を高めるには、農場での衛生管理を向上させ、健康な家畜を生産することが欠かせません。農林水産省は**HACCP**（ハサップ）の考え方を取り入れた「畜産農場における飼養衛生管理向上の取組認証基準（農場HACCP認証基準）」を2009年に公表しました。

農場HACCPでは、給餌の作業工程も図式化し、どの段階で異物混入などのトラブルが発生する可能性があるかを明らかにし、それを防ぐ管理の手順を定め、定期的に検証し、必要に応じて改善します。管理対象は、**素畜**、飼料、ワクチン、資材など農場に入ってくるものすべてです。22年8月現在、348農場が農場HACCPの認証を受けています。

東京2020に向けて広まったJGAP

農場HACCPが生産農場での食品安全と家畜衛生を重視するのに対して、ヨーロッパで生まれた**GAP**（ギャップ）は、環境保全、労働安全、人権と福祉にもとづく農場経営、アニマルウェルフェアまで含みます。世界標準のG（グローバル）GAPのほか、日本発の認証制度であるJGAP、日本が展開するASIAGAPなどがあります。対象の家畜・畜産物は牛、豚、鶏、鶏卵と牛乳（生乳）です。

当初は2020年7月から開催予定だった東京オリンピックの選手村に、食材として納入する農畜産物にはGAPの基準が求められることが知られると、大会が近づくにつれ、生産者の間でJGAPへの関心が高まりました。畜産のJGAP認証も、18年の26農場が、22年には250農場まで増えました。

担い手の育成などに取り組んでいる。

HACCP
食品の衛生管理の手法。まず、食品の製造・加工工程で発生するおそれのある、微生物汚染などの危害をあらかじめ分析する。そして、その結果にもとづいて、製造工程のどの段階でどのような対策を講じればより安全な製品を得ることができるかという重要管理点を定め、これを連続的に監視することで製品の安全を確保するというもの。

素畜
もとちく。肥育の対象となる家畜。牛の場合は飼育前の子牛を素牛（もとうし）という。

GAP
農業生産管理工程（Good Agricultural Practice）。農業活動の改善に向け、各項目の取り組み状況を記録簿や掲示物によって確認・表示することが求められる。

牛個体識別システムの仕組み

個体識別番号の表示

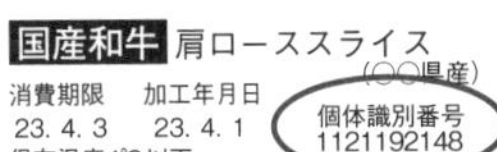

消費期限　加工年月日
23. 4. 3　23. 4. 1
保存温度4℃以下

個体識別番号
1121192148

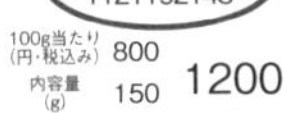

100g当たり(円・税込み) 800
内容量(g) 150
1200
通常価格(円)

加工者 ㈱山田畜産
東京都港区赤坂6－13
ラップ：PE

個体識別番号から
インターネットを
通じて検索

飼養管理など情報の提供

個体識別番号	出生の年月日	雌雄の別	母牛の個体識別番号	種別(品種)
1121192148	H24.08.05	去勢	1121192053	黒毛和種

	飼養県	異動内容	異動年月日	飼養施設所在地	氏名または名称	
1	宮崎県	出生	H24.08.05	西都市	郡司 征史郎	
2	宮崎県	転出	H25.05.26	西都市	郡司 征史郎	
3	京都府	転入	H25.05.29	亀岡市	人見 政章	飼養管理情報へ
4	京都府	転出	H27.03.01	亀岡市	人見 政章	飼養管理情報へ
5	京都府	搬入	H27.03.01	亀岡市	亀岡市食肉センター	
6	京都府	と畜	H27.03.01	亀岡市	亀岡市食肉センター	

飼養管理情報提供システム

飼養管理情報とは
①農家情報、②牛（個体）情報、③給与飼料情報、④ワクチン接種情報、⑤疾病情報
　など
さらに
飼料の製造元や原材料などの検索が可能

給与飼料

配合・混合飼料	肉牛霜降り			
単味飼料	皮付き圧ペン麦 特ふすま メーズフレーク	皮ムキ圧ペン麦 一般ふすま ヘイメーズ	晩砕麦 大豆粕ミール	ホメニフィールド 大豆粕フレーク
粗飼料	USチモシー 稲藁			
その他補助飼料	カウストン モラリックス ソフトシリカ			

注　飼養施設所在地および氏名または名称は公表に同意した者のみ掲載

資料：農林水産省「肉用牛（牛肉）をめぐる情勢」（平成21年5月）を参考に作成
牛の個体識別情報検索サービス
https://www.id.nlbc.go.jp/top.html

牛トレーサビリティ法
「牛の個体識別のための情報の管理及び伝達に関する特別措置法」の通称。2003年施行。ＢＳＥの拡大を防ぎ、消費者に安全な牛肉を提供するための法律。国内で生まれたすべての牛に識別番号をつけ、生年月日・性別・飼育者・飼育地などの情報を生産・流通・消費の各段階で記録・管理することが義務づけられる。識別番号は公開され、インターネットを通じて情報を閲覧できる。

11 牛乳が消費者に届くまで

地域ごとに一元集荷する仕組み

酪農家が搾った生乳の90％以上（2021年調べ）は、地域ごとに設立された**指定生乳生産者団体**（指定団体）に集められ、そのあと複数の乳業メーカーに販売されています。「一元集荷・多元販売」とよばれるこの方式は、傷みやすい生乳の価格交渉で、乳業メーカーと対等の立場を確保するために生み出されました。大多数の酪農家が所属するJAや酪農協など組合組織の連合会（＝指定団体）は、全国に10団体（北海道・東北・北陸・関東・東海・近畿・中国・四国・九州・沖縄）あります。

乳業メーカーに販売された生乳は、各工場での殺菌・充填・包装を経て牛乳製品となり、小・中学校には直接、スーパーマーケットやコンビニエンスストアなどには牛乳販売店（メーカー系列の販売会社を含む）や配送センターを経由して届けられます。

ただし、関東圏および関西圏では牛乳の需要量が供給量を上回っているため、北海道産の生乳が、関東向けには太平洋ルート（釧路港→日立港）、関西・中京向けには日本海ルート（小樽→舞鶴港、苫小牧→敦賀港）および鉄道輸送（釧路駅・北旭川駅→吹田駅）で運ばれています。

牛乳販売店は、家庭への宅配のほか、地域の小売店や自動販売機、保育所、幼稚園、老人ホーム、高校・大学、病院など多くの施設に、牛乳製品を販売・配達しています。

生乳や牛乳は、乳及び乳製品の成分規格等に関する省令（乳等省令）の規定によって、輸送・保管・販売のすべての場面で10℃以下の冷蔵流通が義務づけられています。消費者の食卓に届くまでの衛生的な管理と牛乳の鮮度を確保するためです。

用語

指定生乳生産者団体
1960年代半ばに成立。酪農家を回って生乳を集め、乳業メーカーに販売する生産者団体。条件不利地域も含めて集乳する事業者として、農林水産大臣の指定を受けた団体。指定事業者とも呼ばれる。

生乳流通制度に変更も

指定団体に所属していると、出荷した生乳は、ほかの酪農家の生乳と混ぜ合わされて牛乳製品となります。これに飽き足らず、品質面などで差別化を図り、乳業メーカーと直接取引をする酪農家、さらに生産した生乳を自家製造や委託製造で乳製品に加工して販売する酪農家も登場しています。

畜産経営の安定に関する法律の改正により、2018年からは、これまで指定団体に限定されていた加工原料乳生産者補給金が、指定団体以外の出荷先にも交付されるようになりました。これは指定団体を中心とした協調的な生乳流通に、競争的な要素を取り入れることで、生乳生産の活性化を図ったものです。

また、乳業工場から遠隔に位置するなど、集送乳経費が高くなる地域も含めて、あまねく集乳が行われるように、要件を満たす事業者には集送乳調整金が交付されることも盛り込まれました。

生乳の大まかな流れ

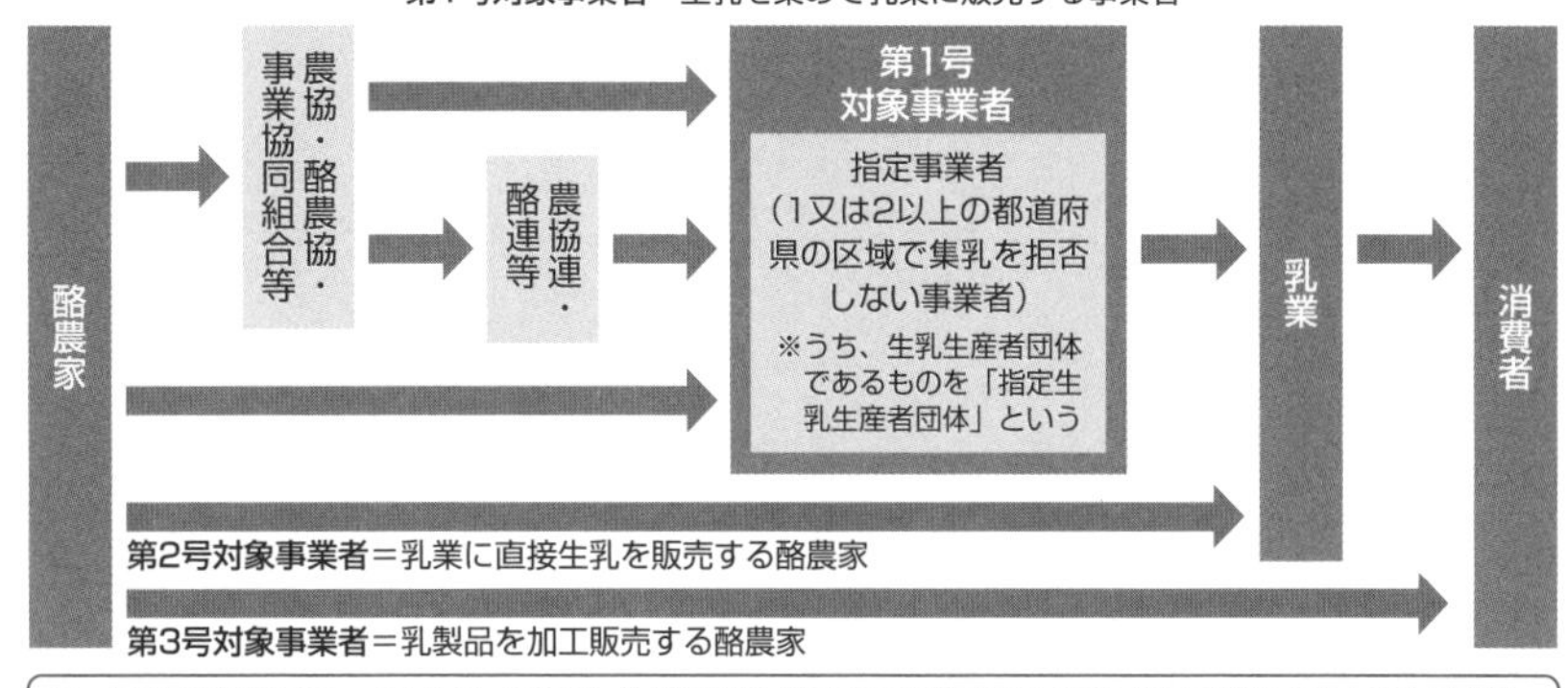

○ 対象事業者（第1～3号）は、毎年度、生乳又は乳製品の年間販売計画を作成して農林水産大臣に提出し、基準を満たしていると認められれば、加工に仕向けた量に応じて生産者補給金等が交付（交付対象数量が上限）。
○ 第1号対象事業者のうち、集乳を拒否しない等の要件を満たす事業者は「指定事業者」として指定され、加工に仕向けた量に応じて集送乳調整金が交付。

資料：農林水産省「畜産・酪農をめぐる情勢」（令和4年9月）をもとに作成

12

生乳はどのように「牛乳」になるのか?

厳しい規格で取引される生乳

日本国内では1年間に約759万tの生乳が生産されていますが、このうち53%が飲料用の牛乳製品として供給されています(2021年度実績)。

搾乳した生乳は、雑菌などの増殖を抑えるために各酪農家のバルククーラー(冷却機付タンク)で冷却貯蔵されます。そして、毎日または1日おきにJAや酪農協などの**ミルクローリー車**が集乳していきます。このときにバルククーラーの生乳の状態もチェックされます。また、定期的に採取した酪農家ごとの生乳のサンプルを専門機関に提出し、乳成分や品質の分析結果を乳価に反映させています。

ミルクローリー車で集められた生乳は、それぞれの牛乳工場に搬入されます。生乳を受け入れるときは、乳等省令などによる一定の基準(44ページ)のもとで検査が行われ、それに合格する必要があります。ただし実際には、製品の品質の確保・向上のため、生産者と乳業メーカーの間では、これらの基準よりも厳しい規格で生乳の取引がされています。たとえば細菌数は、厚生労働省の乳等省令などの基準の10分の1以下に定められているのが一般的です。

日本の牛乳の多くは超高温瞬間殺菌される

受け入れ検査後は、牛乳工場の清浄機で目に見えない小さなゴミを取り除き、冷却機をへて貯乳タンクに送られ、5℃以下の状態が保たれます。そして、**ホモジナイザー**という装置で**脂肪球**を細かくしてから、加熱殺菌して冷却します。また、消費者の要望に応じ、均質機を使わず製造する方法もあり、これは「**ノンホモ牛乳**」とよばれます。殺菌された牛乳は、いったん貯乳してから、充填包装機を使って紙

用語

ミルクローリー車
生産された生乳を集乳し、メーカーの集乳工場や乳製品生産工場へ輸送する車両。ほとんどがステンレス製タンクを設け、後部には接続用のホースや油圧吸引ポンプ、計量器などを装備している。

ホモジナイザー
予備加熱された原料乳の脂肪球を、直径2μm以下の細かい粒子にする装置。均質化された「ホモ牛乳」は日本の牛乳の大部分を占め、消化吸収がよいなどの利点がある。

脂肪球
生乳中の乳脂肪は、小さな丸い形をしているので脂肪球とよばれ、粒の形で無数に浮遊している。

パックや瓶に詰めて製品検査をし、合格したものを保冷車で出荷しています。牛乳の殺菌方法は、乳等省令によって、「保持式により摂氏63度で30分間加熱殺菌するか、これと同等以上の殺菌効果を有する方法で加熱殺菌すること」と規定されています。

牛乳の殺菌方法には以下の種類がありますが、日本では9割以上の牛乳が、超高温瞬間殺菌（UHT）方式で殺菌されています。

低温保持殺菌（LTLT）63～65℃／30分

連続式低温殺菌（LTLT）65～68℃／30分以上

高温保持殺菌（HTLT）75℃以上／15分以上

高温短時間殺菌（HTST）72℃以上／15秒以上

超高温瞬間殺菌（UHT）120～150℃／2～3秒

ロングライフミルク（LL）130～150℃／1～3秒

いずれも牛乳の栄養は変わりませんが、超高温で殺菌すると加熱臭がつきます。低温殺菌された牛乳は加熱臭が少なく、風味豊かなのが特徴です。

搾乳から出荷までの作業工程

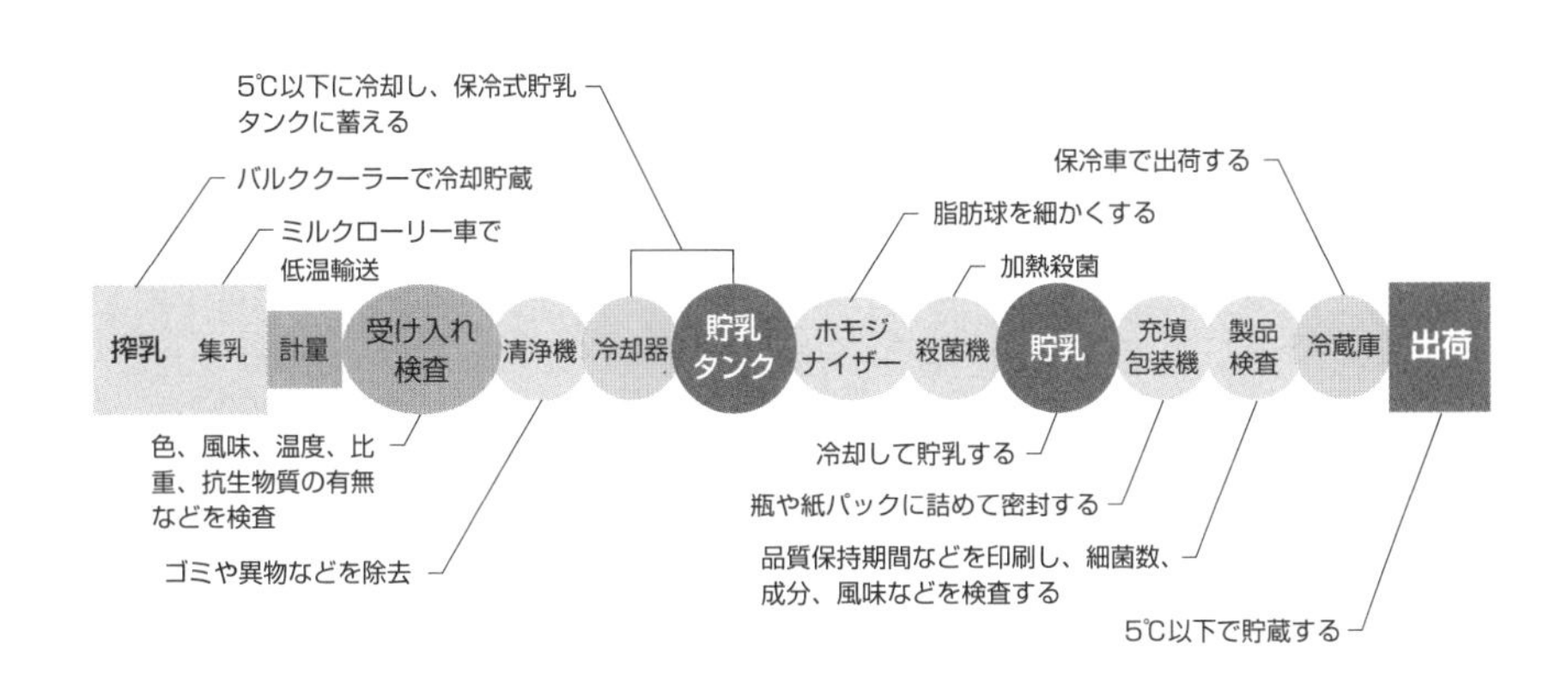

資料：『新版　食材図典』（小学館　2003年）などをもとに作成

ノンホモ牛乳
ホモジナイズド（均質化）されてない牛乳のこと。さっぱりとした風味が特徴で、1～2昼夜静置するとクリームの層が上部にできる。

13 卵が消費者に届くまで

鶏卵流通の核になるGPセンター

日本人は1人当たり1年間に約340個の卵を、半分は家庭で、半分は外食と中食、加工食品のかたちで食べています。その99％は国内産です。1％を占める輸入卵は加工用で、店頭に並ぶことはありません。また、日本における卵の生産・流通は生卵を食べることを前提としていることが特徴であり、そのために極めて厳格な品質管理が行われています。

採卵農家は、生産した鶏卵を規格化されたプラスチック製容器（エッグトレー）に詰め、JAや問屋（商社）を通して、または直接、**GP（Grading and Packaging）センター**に出荷します。GPセンターでは、洗卵選別機に卵を通す間に、機械や人の目で内部の血玉、殻のヒビや汚れの有無をチェックし、紫外線で殺菌します。重さによってLLからSSまで6種に分け（51ページ）、サイズごとにプラスチックやパルプ製の容器にパックして、ラベルを貼り、スーパーや小売店に向けて送り出します。

加工用や外食産業用の卵は無包装、または段ボールに詰めて発送します。規格外の卵や、殻に汚れやヒビがあった卵は、加工原料として利用されます。

GPセンターは消費地にもありますが、産地の大規模な養鶏場に併設される例が増えています。その場合には、鶏舎とGPセンターをベルトコンベアで直結し、集卵から出荷までの一貫体制がとられます。GPセンターは衛生管理を徹底するため、人や動物や物の出入りを厳重にコントロールしています。GPセンターを持つ大型生産者と大手スーパーや大規模加工業者が結びつく産直方式もみられます。

システム化されたGPセンターとは対照的に、卵を養鶏場の庭先で直売したり、近くの直売所で販売

用語

GPセンター
グレーディング（サイズの格付＝選別）とパッキング（包装）をする施設の意味。

したり、消費者への宅配も行われています。

サイズは重さで6段階、等級は4つ

鶏卵の規格は、農林水産省によって定められており、40g以上46g未満のSSから70g以上76g未満のLLまで、6gきざみで6段階に分かれます。鶏卵の大きさ（重さ）は、鶏の種類や季節にもよりますが、おもに鶏の成長段階に比例します。生後4か月半から5か月半くらいの、卵を産み始めて間もない鶏はSSサイズ、生後18か月以降の成熟しきった鶏はLLサイズをよく産みます。鶏は平均すると1・3日に卵を1個産みますが、若い鶏が産むMサイズと成熟した鶏が産むLサイズの生産量が多く、店頭でもこのサイズが中心です。

品質についての規格は特級、1級、2級、級外の4つで、外観、透光、割卵の3種類の検査によって区分されます。スーパーなどに並ぶのは特級と1級だけで、どちらも生食が可能です。2級は加熱加工用に回り、級外品が食用になることはありません。

鶏卵の流通

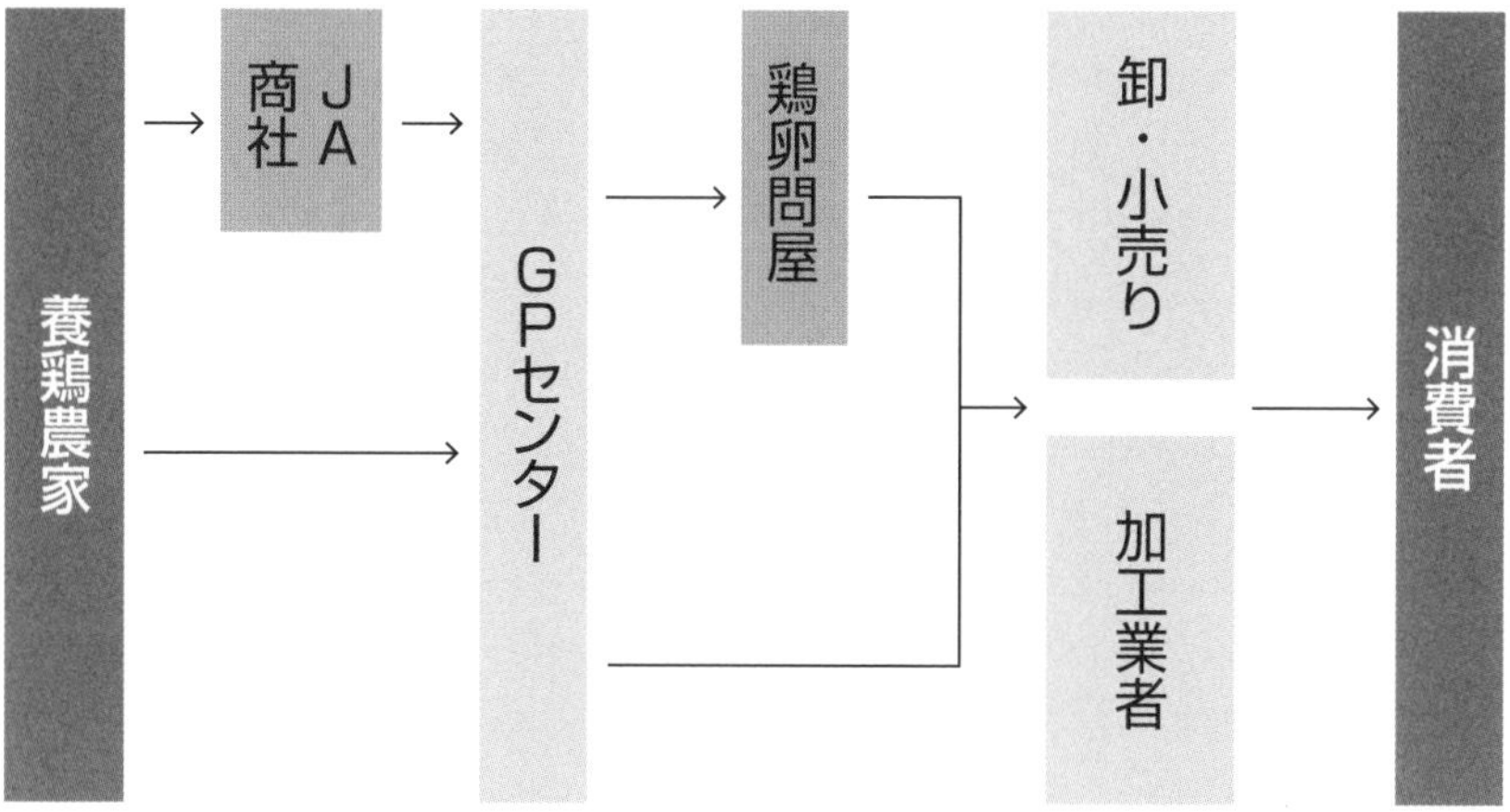

養鶏農家 → JA 商社 → GPセンター
養鶏農家 → GPセンター
GPセンター → 鶏卵問屋 → 卸・小売り／加工業者
GPセンター → 卸・小売り／加工業者
卸・小売り／加工業者 → 消費者

資料：農林水産省「鶏肉・鶏卵の流通について」をもとに作成

column

ジビエよりも優雅に野生鳥獣を味わう

長く受け継がれてきた日本の肉食文化

家畜ではなく、狩猟で得た野生動物（鳥獣）の肉がジビエ。もとはフランス語です。かつては自分の領地で狩猟を楽しむ上流貴族だけが味わえたジビエは、とびきりの高級食材でした。

日本人は明治時代になるまで仏教の影響で魚類以外の肉は口にしなかった、という説も広く信じられてきましたが、猟師は日本の長い歴史で、ずっと存在し続けました。各種のわな、弓、江戸時代には火縄銃も使い、鹿、猪、熊、鳥類を捕獲し、それらの肉は貴重な動物性タンパク源として、不殺生（動物を殺さない）の観念が強かった時代にも食べられていたのです。

日本では西洋のジビエと違って、一般庶民も、野生動物が多く生息する地域以外でも、鳥獣肉を味わっていたようです。17～18世紀に世界屈指の大都市だった江戸の町には、ももんじ屋と呼ばれる鳥獣肉の専門店があり、鴨や鵞鳥（がちょう）など水鳥の肉は川魚と一緒に売られていました。

江戸時代初期から彦根藩（滋賀県）で作られた養生薬の反本丸（へんぽんがん）は全国から注文が来るほどの人気でしたが、実は牛肉の味噌漬け。この地域から産出される牛肉は、明治時代には神戸牛と総称され、現在では近江牛として知られています。

野生鳥獣だけでなく、使役家畜として飼養される牛や馬の肉が食用になり、鶏や兎は食用として飼育されていました。養兎がとくに盛んだったのは信州（長野県）です。

花にたとえ、月に見立てて食べる楽しみ

日本の鳥獣肉には、それぞれに別名が付けられています。牡丹（ぼたん）・山鯨（やまくじら）は猪肉、紅葉（もみじ）は鹿肉、桜（さくら）は馬肉、柏（かしわ）は鶏肉、月夜（げつよ）は兎肉、青首（あおくび）が鴨肉を指すこともありました。語源をたどれば、肉の色や形状の類似、花札（かるた）の絵柄つながり、駄じゃれなど、さまざまです。ももんじ屋は百獣（ももじう）屋と書き、関東地方の幼児語で妖怪を指すモモンジイが由来ともいわれます。また兎は現在でも１羽、２羽と、鳥のように数えます。

これらの別名や用語法は、こっそり食べるための「隠語」とされていますが、花や月に見立てる遊び心も感じられます。少し後ろめたい気持ちがあるからこその楽しさ、わくわくする肉食の喜びが込められているかのようです。19世紀後半からの「文明開化」で日本の肉食文化は花開き、畜産技術も高度に発展しましたが、その背景には、日本版ジビエの豊かな伝統と蓄積がありました。

第5章

世界の畜産と国際貿易について知る

1

国内で消費される食肉の約半分は外国産

輸入肉は外食産業や総菜で多用される

日本人が消費する食肉の半分近くは輸入品です。牛や豚の場合は、骨を取り除き、ロースなどの部位ごとに切り分けた部分肉で輸入されることが多く、冷凍と生鮮・冷蔵に区分されます。

小売店で買うオーストラリア産の牛肉やカナダ産豚肉のほか、ハムやハンバーグなどの加工食品、レストランなどで食べる肉料理にも、多くの輸入品が使われています。消費者は、高級なすき焼きなどでは国産を選ぶことが多いものの、外食やふだんの食事では輸入品を選ぶことも少なくありません。

鶏肉は6割以上を自給していますが、海外で加工・冷凍した焼鳥、から揚げといった「鶏肉調製品」も居酒屋などで利用されています。それらの調製品のほとんどはタイと中国から輸入され、2018年10月には月間輸入量が初めて5万tを超えました。

食肉を輸入するさいには、税関で国に関税を納める必要があります。関税は、国内の生産者を保護し、国の税収を確保するためのもので、税率は肉の種類によって異なります。牛肉の場合、国際交渉を経て、1994年に50%の関税をかけることを決めました。その後、日本政府は関係国との協定にもとづき、2000年度から38・5%、18年度から26・9%、20年度から25・5%と段階的に引き下げています。

乳製品では、飲用乳はすべて国産です。鮮度が問われるうえ単価が安く、外国から輸入しても採算がとれないからです。一方、チーズは多くが輸入品です。農林水産省の統計では、国内のチーズ消費量は年間に30数万tで、80%以上が海外から輸入されています。ヨーロッパの高級品から、オーストラリアやアメリカの価格の安いものまで多くの種類があります。後者の場合、日本で**プロセスチーズ**の原料となったり、ピザ店などで業務用に利用されます。

輸入に頼ることのリスク

日本の輸入牛肉の約40%を供給するアメリカは、新型コロナのパンデミックで打撃を受けました。畜産業の人手不足、物流の混乱と運賃の上昇、原油高に原材料高も重なって牛肉の価格が高騰。ショートプレード（バラ肉）の日本での卸売価格は、2021年初めからの1年間で50%を超える上昇でした。

日本がもっとも多く牛肉を輸入するオーストラリアは、18年に始まった干ばつで肉牛の飼養頭数が減少し、20年度の輸入量は前年を約15%も下回りました。その分、アメリカ産牛肉の輸入量が増え、日米協定による基準数量を超えたため、国内産業を保護する目的で設置されているセーフガード（関税の一時的な引き上げ）を21年3月に発動しました。

食肉輸入を不安定にする要因は、衛生問題や天候問題に限らず、まさに多種多様です。

主要畜産物の輸入割合（2021年度）

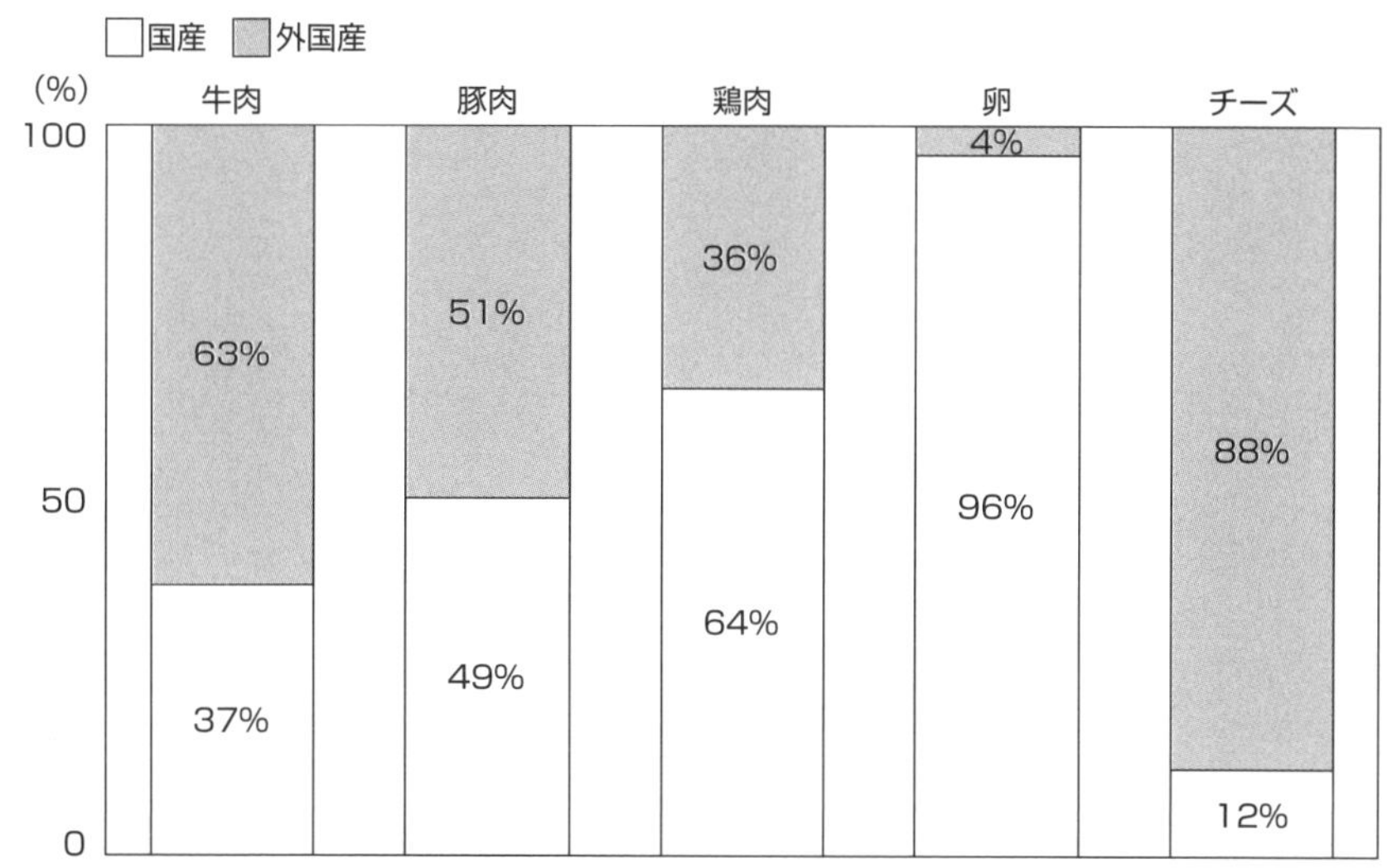

資料：農林水産省「令和２年度 食料需給表」をもとに作成

用語
プロセスチーズ
→48ページ

2 世界の畜産業の特徴を知る

家族的経営と大規模な産業的経営

FAO（国連食糧農業機関）によると、世界の人々が摂取するエネルギーの18％、タンパク質の40％は、食肉や乳製品・卵など畜産物に由来します。畜産は、人々に重要な食料を供給するとともに、農家の大切な収入源にもなってきました。

海外の畜産業をみると、ヨーロッパ、アジア、アフリカなど伝統的な家族経営の影響が残るスタイルと、北南米やオーストラリアなどでみられる大規模な産業的経営の2つに分類できます。中国やインドなど途上国の小規模家族経営の家畜頭数が多いですが、国際化に伴う貿易拡大を通じて、世界中で産業的な畜産業の比率が高まっています。

アメリカなどでは、1つの牧場に数万頭の牛がいる肥育牧場（フィードロット）のような産業的生産が主流になっています。フィードロット経営は、肥育前の素牛（もとうし）の大半や穀物などの飼料を外部から調達し、短期間に肉牛を太らせて、屠畜場に出荷します。多くは部分肉にされ、冷凍・冷蔵し国内外の消費地に大量に出荷されます。

多くの牛肉輸出国では、牛の成長促進のため肥育ホルモン剤が使用されていますが、ヨーロッパや日本では肥育促進目的でホルモン作用を持つ物質の利用は認められていません。

グレインフェッドとグラスフェッド

牛は草食動物ですが、穀物を与えると成長が早く肉質がやわらかくなります。アメリカなど先進国の多くでは、肥育期間の仕上げ段階で穀物を与える**グレインフェッド**（穀物肥育）という飼育方法が主流です。あまり穀物を与えず牧草など草資源で最後ま

用語

FAO
国連食糧農業機関。世界経済の発展と人類の飢餓からの解放を目的とし、栄養水準と生活水準の向上、食糧と農産物の生産、流通の改善、農村の生活改善などに取り組む。

グレインフェッド
牛に、おもに穀物を与えて肥育すること。脂肪が多く、日本人好みといわれている。アメリカからの輸入牛肉の多くがグレインフェッド。

で育てる**グラスフェッド**（牧草肥育）の飼育は、南米やオーストラリア、アジア、アフリカで行われています。

途上国では、少数の豚や鶏を自宅周辺で飼う「裏庭畜産（または庭先畜産）」が目につきます。しかし統計をみるかぎり、世界の豚や鶏肉、鶏卵生産は、牛以上に産業化が進んでいます。飼料効率を上げるため品種改良も顕著です。外部からの病気の侵入を防ぎ、品質管理を徹底する目的で、工場のような建物で飼育する方法も広がっています。このような方法は、施設や設備投資に多額の資本が必要とされますが、途上国でもこうした企業経営が増えています。

酪農は先進国、途上国を問わず、多くの国々でもっとも大切な畜産部門です。伝統的な酪農では、牧草・飼料畑を持ち、搾乳も家族や少数の雇用労働で行いますが、最近はメガファーム、ギガファームとよばれ、数千~数万頭の乳牛を飼育する産業的な経営が増え、搾乳を自動で行うロボットの導入も広がっています。

世界各国の牛肉生産と消費の動向

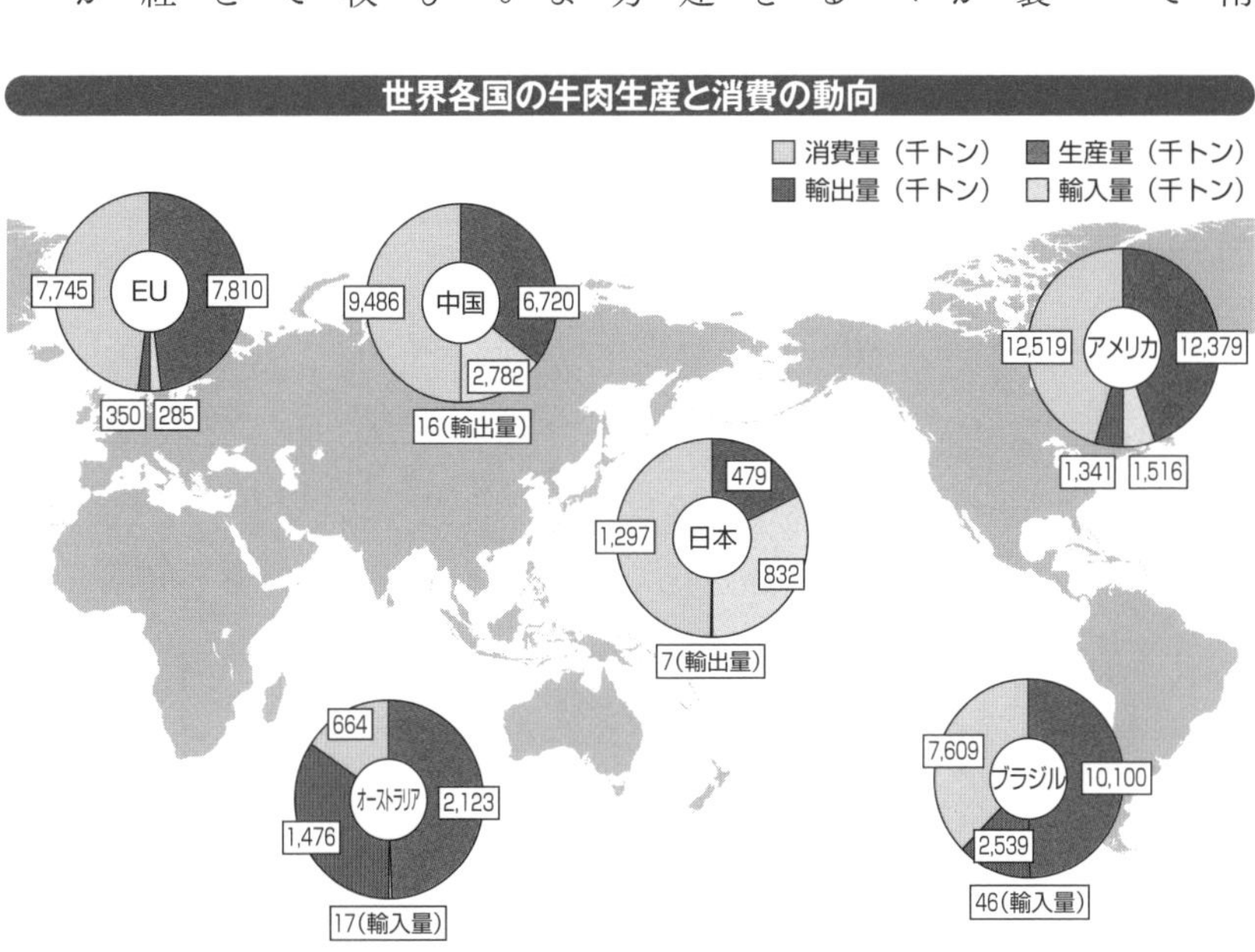

資料：独立行政法人農畜産業振興機構「月報　畜産の情報」（2022年7月）をもとに作成

グラスフェッド
牛を牧草だけで育てること。脂の少ない赤身の肉になる。オーストラリア産の輸入牛肉に多い。

3 世界で進むスマート畜産

多機能型搾乳ロボットやバーチャルフェンスも

ロボット、ICT（情報通信技術）、IoT（モノのインターネット）、AI（人工知能）といった先端技術を活用し、農業の超省力化と高品質生産を実現する取り組みを、日本では**スマート農業**と呼びます。その畜産版がスマート畜産です。欧米では精密畜産、デジタル畜産、畜産DXなどといいます。

農業の自動化が進むオランダでは、1990年代初頭から搾乳ロボットの導入が始まり、30年間で、国内の酪農家の約30％に普及しました。このロボットは搾乳の完全自動化だけでなく、給餌（餌やり）、乳量と乳質の測定、体重や歩行数の計測、乳房炎の早期発見や発情期の感知などの機能も備えています。

ニュージーランドで開発された牛の首輪は、太陽電池式センサーを搭載し、GPS機能で追跡が可能です。農場の管理者はスマートフォンの専用アプリで群れの移動を把握しつつ、個々の牛の健康状態もチェックし、スマホ上に設定したバーチャルフェンス（仮想牧場柵）で牧草地を管理できます。首輪が発する音と振動が牛の行動をコントロールするため、実際の柵を建設する必要がありません。

ヨーロッパでは、生体や環境の精密データを取得できるスマート畜産を、**アニマルウェルフェア**の推進と結びつける動きも活発です。

大きな省力効果と、いくつもの弱点

搾乳ロボットの有力メーカーは、オランダやスウェーデンなどヨーロッパにあり、上位2社で世界シェアの約70％を占めています。日本に導入されている搾乳ロボットも多くがヨーロッパ製です。普及状況は全国平均で約3％、北海道の十勝地方では10％

用語

スマート農業
2013年に農林水産省は、農機メーカーやIT企業をメンバーとする研究会を設置。19年には全国69か所でスマート農業の実証プロジェクトが始まった。「2025年までに農業の担い手のほぼすべてがデータを活用した農業を実践する」を目標にしている。

アニマルウェルフェア
→180ページ

に達したとみられています（2022年）。

搾乳ロボットは、国も補助金制度を設けて導入を後押ししています。省力化の効果が大きく、酪農でとくに深刻な人手不足の緩和に直結するからです。清掃や給餌の専用ロボット、畜舎の環境制御やモニター（監視）システムなど、いずれも人手を省き、重労働を軽減する効果は高いのですが、スマート化には課題もついて回ります。

一つは導入と運用のコストが高いこと。搾乳ロボットは単体でも2～4千万円、システムとして導入し、牛舎の改築まで含めると1億円を超えるケースもあり、増産効果だけで投資分を回収するのは困難です。もう一つはエネルギー、とくに電力への依存度がさらに強まること。電力料金の値上げが生産コストへ跳ね返るだけでなく、真夏の電力不足や自然災害で停電になった場合の被害は甚大です。畜舎の送風機が止まっただけでも家畜は死亡します。生産現場から流通・消費までをデータでつなぐスマート畜産は、大きなリスクとも背中合わせです。

スマート畜産の将来像

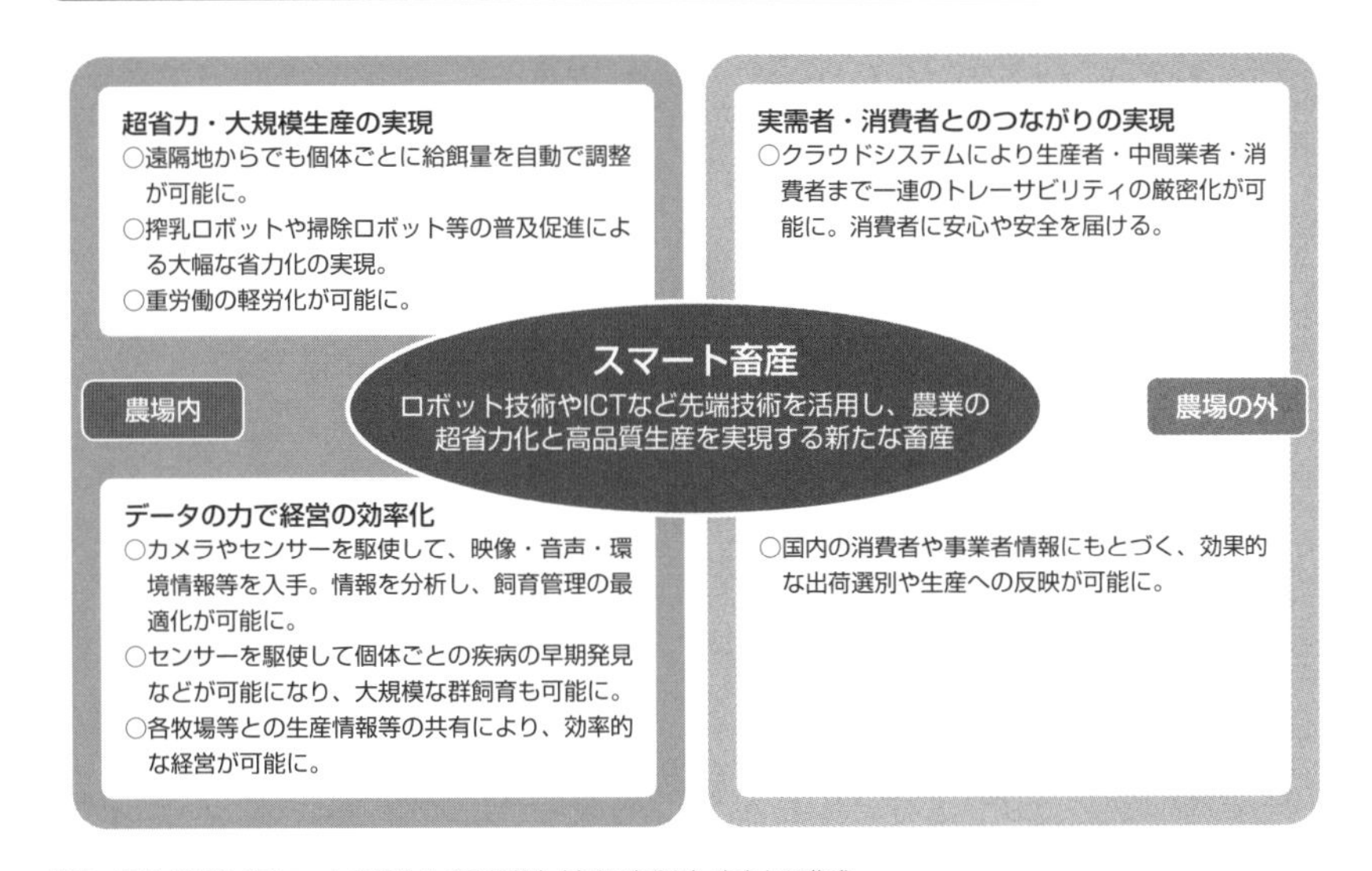

超省力・大規模生産の実現
○遠隔地からでも個体ごとに給餌量を自動で調整が可能に。
○搾乳ロボットや掃除ロボット等の普及促進による大幅な省力化の実現。
○重労働の軽労化が可能に。
農場内
データの力で経営の効率化
○カメラやセンサーを駆使して、映像・音声・環境情報等を入手。情報を分析し、飼育管理の最適化が可能に。
○センサーを駆使して個体ごとの疾病の早期発見などが可能になり、大規模な群飼育も可能に。
○各牧場等との生産情報等の共有により、効率的な経営が可能に。
スマート畜産
ロボット技術やICTなど先端技術を活用し、農業の超省力化と高品質生産を実現する新たな畜産
実需者・消費者とのつながりの実現
○クラウドシステムにより生産者・中間業者・消費者まで一連のトレーサビリティの厳密化が可能に。消費者に安心や安全を届ける。
農場の外
○国内の消費者や事業者情報にもとづく、効果的な出荷選別や生産への反映が可能に。

資料：農林水産省「スマート畜産をめぐる情勢」（令和4年3月）をもとに作成

4

飼料を海外に依存する日本の畜産

日本の飼料自給率は25%

家畜を育てるには飼料が欠かせません。日本の飼料需要（TDNベース）は年間2500万t前後で、その80%を濃厚飼料が占めています（76ページ）。

濃厚飼料は、畜種によって原料の構成が変わり、平均すると、約半分はエネルギー源のトウモロコシです。残りがタンパク源の大豆粕や魚粉、アミノ酸、ビタミン剤などです。多くの場合、濃厚飼料の原料となる穀物は、港湾施設に隣接する飼料工場に搬入され、利用目的に合わせて加工・出荷されます。

それらの原料の87%は輸入穀物です。粗飼料の原料は国産が多いですが、飼料全体の自給率は25%ほどです。このため、たとえば鶏卵の自給率は96%でも、卵を産む鶏が食べる飼料は、大半が海外輸入です。

飼料原料を海外に求める理由は、円高基調の下、国内で調達するよりも割安だったからです。飼料会社は、為替相場が1ドル100円前後、海上運賃も低下している時期には、アメリカ産トウモロコシを1kg20～30円で買えました。濃厚飼料のエネルギー源を国産の飼料用米に置き換えると、1kg40数円と、コスト増につながります。

飼料原料の海外依存が高まると、穀物の国際相場の高騰、急激な円安といった悪影響が、ただちに飼料価格に波及し、畜産農家の経営を圧迫します。

トウモロコシの場合、日本の主な輸入先のアメリカでの不作、バイオエタノール用の需要急増、ハリケーンなど災害による輸送の途絶、日本以外の輸入国の旺盛な買い入れを要因に、数量不足や価格高騰が何度も発生しました。国の穀物備蓄を取り崩して対応したこともありますが、長期的には飼料の自給率を高める努力が求められています。

用語

TDN
可消化養分総量。詳しくは76ページ。

配合飼料工場渡価格の推移（全畜種平均）

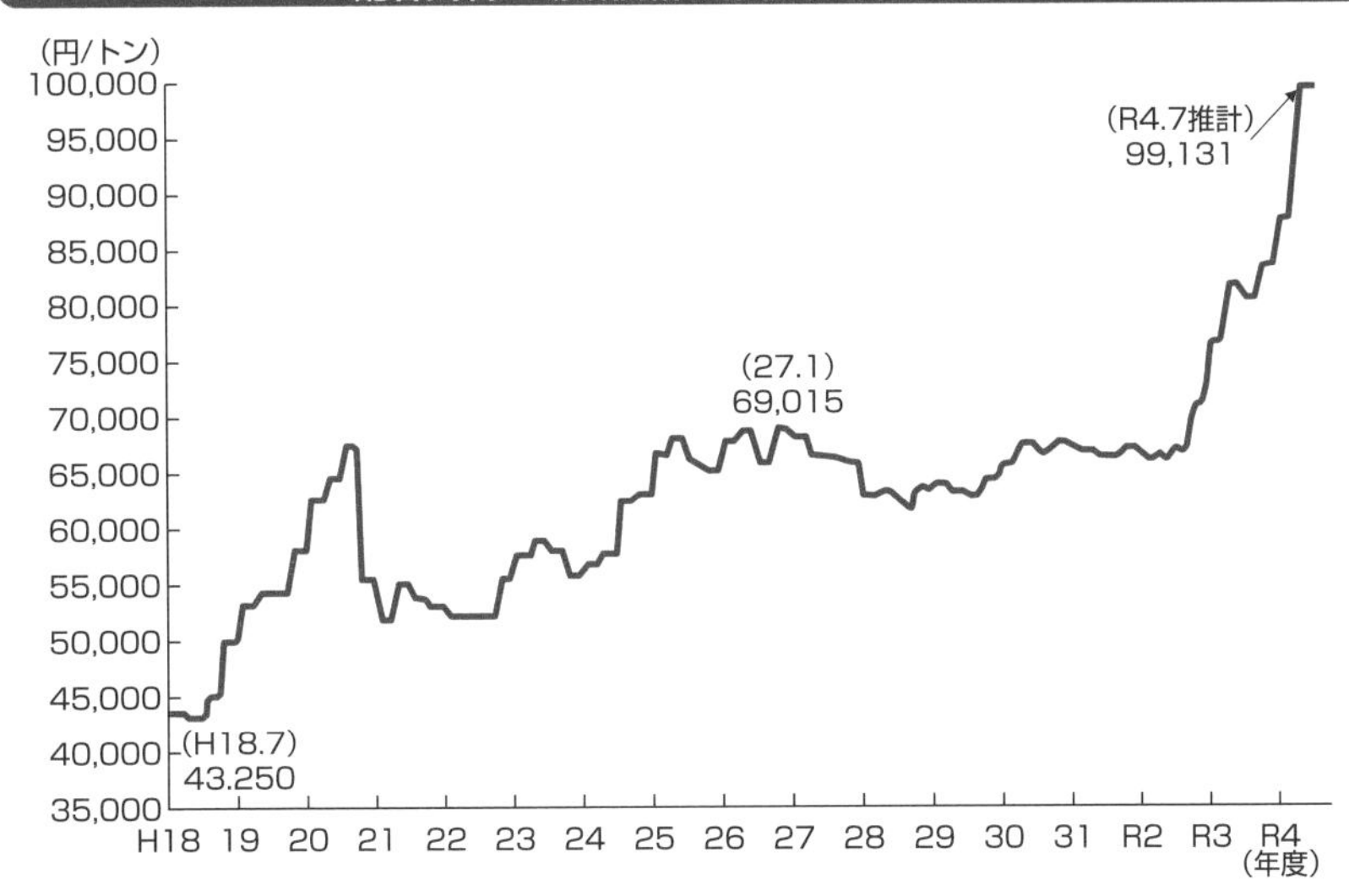

資料：（公社）配合飼料供給安定機構「飼料月報」をもとに作成

飼料自給率の割合（2020年）

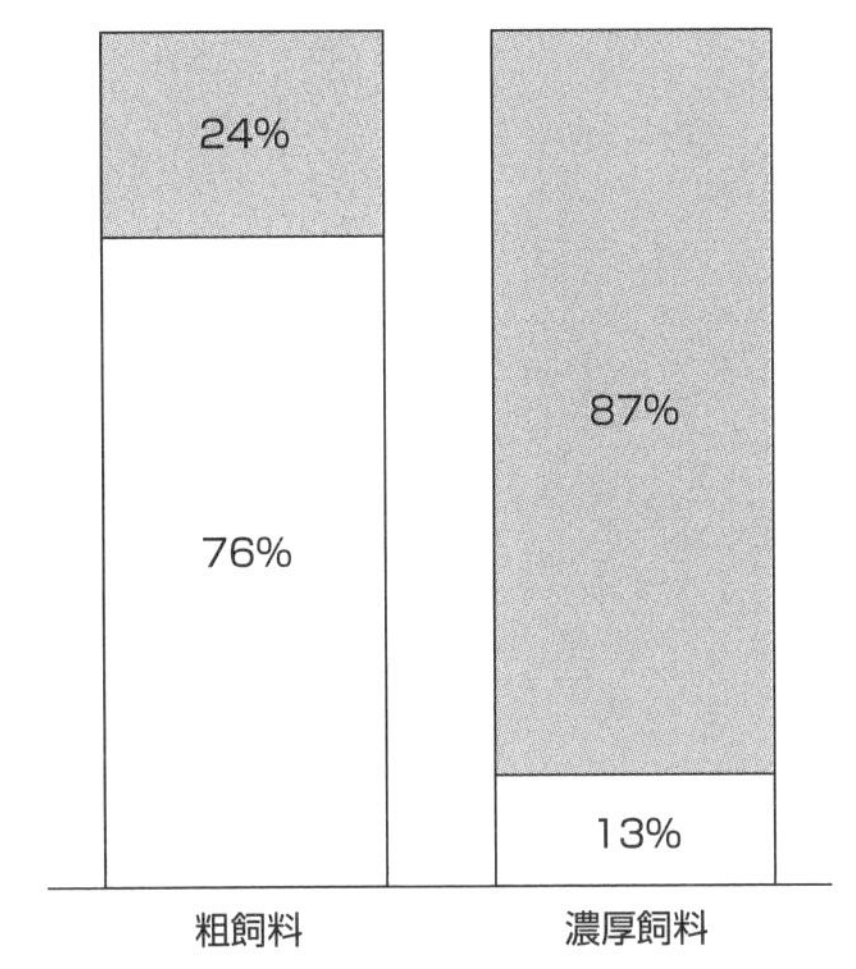

資料：農林水産省「飼料をめぐる情勢」をもとに作成

日本の飼料穀物輸入の内訳（2020）

国別割合

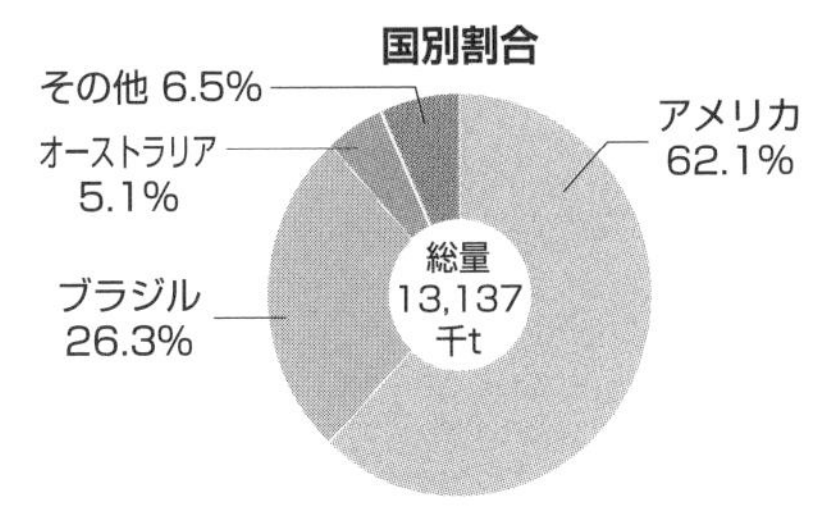

品目別割合

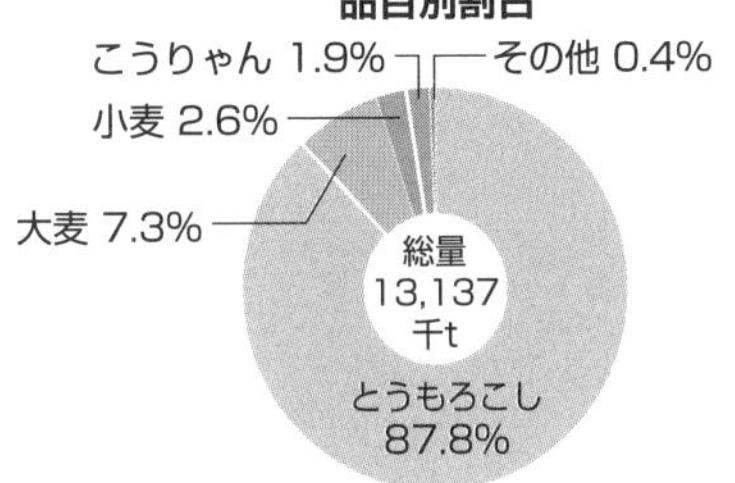

資料：農林水産省「飼料をめぐる情勢」をもとに作成

5 畜産物の輸入自由化と関税

畜途上国で畜産物需要が急増

世界の畜産物貿易が拡大しています。とくに、経済発展がめざましい中国などでは、国内生産量を上回る速いペースで需要が増え、そのギャップを埋めるために畜産物の輸入が急増しているのです。FAO（国連食糧農業機関）の統計によると、世界の食肉の貿易量は、2005年に2200万tだったのが、2021年には4200万tと、16年間で2倍近くになりました。食肉の種別では鶏などの家禽肉が全体の40%近くを占めています。

畜産物貿易を拡大させた要因は、需要の増加とともに低温輸送技術の発達、そして貿易の自由化です。常温輸送が当たり前だった時代、家畜は生きたまま運ばれ、消費地に近い屠畜場で食肉処理されていました。生きた家畜は長距離輸送に不向きで、貿易量が増えない一因になっていました。ところが、冷凍・冷蔵技術や輸送技術の発達で、産地から店頭まで**コールドチェーン**が結ばれると、産地で加工した食肉の輸送が可能となり、強い競争力を持つ生産国が大量の食肉を輸出できるようになったのです。

1970年代に始まる農業の市場開放

畜産は多くの国で農業の柱であり、長い間、輸入する数量（枠）をあらかじめ制限したり、高い関税をかけたりして、輸入量の増大を抑え、自国の畜産業を守ってきました。しかし、1970年代から農業分野の**市場開放**が本格的に始まり、日本でも畜産物輸入の制限が相次いで撤廃され、自由化が進みます。そして、93年の**GATT**（関税及び貿易に関する一般協定）のウルグアイ・ラウンド交渉の結果、日本は毎年かならず、生乳換算で13万7千tの乳製

コールドチェーン
低温流通体系。生鮮食品や冷凍食品などを、産地から消費地まで一貫して冷蔵・冷凍の状態を保ったまま流通させる仕組み。加工施設や保管倉庫、配送トラック・コンテナ、小売店舗を一定の温度に保つことが必要で、冷凍・冷蔵技術や輸送技術の発達によって実現された。

市場開放
国内の生産者を守るために設けられている関税や輸入制限を、軽減・撤廃して、国内市場を外国に対し開放すること。

GATT
関税及び貿易に関する一般協定。関税や輸出入制限などの貿易の障害を取り除き、自由で無差別な貿易を促進す

品などを輸入することになりました（カレント・アクセス輸入）。主要国が参加する**ＷＴＯ**（世界貿易機関）の加盟各国は、自国が課している関税率を登録し、加盟国間では差別をしないことを約束しています。ただし、複数の国で結ぶＦＴＡ（自由貿易協定）では、条件つきながら、当事国の間で関税を引き下げたり撤廃したりすることが認められています。

ＴＰＰ（環太平洋経済連携協定）からアメリカが離脱し、11か国で合意したのがＣＰＴＰＰ（ＴＰＰ11）です。18年に発効し、その時点で農水省は、牛肉の国内生産減少額を最大３９９億円と試算しました。

20年1月1日に発効の日米貿易協定（**ＦＴＡ**）では、牛肉の関税が段階的に9％まで下がることになり、輸入が一定量を超えると一時的に関税率を上げて輸入を抑制するセーフガードが設定されました。

17年末に合意された日本とＥＵのＥＰＡ（経済連携協定）は、牛肉と豚肉にセーフガードが設定された一方、ハード系チーズ（クリーム・チェダーなど）では協定発効から16年目に関税が撤廃されます。

貿易自由化のおおまかな変遷

1995年～　WTO（世界貿易機関）の設立

WTOは世界の貿易ルールを決めるための国際機関。1995年に設立。
164の国と地域の「全会一致」が原則だが先進国と途上国が対立、交渉は停滞ぎみに。

2000年代～　「二国間での交渉」が主流に

FTA（自由貿易協定）…関税の撤廃・削減を定める。
EPA（経済連携協定）…関税だけでなく、知的財産の保護や投資ルールの整備なども含める。
2002年、日本はシンガポールとの間に初めてEPAを発効。
2021年6月時点、世界全体で366もの協定がある。

2010年代～　広がる地域間交渉

TPP11…当初は太平洋を囲む12か国が参加していた（TPP）が、アメリカが途中で離脱。
日EU・EPA…2019年に発効したが、その後イギリスがEUを離脱。別途、2021年に日英EPAを発効。
二国間の交渉を続けるのは非効率なため、地域でまとまって交渉する動きがでてきた。

資料：経済産業省HPをもとに作成

ることを目的とした国際協定。後にＷＴＯに発展解消。

ＷＴＯ
世界貿易機関。世界貿易の自由化と秩序維持をめざす国際機関で、国際貿易のための世界共通ルールを作ろうとしている。自由化を進める一方で、すべての制限を撤廃してしまうと混乱が生じるおそれがあるため、それぞれの国の事情に配慮した内容をめざしている。2021年時点で164の国と地域が参加し、話し合いが続けられているが、各国の利害が対立し交渉は停滞している。

ＦＴＡ
自由貿易協定。2つ以上の国・地域で、物品やサービスに関する貿易の自由化を行う協定。また、投資や技術協力など、より幅広い分野を含めた協定を、ＥＰＡ（経済連携協定）という。

6 中国が牛肉消費大国に

万頭牧場も追いつかず、牛肉輸入が急増

中華料理の肉で思い浮かぶのは、まず豚肉そして鶏肉です。ところが、めざましい経済発展と所得の向上、生活様式や食の好みの変化で、中国の食肉全体の8％程度といわれてきた牛肉の重要が高まっています。2019年にブラジルを抜き、アメリカに次ぐ世界第2位の牛肉消費国になりました。21年には1015万t（香港の39万tを含む）に達し、1人当たりの牛肉消費量で日本を超えています。

中国国内の牛肉生産は21年に年間700万tに迫り、5年間で10％以上増加しました。肉牛の飼養規模が1万頭を超える牧場は「万頭牧場」と呼ばれますが、東北部の黒竜江省や吉林省、内陸部の内モンゴル自治区や甘粛（かんしゅく）省などには、数万頭をはるかに超える巨大牧場も出現しています。

飼養されているのは、在来種の黄牛や紅（赤）牛、海外種のアンガス種やシンメンタール種です。また、品種改良を兼ねた繁殖をおもな目的とする**生体牛**の輸入も活発で、20年には年間26万頭を超えました。近年は生産量だけでなく肉質も重視され、中高級肉の生産は投資対象にもなっています。

このような生産の拡大も、旺盛な需要には追いつかず、牛肉の輸入量は増大を続け、21年には233万tを突破しました。5年前に比べて4倍以上です。最大の供給国はブラジルで約86万t。アルゼンチンとウルグアイを加えた南米3国からの輸入が全体の70％以上を占めています。

アルゼンチンでは21年に牛肉の国内価格が高騰し、その原因の一つが中国への輸出急増だということで、牛肉輸出を30日間停止しました。それでもアルゼンチンにとって中国が有望な市場であることに変わり

生体牛
生きた状態の牛。生体牛の輸出入は、おもに二つの理由で行われる。一つは、輸入した国で繁殖や肥育を行うため。もう一つは、生産国で屠畜・冷凍して輸出するよりも、輸入国で屠畜したほうが、輸送や冷凍設備などの点で都合がいい場合。オーストラリアが世界最大の生体牛輸出国。

はなく、25年には牛肉輸出量を135万tまで増やすことを目標に掲げています。中国はオーストラリアとの関係悪化とともに牛肉の輸入量を減らしましたが、同じく対立を深めるアメリカからは輸入量を増やすなど、複雑な対応を見せています。

「本場の和牛」の対中輸出への大きな期待

訪日中国人観光客の間でも、霜降り和牛の人気が高いことはよく知られています。ところが上海など大都市の日本食レストランで提供されているのは、オーストラリア産の和牛（WAGYU）です。また、オーストラリア産よりも高級な和牛が、カンボジア産として出回っているという噂もあります。

それというのも、2001年に日本でBSE（牛海綿状脳症）が発生し、中国は日本産牛肉の輸入を禁止しました。19年末に日中両政府が合意し、月齢30か月以下の骨なし牛肉については解除になったのですが、22年現在、日本は供給国リストに入っておらず、輸入再開に向けた実務的な協議が続いています。

中国の牛肉輸入数及び輸入金額

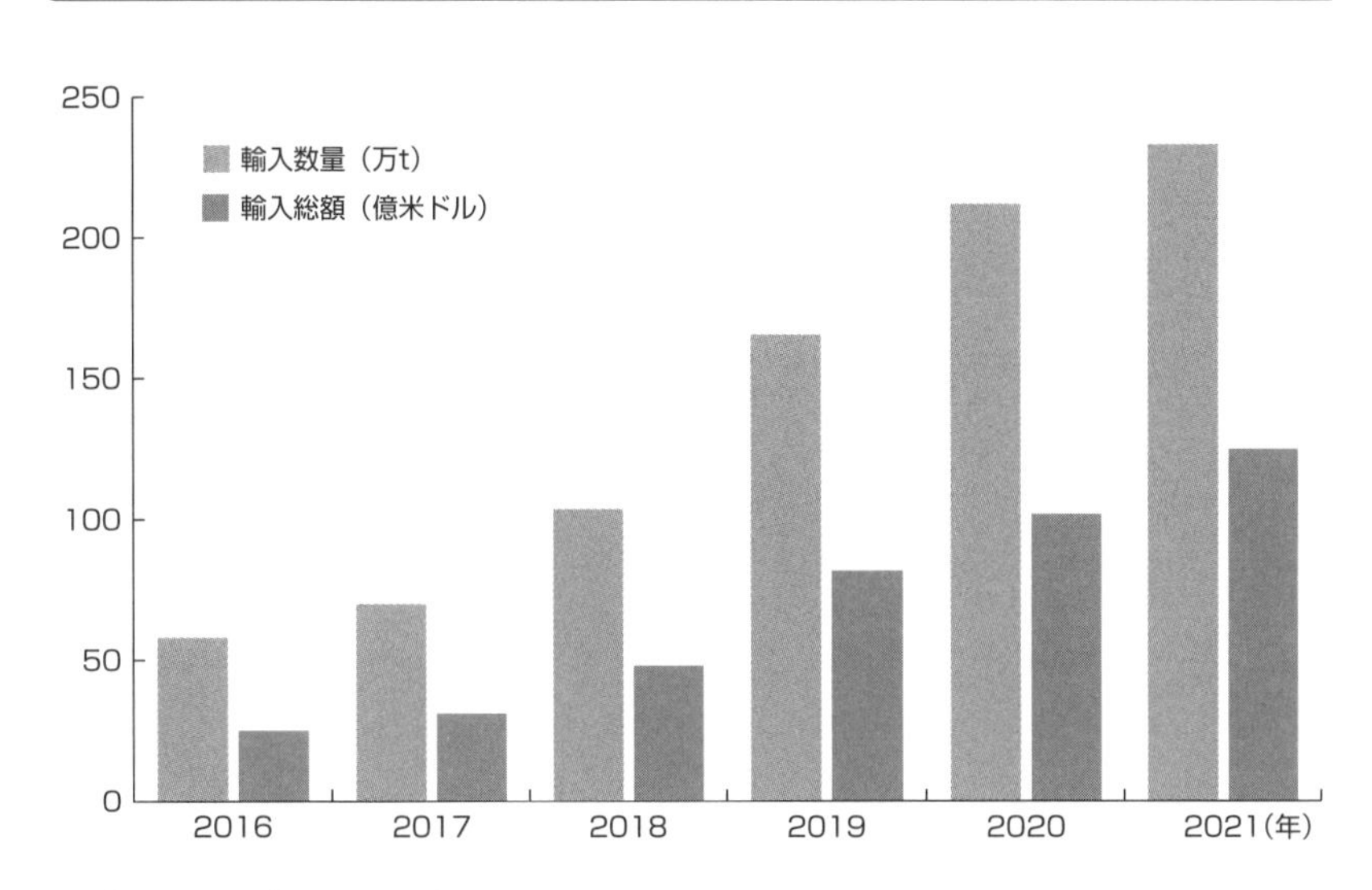

資料：「ちくさんクラブ21　Vol.140」（2022.6）をもとに作成

7 新型コロナ以後の世界の農畜産業

流通網と市場の大混乱、需要の減退や消滅

中国の武漢市で発生し、2020年の初めから世界中に広がった新型コロナウイルス感染症（COVID-19）は、複雑につながって強く依存し合う現代社会のひ弱さを、人々に実感させました。各国主要都市のロックダウン（封鎖）で、畜産物や飼料の生産も流通も停滞し、輸送コストが上昇。これに追い打ちをかけたのが原油価格の高騰です。コロナ後の需要回復期待から、投機資金が原油先物市場に流れ込みました。穀物市場でも同じことが起こっています。現実の需要や供給とは無関係な思惑で、世界の畜産物価格が不安定さを増しているのです。

日本では外出自粛や飲食店の営業自粛が続き、外食需要が大幅に落ち込みました。年ごとに増加していた訪日観光客もほぼゼロに近づき、**インバウンド**需要や企業の接待需要に支えられていた高級和牛は大打撃を受けました。また、小中学校の長期休校で、学校給食向け牛乳が行き場を失いました。

国際化した農畜産業は食料安全保障上のリスクに取り囲まれている

22年2月24日に始まったロシアのウクライナ侵攻は、ヨーロッパ諸国がロシア産の石油や天然ガスに大きく依存する実態だけでなく、ロシアとウクライナが小麦やトウモロコシ、ナタネなどの油糧種子、さらに化学肥料原料でも主要な生産国だという現実に気づかされました。ウクライナの農産物の純輸出（輸入分は引く）は年間約1億4千万t（FAO調べ）。その収穫や積み出しが滞り、混乱は世界に及びました。

ブラジルやアメリカなどの農産物輸出大国と、中国や日本などの農産物輸入超過国が、巨大なシーソ

用語

インバウンド
外国人がやって来ること。外国人の訪日旅行。訪日外国人は2019年に年間3188万人に達したが、コロナ禍で約99％減に。自国から外国へ旅行に出かけるのはアウトバウンド（海外旅行）と呼ぶ。

ーにまたがり、微妙にバランスを保ってきましたが、パンデミック、戦争、環境汚染、異常気象のどれか一つで、たちまち安定が失われてます。生産力のある国が不作で輸出量を減らし、経済力のある国が買い占めに走るのを、誰も止められません。

畜産を危機に追いやる災害は、世界で多発しています。コロナ禍が続くなかで、熱波と干ばつが、ヨーロッパ各地だけでなく、中国の農業生産の3分の1をまかなう長江流域、アメリカ北東部や西南部、北アフリカでも発生しました。その一方で、大雨による洪水がパキスタン、オーストラリア、ブラジル、南アフリカなどを襲いました。これら異常気象の原因を地球温暖化に求めるのが一般的ですが、巨大火山の噴火などが引き金になる寒冷化も農畜産業に対する脅威だと警鐘を鳴らす研究者もいます。

世界経済の動揺で、日本は急激な円安に見舞われ、輸入価格が高騰。外国産飼料に依存する畜産業を直撃しました。特定の産業が国際政治のしわ寄せを受けることは多く、畜産業も例外ではありません。

世界の農産物輸出入バランス

■ 輸入超過
■ 輸出超過

輸出超過国（輸出量-輸入量）（千トン）

順位	国	千トン
1.	ブラジル	428,799
2.	アメリカ	352,702
3.	アルゼンチン	178,894
4.	ウクライナ	143,656
5.	カナダ	128,846

輸入超過国（輸出量-輸入量）（千トン）

順位	国	千トン
1.	中国	−455,014
2.	日本	−113,664
3.	韓国	−69,367
4.	英国（北アイルランド含む）	−62,452
5.	バングラディシュ	−45,515

資料：FAO総計（2020）をもとに作成

8 日本の畜産物輸出の可能性

輸出の切り札は高品質の和牛

「攻めの農業政策の一環として、農産品の輸出拡大と農業競争力の強化に力を入れてほしい」。2014年1月、安倍晋三首相（当時）の指示で、農産物の輸出振興が、農政の柱の一つに据えられました。12年の時点で年間4500億円だった農林水産物・食品の輸出額を、20年までに1兆円へと拡大しようという目標が掲げられたのです。

清酒や醤油など輸送に適した加工食品が主体ですが、生鮮農産物では牛肉を50億円（12年）から5倍の250億円に設定したのが特色です。政府が牛肉輸出の重点国・地域にあげたのは、アメリカ、EU（欧州連合）、カナダ、香港、マカオ、シンガポールなどで、口蹄疫を理由に途絶えていたアメリカとEU向けの輸出が再開された時期でした。一方、中国への牛肉輸出は、01年に日本でBSEが発して以来、中断が続き、おもに香港向けの一部が中国市場に入っていると見られていました。

畜産物のなかでも牛肉が重視されるのは、品質の違いで価格が大きく変わるからです。豚肉や鶏肉は、同じ部位なら国際価格で取引されるため、海外市場に挑むのは困難です。その点、牛肉は「特別に品質がよい」ことを現地の消費者に納得させれば、国際価格の何倍もの価格で販売することが可能です。

2030年に牛肉輸出3600億円が目標

2021年の農林水産物輸出は、前年から25％以上増えて過去最大の1兆1920億円を記録しました。1年遅れながら目標は達成されたのです。牛肉は2年前倒しで目標をクリアし、21年には537億円。畜産物全体では872億円でした。

農林水産物輸出額の推移（2012～2021年）

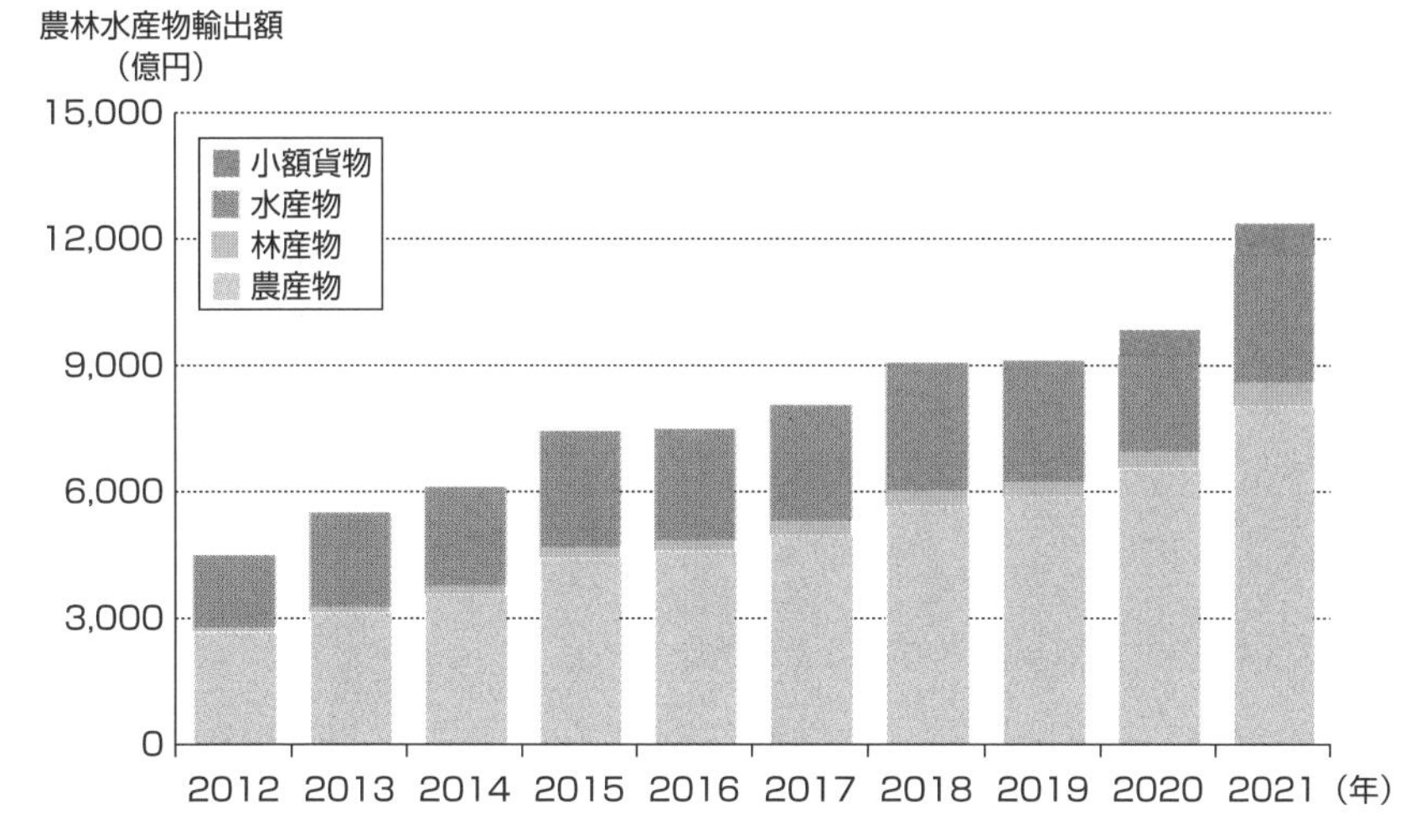

資料：農林水産省「農林水産物・食品の輸出額」（令和4年7月）をもとに作成

牛肉輸出の現状と目標

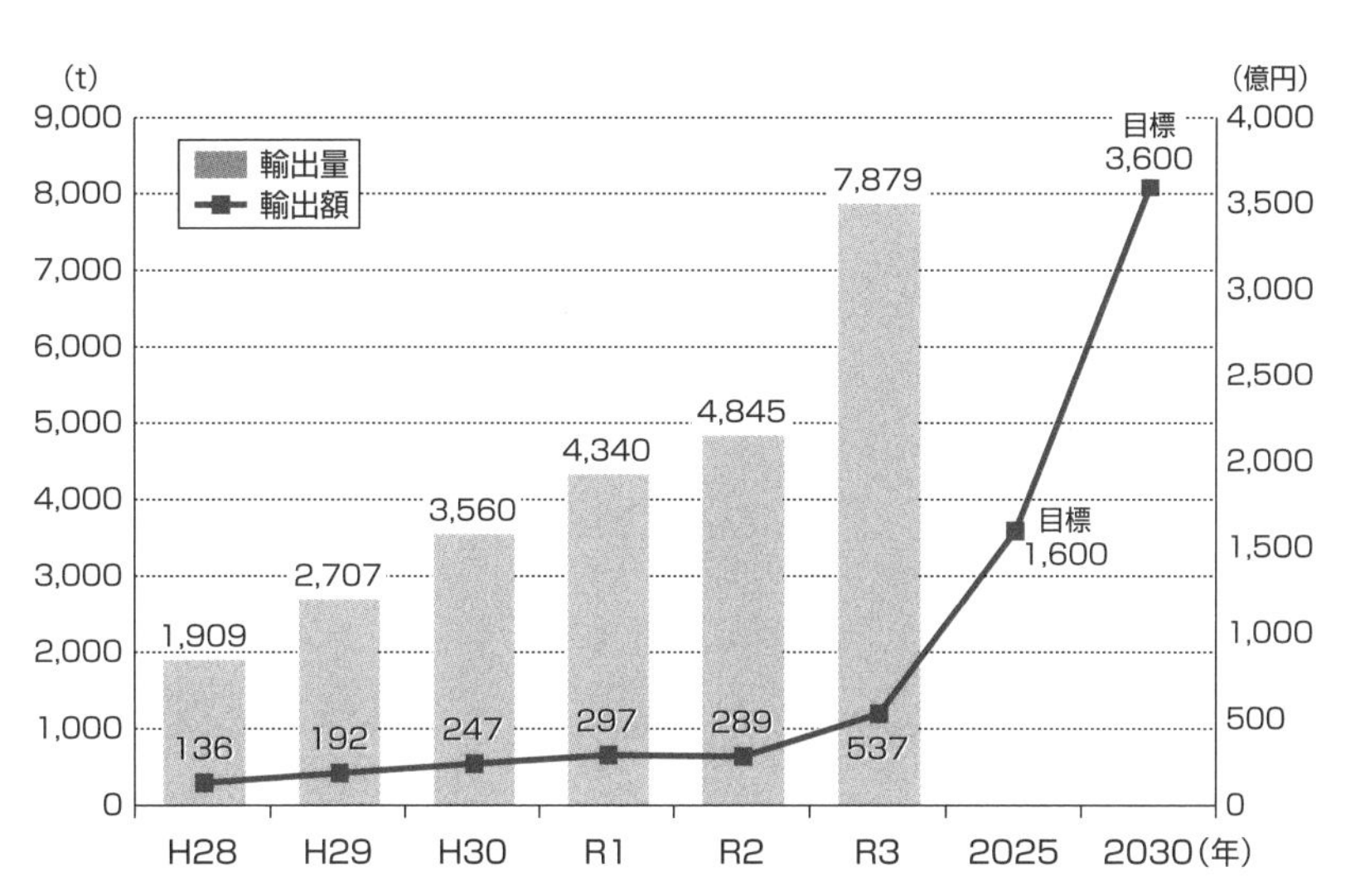

資料：農林水産省「畜産物の輸出について」をもとに作成

30年の実現に向けた新たな目標は、農林水産物・食品の輸出額を5兆円に、牛肉3600億円、牛乳・乳製品720億円、鶏卵196億円、鶏肉100億円、豚肉60億円にすることです。

牛肉輸出の「切り札」は和牛です。欧米のグルメの間では「神戸ビーフ」など日本の和牛肉がやわらかくておいしいことがよく知られています。海外での和食も、すし一辺倒ではなく、しゃぶしゃぶ、焼肉など料理の幅が広がり、それにともなって高品質な和牛に対する関心が高まってきました。

国内業界がまとまって07年に「和牛統一マーク」を制定したほか、JA全農はロサンゼルス近郊やロンドンに和食レストランを出店、和牛料理を提供してきました。コロナ禍の20年9月には、ドイツに拠点を置く日本料理アカデミーが全農インターナショナル欧州の協力のもと、外国人プロ料理人に向けた世界初のオンラインの和牛講座を、世界で初めて開催しました。

和牛か、WAGYUか

牛肉輸出のさらなる拡大に向け、解決すべき課題も少なくありません。和牛はブランドで勝負するために種類が多く、供給力に限界があって、大量の引き合いには対応できないことも弱点の一つです。

衛生基準の問題もあります。欧米は日本に対し、食肉処理施設が自国と同じ水準の安全性を保っていることの証明を求めます。たとえばEUの場合、**アニマルウェルフェア**の面に配慮した食肉処理をしなければなりません。イスラム教徒の多い国々では、宗教上の手順を踏んで処理した食品（**ハラル**）であることが求められています。

海外で広がる「WAGYU」への対応も必要です。日本からアメリカやオーストラリアに流出した和牛や、和牛の精液を利用した大規模なWAGYU生産が始まり、日本の和牛肉とまぎらわしい牛肉が流通し、日本を除いた世界各地で販売されています。日本が和牛をさらに売り込んでいくためには、日本産の和牛が持つ固有の魅力を海外の消費者に、より広く、より正確に伝えていくことが欠かせません。

用語

アニマルウェルフェア
詳しくは180ページ。

ハラル
↓17ページ。

第6章

日本の食を支える畜産の新しい動きと可能性

1

畜産を生かした六次産業化

さまざまなスタイルの六次産業化

六次産業化とは、農林水産業の所得向上を目指し、生産者自身が加工や販売まで手掛けることです。一次産業（生産）＋二次産業（加工）＋三次産業（販売・サービス）＝**六次産業**。掛け算（×）の効果による新しい価値の創出も期待されています。

全国で2万3000か所以上を数える**農産物直売所**は六次産業化の代表例です。とれたての野菜や伝統食を提供する農家レストラン、農家に泊って農作業を体験する農家民泊も各地に広がっています。

岩手県の「小岩井農場」は民間で国内最大級。六次産業化が叫ばれる前から、酪農、養鶏、加工販売、レストラン、観光などの事業を展開しています。小岩井の名は、19世紀末に農場経営に乗り出した小野義眞（日本鉄道副社長）、岩崎彌之助（三菱社長）、井上勝（鉄道庁長官）の三人の姓にちなんだものです。

乳製品や食肉製品は衛生基準が厳しく、製造分野への進出には多額の投資が必要で、畜産を軸にした六次産業化の壁は高いと考えられてきました。そんな中で注目されるのが三重県伊賀市の「伊賀の里モクモク手づくりファーム」です。地元の農畜産物を使ったビュッフェスタイルのレストラン、地場産大麦のブルワリー（地ビール工場）、ミルク工房、ベーカリーショップ、温泉、宿泊施設、農畜産物直売所、体験農園など、さまざまな機能が一つになったアミューズメントパークです。

その始まりは、1987年に地域の養豚農家20戸が200万円ずつ出資して開いたハム工房と小さな直売所でした。転機は開業の翌年に訪れます。地元の母親たちから親子手作りソーセージ教室を依頼され、これが大好評で、ハム、ソーセージの売れ行き

用語

六次産業
東京大学名誉教授の今村奈良臣氏によって提唱された概念。各産業の有機的・総合的結合を図るため、足し算ではなく掛け算であるともいわれる。

農産物直売所
地域の農家が共同で生産物を販売する拠点。生産者グループ、JA、企業など運営母体はさまざまで、生産者は売り上げから一定の手数料を運営者に支払う。農家が個人で営業している場合や無人販売の「良心市」なども直売所に含まれる。

も伸び始めます。以後、バーベキューコーナーなど体験型のプランを次々に立ち上げ、95年にはブルワリーを併設し、楽しみながら食育も身につく農業公園の運営方式が確立したのです。

六次産業化で農と食の本質を可視化

放し飼いのミニ豚によるショータイム、手作り体験などを通して農と食の本質を楽しく伝える「モクモク」のアイデアは、食べ物の生産過程が見えにくくなった今日、多くの人々、とくに子育て世代から支持を集めています。年間約50万人の来場者にリピーターが占める割合がきわめて高いことも、この施設の特色です。「モクモク」で人気の農場レストランは、名古屋、大阪、京都、津の中心部にも出店していて、グループ全体の年商は50億円に達します。

六次産業化といえば商品開発にとらわれがちですが、生きた動物というキャラクターに恵まれている畜産の場合、観光、交流、教育といった要素も取り入れることで、可能性はより広がります。

農業生産関連事業の年間総販売金額の推移(全国)

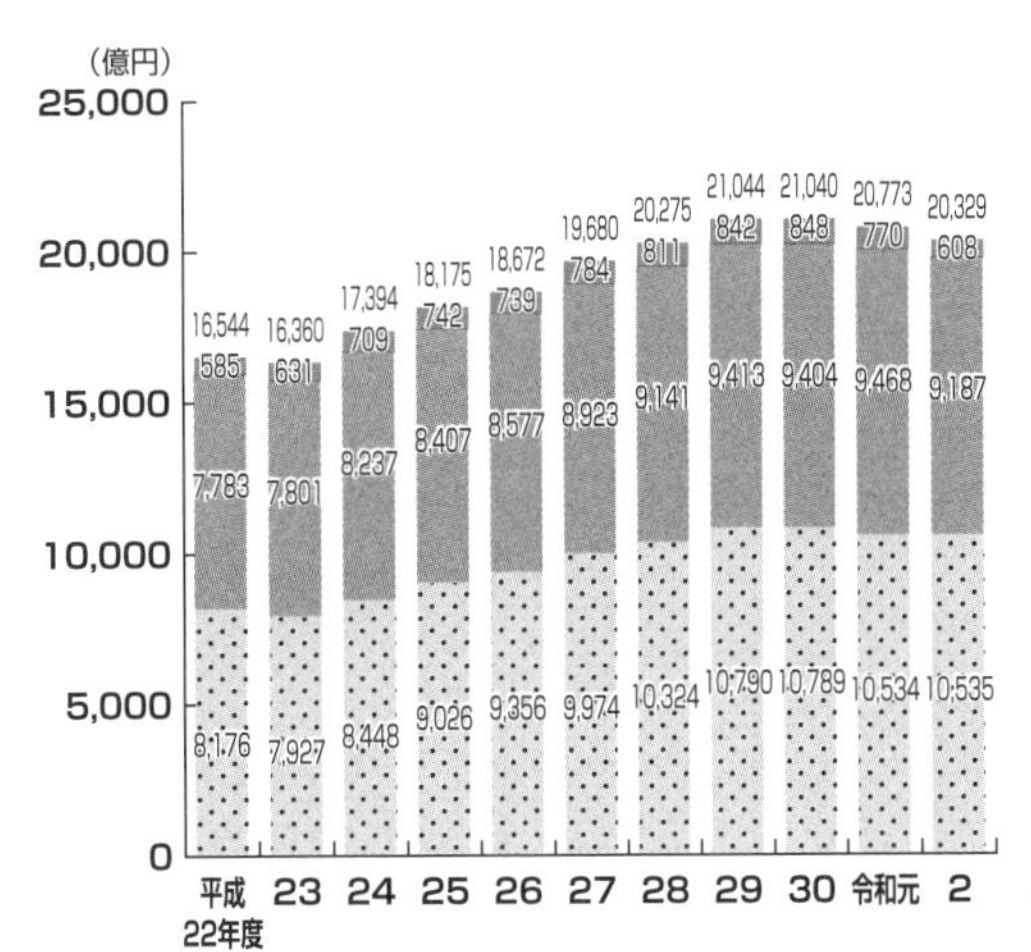

資料：「令和2年度　6次産業化総合調査」をもとに作成

認定された事業計画の内訳(2022年度)

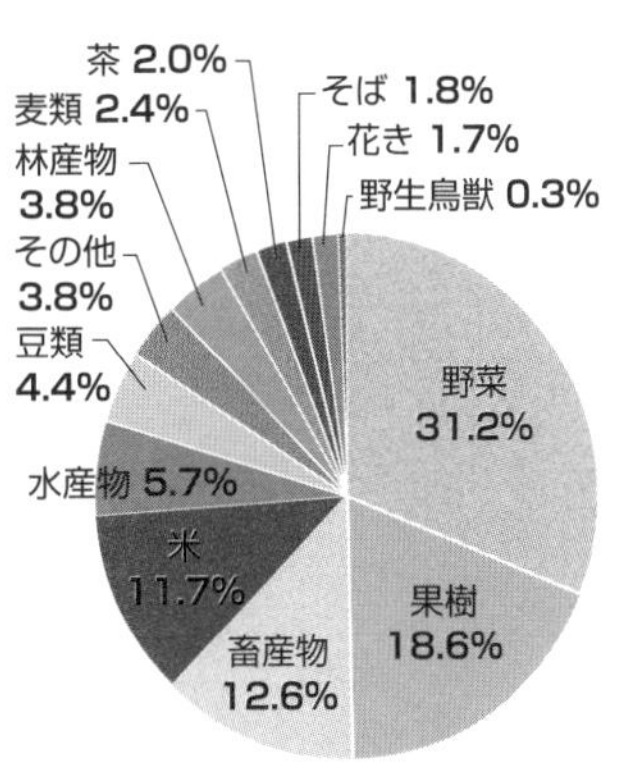

注：六次産業化・地産地消法に基づく総合事業化計画の認定内訳。計画として国に認定されると、六次産業の推進に関する支援を受けることができる。

資料：「認定事業の累計概要」をもとに作成

2 古くて新しい日本の耕畜連携

かつては「耕畜一体」だった

農業はもともと、耕作に家畜を利用する耕畜一体型のシステムでした。牛や馬は、土を耕し荷物を運ぶ動力として農家を助け、畜舎から出る堆肥は有機質が豊富で、肥料として重要な役割を果たしてきました。また、家畜の餌とするための草刈り場は**里山**と同じように、農村独特の景観を作りました。

戦後、石油を利用する動力機械や速効性のある化学肥料、安価な輸入飼料（穀物）などが急速に普及すると、農業は耕畜一体である必要がなくなりました。耕種農業と畜産は分かれ、それぞれに専業化していきました。経営効率は上がった反面、規模拡大により投資額が膨らみ、経営リスクが高まるなどの不安も生じるようになりました。

専業化を突き進んだことで、耕畜一体型の時代にはなかった問題も浮き彫りになりました。耕種農家では有機質の不足による地力の低下、畜産農家では家畜の糞尿の処理です。そこで地域の農家が手を結び、畜産糞尿を有機肥料化する連携が自然発生的に生まれました。「耕畜一体」から「耕畜連携」の時代になったといえますが、圏内の農家を一つの家族とみれば、耕種農家と畜産農家は、今も地域でたがいに支え合う一体の関係にあります。

窒素を地域内で循環させる

熊本県の阿蘇地方は、広大な草原地帯として知られています。平安時代から牛の牧畜が行われ、現代の日本では貴重な草原性の生態系が維持され、2013年に**世界農業遺産**に登録されました。草原の管理には年に1度の野焼きが欠かせませんが、畜産農家で構成される牧野組合員が高齢化し、作業が難し

用語

里山
薪炭やシイタケのほだ木などを採取するために利用してきた雑木林。コナラやクヌギなどから構成される。これらの木は、一度切っても根が生きており、数十年後には回復する。生物多様性が豊かな場所として知られる。

世界農業遺産
国際連合食糧農業機関（FAO）によって伝統的な農業や文化、土地景観の保全と持続的な利用が図られていると認定された地域が登録される。現在日本では2022年7月時点で13地域が登録されている。

くなっていました。そこで、地元の自然保護団体である阿蘇グリーンストックが間に立ち、野焼き支援ボランティア制度を導入。畜産農家を応援する赤牛のオーナー制度も始めました。こうした地域ぐるみの動きに耕種農家も賛同。草原の草を緑肥として利用したり、草を粗飼料・敷料にした牛糞堆肥をすき込んだりした畑の野菜に「阿蘇草原再生シール」を貼り、環境共生ブランド品として販売しています。

阿蘇での耕畜連携の最大のポイントは、農産物や牧草の養分となる**窒素**が、畜産を介して地域内で合理的に循環していることです。家畜の飼料穀物の大部分は海外から輸入されたもので、その排せつ物からなる堆肥を使うことは、海外の窒素が日本で過剰に蓄積されることを意味します。土壌中の窒素分が増えすぎると、土壌を通して地下水にまで浸透し、環境にまで悪影響を与えます。農業と環境が真の意味で調和するためには、飼料の自給率を高めるとともに、国家間および地域間での物質循環のバランスに注意する必要があります（１８７ページ）。

耕畜連携による地域内での窒素循環のイメージ

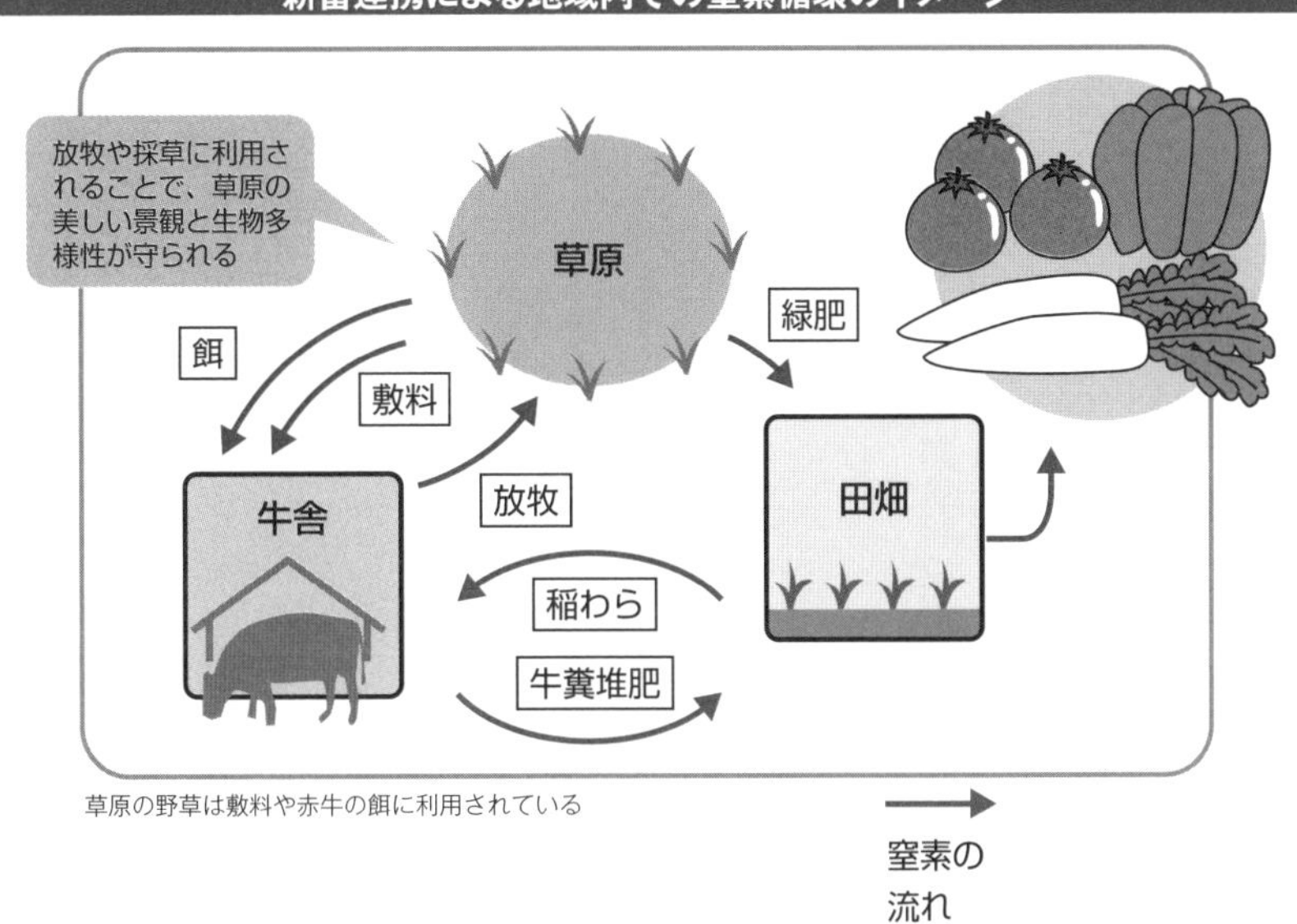

草原の野草は敷料や赤牛の餌に利用されている

窒素
生物にとって重要なアミノ酸、核酸塩基などを構成する元素。アンモニア、硝酸も窒素から合成される。植物の葉や茎の生育を促す成分で、葉肥ともいわれる。リン、カリウムとともに、植物の三大栄養素の一つ。

3 筋トレブームも後押しするサラダチキン人気

コンビニ食品からの飛躍

サラダチキンは、おもに鶏のむね肉を味付けして蒸し上げ、真空包装した商品です。サラダの具材用に開発されたので、この名がつきました。最初に発売したのは岩手県に本社を置く食品メーカーで、2001年のことです。その後、13年にコンビニ最大手がハム・ソーセージのメーカーと組んで商品化し、同業各社がこれに続くと、たちまちコンビニを代表する食品の一つになりました。

サラダ以外の料理と組み合わせても、そのままでも味わうこともできる手軽さから、初めは独身者や共働きの若い家族を中心に受け入れられたようです。ハーブ、スモーク、BBQなど、味付けとフレーバーのバリエーションを広げた新商品を次々に登場させ、人気を不動のものにした点は、コンビニおにぎりと似ているかもしれません。

サラダチキンにはもう一つ、プロテインドリンクとともに筋トレ（筋肉トレーニング）の必携アイテムといったイメージも定着しています。ダイエットとも相性がよいと見られているのです。

良質のタンパク質を多く含み、牛肉や豚肉と比べて脂質と糖質が少ないという鶏肉の特色をいっそう引き出すため、サラダチキンは皮を取り除いたタイプが主流です。パッケージに「糖質0g」と表示している商品もあります。

鶏が先かサラダチキンが先か

着実に人気を高めていたサラダチキンがブレーク（飛躍）したのは2017年ごろです。ほとんどのスーパーに商品が並ぶようになり、コンビニ食品という枠を打ち破りました。むね肉だけでなく、ささみを使ったもの、ほぐし身、成形したソーセージやハンバーグのタイプも登場するなど、商品の多様化はその後も続いています。

サラダチキンがコンビニに登場する1年前（12年）に、国内の鶏肉消費量が初めて豚肉を抜き、食肉の中のトップに立ちました。世の中のヘルシー志向、そして鶏肉が豚肉や牛肉に比べて安価なことが背景にあります。サラダチキンの人気が、鶏肉の消費増大を引っ張ってきた面も確かにありますが、鶏肉の人気が高まりつつあった絶妙のタイミングで、サラダチキンがコンビニを突破口にして広まった、と見ることもできるでしょう。

近年は高齢者のタンパク質不足を補う食品としても注目されるサラダチキンですが、増えた需要の多くがタイ産でまかなわれ、国内の若鶏出荷量の伸びに必ずしもつながっていません。その一方、自宅で生の鶏肉から自分好みのサラダチキンを上手に作りたいというニーズの高まりを受け、専用の調理家電（サラダチキンメーカー）が登場しています。

サラダチキンの販売シェアの推移（原産国別）

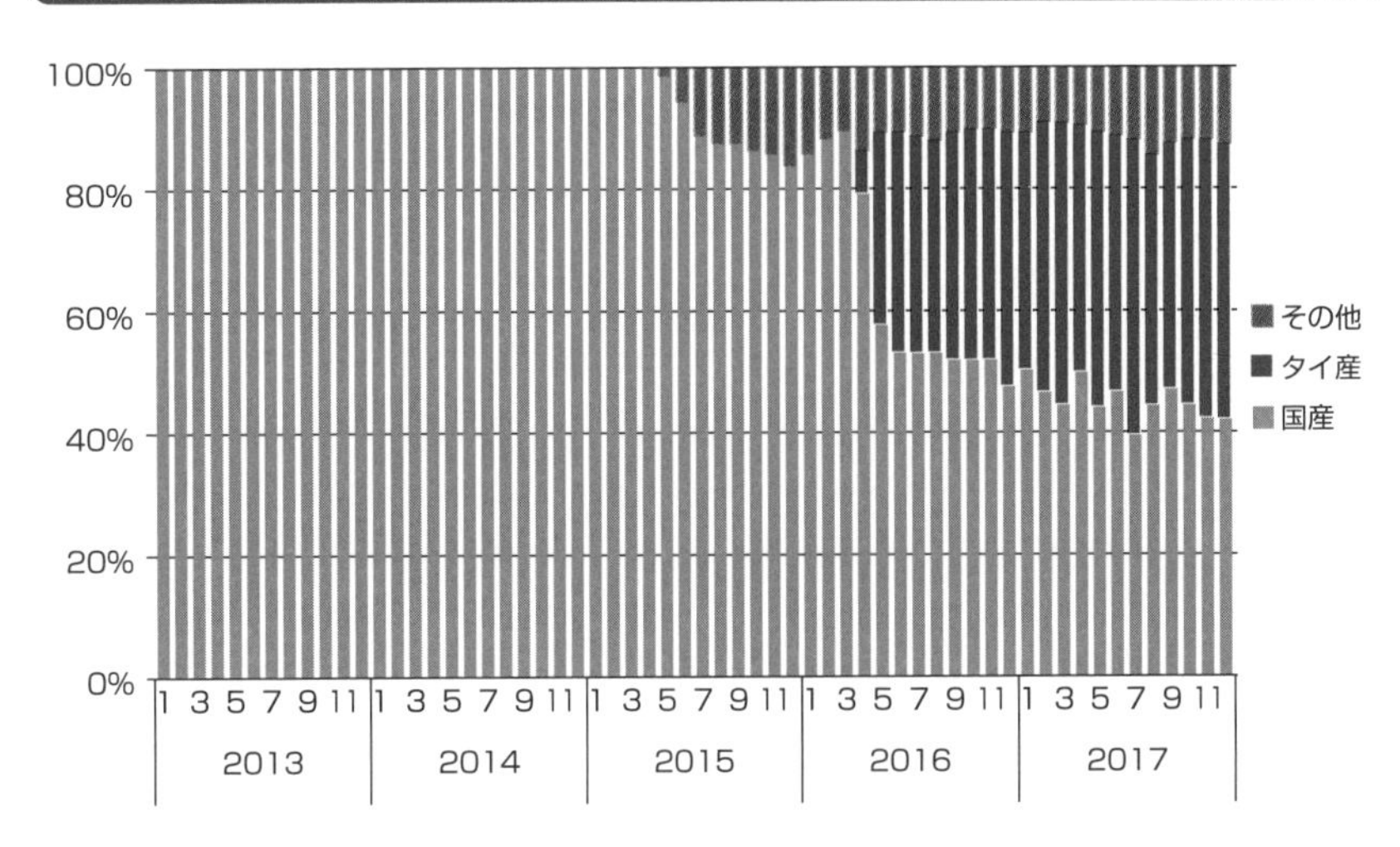

資料：「平成29年度鶏肉調製品の消費実態調査」をもとに作成

4 大豆ミートと畜産物とのすみ分けは可能か

食料危機と地球環境をともに見すえて

代替肉とは牛、豚、鶏など家畜の肉に代わる、肉のような食品です。植物を原料とするものと、食肉の細胞を培養するものの2タイプがあり、いま市場に出回っているのは植物由来の代替肉です。とくに日本では、ほとんどが大豆から作られていて、店頭や通販サイトでは、大豆ミート、大豆のお肉、ソイハムなどとして広まっています。

アメリカやヨーロッパでは、21世紀を迎えたころから代替肉への関心が高まりました。その背景にあるのは、世界人口の増加が引き起こす食料危機です。20世紀末には60億人だった人口が、2037年には90億人に達すると国連は推計しています。増大する人口が必要とするタンパク質を、これまでのように肉や魚から摂取しようとしても、とても生産が追いつきません。

生産力の限界とともに、畜産業が環境に与える負荷に対しての問題意識も大きくなってきました。広い土地が必要な畜産は森林伐採を招きやすく、飼育には大量の水と飼料用穀物が使われ、家畜は大量の糞尿を排出し、牛のおくび（げっぷ）には温室効果の高いメタンガスが含まれる、といった指摘です。

食の多様化を推し進める新しい選択肢

日本では2020年代に入るころから、大手の食品会社が大豆ミート製品を相次いで発売しました。ハンバーガー、カレー、定食などを全国に展開する外食チェーン店が大豆ミートをメニューに取り入れ、それと同時期に、スーパー、コンビニ、ドラッグストアなどのハム・ソーセージ売り場や精肉コーナーに、大豆ミート製品が並ぶようになりました。

大豆ミートに注目するのは、環境問題に関心が高い人だけではありません。宗教、思想信条、美容や健康などを理由に、動物を食料にしない人が数多く存在します。ベジタリアンや**ヴィーガン**と呼ばれていて、その考え方も実践の仕方もさまざまです。

大豆ミートは、新しい食の選択肢にもなっているようです。類例として1980年代半ばから広まったエスニック料理が挙げられます。馴染みの薄かったハーブやスパイスを使い、低カロリーの健康食というイメージも重なって、すっかり定着しました。

大豆ミートは、味、色、香り、食感を本物の肉に近づけようとすればするほど手間とコストがかかり、添加物も増えるというジレンマも抱えています。大豆ミート独自の「肉らしさ」を確立する方向性もありそうです。得意分野ともいえるミンチ肉がさらに改良され、価格も下がってくれれば、畜産が生み出す各種の肉との役割分担が定着するでしょう。大豆ミートは、地球規模の食料不足にも、食の多様化にも対応する可能性を備えています。

日本における植物由来の代替肉の市場予想

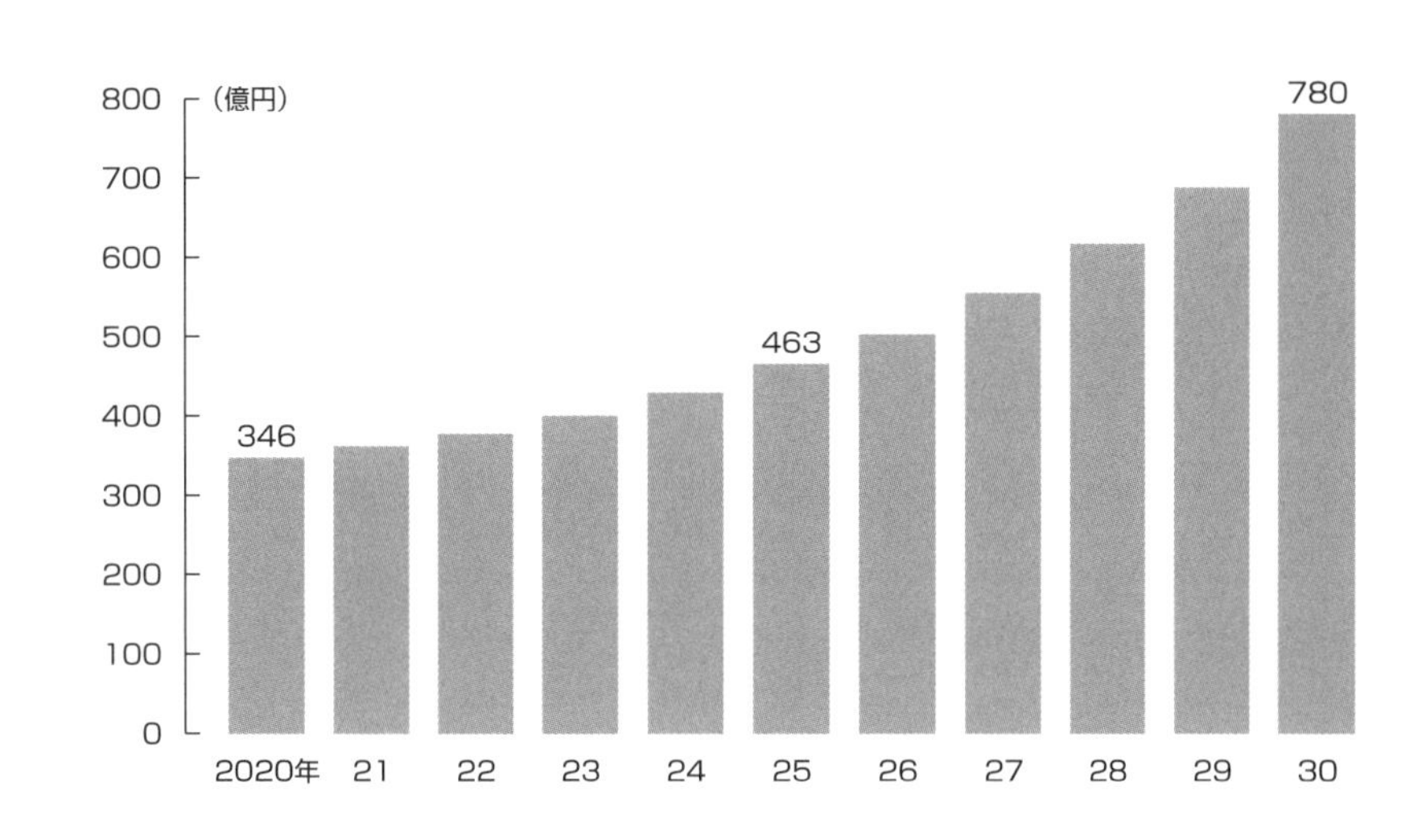

資料：株式会社シード・プランニング「植物由来の代替肉と細胞培養肉の現状と将来展望」(2020年5月)をもとに作成

用語

ヴィーガン
英語のveganから。ベジタリアン(vegetarian)は以前から知られていて、菜食主義者と訳されている。畜肉を食べないことが基本だが、卵、乳製品、魚などの、どれは摂って、どれは摂らないかなど、形態は多種多様。江戸時代までの日本人はベジタリアンだったという見方もある。ヴィーガンは、もっとも徹底したベジタリアンで、卵や乳製品はもとより、ハチミツやゼラチンも摂らず、皮革・毛皮・羊毛といった動物製品も身に着けない。

5 国際コンテストで上位入賞を重ねる"ジャパニーズチーズ"

アジア圏で人気の国産チーズ

国内のチーズ総消費量は、2018年に初めて年間35万tを突破し、日本人1人当たりのチーズ消費量も19年には2・7kg台に達しました。チーズ大国のフランスでは1人当たり約27kgで、これに比べるとまさに桁違いですが、日本人のチーズ消費は、食の多様化や健康志向を背景に、人口減少の逆風のなかでも、伸びる余地はまだありそうです。

貿易自由化が進み、輸入チーズは国内供給量の約90%を占めています（プロセスチーズ原料以外のナチュラルチーズの輸入量）。国産ナチュラルチーズのシェアは小さいものの、生産量は伸びていて、また輸出も、20年度には約370tと、過去最高を記録しました。日本ブランドの人気が高いアジア圏への輸出が好調だったためです。他の牛乳・乳製品とともに、いっそうの輸出伸長が期待されています。

全国各地の工房がチーズの本場で実力を認められる

ナチュラルチーズを製造する小規模なチーズ工房は、20年に330を超えました。10年間でほぼ倍増しています。当初は工房の大半が北海道にありましたが、都府県の工房が全体の60%近くを占めるようになりました。酪農家が牧場に併設するケースと、独立して工房を開設するケースがあり、いずれも地域の特性を生かしながら、独自性に富んだ製品作りに取り組んでいます。ヨーロッパの農家自家製（フェルミエ）に比べ、いくつもの品種を少量ずつ製造しているチーズ工房が多いことも、日本の特色です。

全国各地のチーズ工房は、チーズの品質を競う国際コンテストにも積極的に出場し、国産ナチュラルチーズの実力をアピールしています。

ワールドチーズアワードは、毎年ヨーロッパで開催される世界最大規模のチーズコンテストです。スペイン北部オビエドでの21年大会には、45か国の4079品が出品され、日本からは23工房の37品がエントリーしました。チーズの外観、感触、香り、味わいなどを総合的に評価するこのコンテストで、アトリエ・ド・フロマージュ（長野県）の1品と、ニセコチーズ工房（北海道）の1品が最高峰のスーパーゴールドを受賞したほか、ゴールドラベル3品、シルバーラベル3品、ブロンズラベル6品と、多数が入賞を果たし、前回19年のイタリア大会と同じような好成績を収めました。

　ゴールドラベルを受賞した工房の一つが、沖縄県のチーズアニスタ（チーズ・ヨーグルト工房）です。アメリカ出身の女性オーナーは、ギリシャで暮らしたのち沖縄本島に移住。探し求めていた臭みのない山羊ミルクを得て、理想のギリシャ風チーズを完成させました。嘉手納町で40年以上も山羊を飼育する農家との出会いが、それを可能にしたのです。

国内チーズ需給の推移

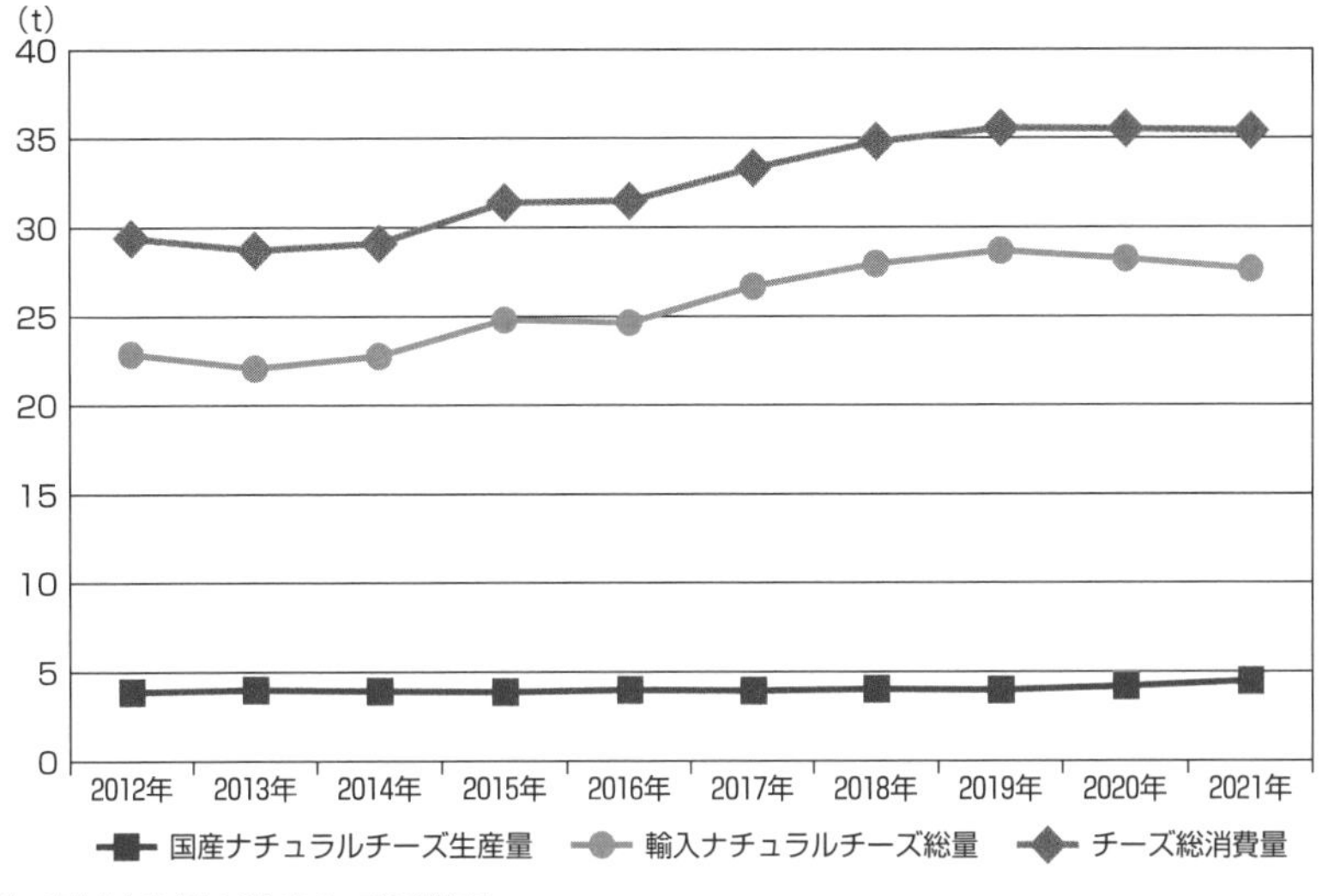

(t)
40
35
30
25
20
15
10
5
0

2012年 2013年 2014年 2015年 2016年 2017年 2018年 2019年 2020年 2021年

国産ナチュラルチーズ生産量　輸入ナチュラルチーズ総量　チーズ総消費量

資料：農林水産省「令和3年度チーズの需給表」

6 放牧によるブランドの可能性

日本に合った山地酪農

乳牛や肉牛の生産現場では、栄養効率や作業の合理化のため、機械設備を導入した牛舎での舎飼いが一般的です。しかし、こうした飼育方法は設備投資や購入費がかさみ、国際的な穀物価格や原油価格の影響も受けやすいという不安を抱えています。

牛を飼う技術は本来、人が利用できない草を栄養化し、急傾斜地や寒冷地のような農耕に適さない土地を有効活用する知恵でもありました。

たとえば、1ha強の草地があれば、牛1頭の餌を草だけでまかなうことができます。乳量こそ現代の平均量に及びませんが、飼料費がかかりませんし、1頭当たりの面積が広いため、糞尿も土の上できれいに分解され、土壌や水を汚染しません。

また、広い草地を自由に歩いているため、健康で薬代や治療費が少ないという利点もあります。経済動物であっても必要以上に自由を拘束すべきではないという考えは、アニマルウェルフェアの観点からも重視されており、その畜産物の評価にもつながっています。

こうした考えをもとに、日本に合った酪農技術を戦後まもなくから提唱していたのが、植生の研究家でもあった**猶原恭爾**（なおはらきょうじ）博士です。博士が提唱した、放牧地に生える日本在来の野芝を餌とする「山地（やまち）酪農」は、牛飼いを志す当時の若者に影響を与えました。岩手県岩泉町にある「なかほら牧場」の中洞正さんもその一人です。

自然交配、自然分娩、そして野芝の生える放牧地で育った「幸せな牛のミルク」というキャッチフレーズは消費者の心をしっかりつかみ、この牧場の乳製品は都心の百貨店の人気商品にもなっています。

用語

猶原恭爾
植物生態学者。岡山県出身、東北大学理学部卒。日本在来のシバの有用性に着目し、山間地型の放牧酪農の理論を確立。著書に『日本の山地酪農』などがある。

放牧が耕作放棄地を救う

こうした自然放牧の理念は、養豚にも取り入れられつつあります。また、**耕作放棄地問題**が深刻化するなか、土地を管理する技術として牛や豚を放牧するという考えも広がってきました。

瀬戸内海に浮かぶ山口県の祝島では、耕作放棄で原野化した段々畑に豚を放し、ふたたび耕地化する取り組みが行われています。餌は自分で掘り起こしたクズの根や、島の野菜くずなど。家庭から出る食べ残しなども回収して与えています。

粗食でよく動き回った豚の肉は引き締まった赤身で、脂肪がほとんどありません。市場の基準では規格外ですが、個性的な食材を求めるフレンチのシェフなどからは絶大な人気があり、復活した畑の野菜とともに独自のブランドになっています。

島では子牛も放牧されており、豚が食べないススキや、稲刈り後の田んぼに出てくる二番穂などを食べさせ、豚同様に食肉としてブランド化しています。

放牧のさまざまなパターン

①小規模移動型
比較的広い放牧地（30～100ａ）を複数確保し、野草の発生状況をみながら放牧地を移動し、周年行う。

②中規模飼料給与型
中規模の放牧地（50ａ以上）を確保し、補助飼料を給与することで牧草を維持する。

③期間限定型
中規模の放牧地（50ａ以上）を確保し、牧草の状況をみて放牧期間を限定する。放牧と休牧の繰り返しで、休牧時は舎飼いをする。

④時間限定型
小規模の放牧地（30ａ以上）で、１日のうち昼間の数時間だけ放牧し、残りの時間は舎飼いをする。放牧頭数が多かったり、時間が長すぎたりすると、放牧地が泥濘化する場合がある。

資料：佐賀県「さあ　はじめよう！和牛放牧」を参考に作成

耕作放棄地問題
高齢化や過疎化にともない、田畑が使われなくなり原野化している問題。人里に野生動物を呼び寄せる要因にもなっている。

7 飼料の自給率を高める飼料稲

水田稲作の技術をそのまま生かす

日本の家畜飼料の自給率は25%。トウモロコシなど穀物はほとんどが輸入のため、日本の畜産農家の経営には海外の穀物相場や為替レート、輸送費の変動などに左右されるという構造的な問題があります。

一方、日本の主食である米の自給率は１９６０年代後半から１００％を超えており、米余りの状況が恒常化しています。そこで**減反政策**の一環として、麦や大豆などへの転作が行われてきました。

そして近年、畜産と稲作が抱える課題を同時に解決しうる方法として、水田の作業形態をそのまま生かした転作システムが注目されています。主体は飼料用に特化した稲です。飼料用米は、主食用米より強健・多収などの性質を具えた品種で、トウモロコシなどの代替品としての活用が各地で進んでいます。

乳牛や肉牛の場合は、稲全体を発酵させ、**稲ＷＣＳ**として利用できるため、粗飼料としても有望です。また、既存の水田稲作技術をそのまま使えるため、すぐに取り組めるのも利点です。稲ＷＣＳの場合は専用機械の導入が必要ですが、飼料用米は既存の機械設備がそのまま利用できます。飼料用米の栽培は国による助成の対象にもなっており、収量に応じ、10a当たり5・5万〜10・5万円が支払われます。また、ＷＣＳ稲にも10a当たり8万円が支払われます（２０２２年度）。

米で育ててブランドに

飼料への利用も進んでおり、２０１６年には、消費者向けに国産の飼料用米を与えた畜産物と分かる統一マーク「お米で育った畜産物」を日本養豚協会が制定しました。青森県藤崎町のトキワ養鶏では、

用語

減反政策
米の生産調整。米の需要と供給のバランスをとるため、１９７０年から始まった米の生産抑制政策。米を作らないことで「奨励金」が支払われ、休耕や、麦や大豆などほかの作物への転作が進められた。

稲ＷＣＳ（稲発酵粗飼料）
→76ページ

05年から近隣の農家の協力で飼料用米を平飼いの鶏に与え、その鶏卵を「こめたま」というブランドで販売しています。米の配合率を68％まで高めているため、１個当たりの値段は１００円と割高ですが、同社の地産地消や循環型農業の理念は、消費者から高い支持を得ています。米は、雛のうちから籾の状態で与えます。かたい繊維質を破砕して消化するので、**砂嚢**（さのう）や消化器が丈夫で健康に育ちます。糞のにおいが穏やかになるという利点もあります。米には卵黄の色素となる成分が含まれていないため、こめたまの黄身は薄いレモン色です。白いスイーツを作りたいという菓子工房からも引き合いがあります。

豚肉でも続々とブランドが生まれています。生活協同組合のパルシステムでは、07年からＪＡかづの（秋田県）などの産地と提携し、飼料用米を与えて育てた豚を「日本のこめ豚」の名で売り出しています。

これら家畜の糞は堆肥として水田に還元され、ふたたび稲の栄養源となります。飼料自給率の向上は、環境保全にもつながっています。

飼料として使う稲の栽培面積

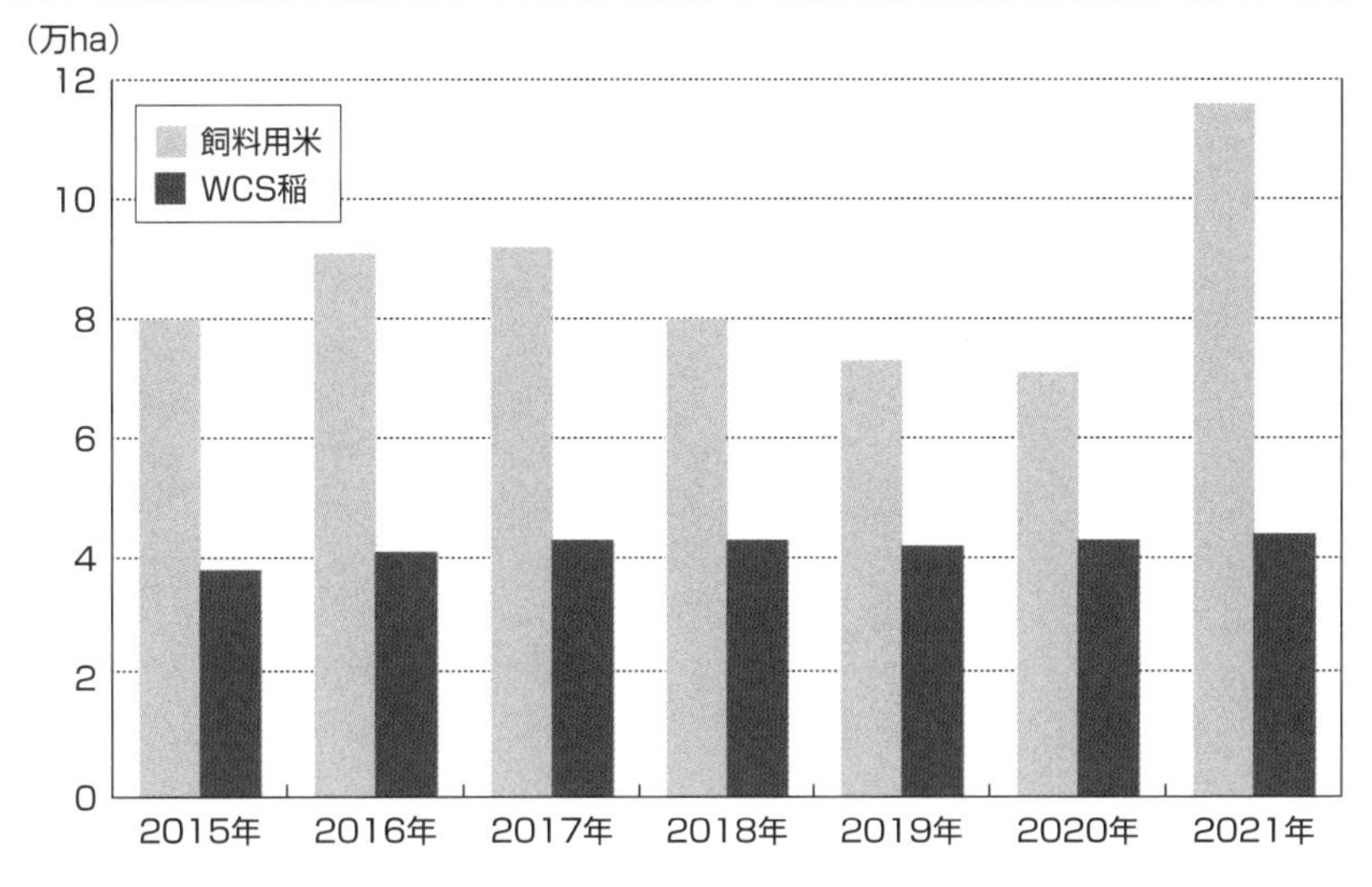

資料：農林水産省「米をめぐる状況について」（令和４年９月）をもとに作成

砂嚢
鳥類が持つ消化器官の一つで、砂肝などの名で流通している。強い筋肉と飲み込んだ砂で、ついばんで食べた種子など、かたいものを破砕する。

8 日本に浸透しつつあるアニマルウェルフェア

家畜にとって快適な環境で育てるために

アニマルウェルフェア（Animal welfare）とは、動物を飼育するさいの倫理規範です。家畜は経済動物であり、畜産経営は家畜の命を利用することで成り立っています。だからといって、痛みや恐れによって家畜をコントロールし、経営効率のために本能や生理的欲求を無視するような飼い方はすべきではない、という考え方が基本になっています。

動物福祉や家畜福祉と訳されることもありますが、人間の「福祉」とは意味合いが異なるため、畜産技術協会などは、アニマルウェルフェアを「快適性に配慮した家畜の飼養管理」と定義しています。具体的には、飢えと渇きからの自由、苦痛・傷害・疾病からの自由、恐怖と苦悩からの自由、物理的・熱の不快さからの自由、正常な行動ができる自由、という動物の「５つの自由」の実現です。１９１１年にイギリスで施行された動物保護法が始まりで、その後、多頭飼育の普及、過度の効率重視から、多くのひずみが生まれます。**肉骨粉**を原因とするＢＳＥ（牛海綿状脳症）問題は、飼育方法の見直しを促し、アニマルウェルフェアが広まるきっかけになりました。

97年に発効したＥＵ（欧州連合）の議定書では、家畜は農産物ではなく、「感受性を持つ生命存在」と定義されました。ＥＵは２０２３年に現在の基準を大幅に改定し、新基準への移行が完了することを目指しています。要点は、ケージ飼育の禁止、輸送時の環境改善、と殺時の苦痛軽減です。ＥＵが輸入する畜産物にもこの新基準が適用されます。

ストレスなく育った畜産物は高品質

アニマルウェルフェアを尊重して飼育された家畜

用語

肉骨粉
家畜を食肉処理するさいに出る食用にならない内臓や皮、骨などを、レンダリング（加熱など加工して、油脂を取り除く化学処理）し、乾燥・粉砕したもの。飼料や肥料に利用される。

は、ストレスや病気が少なく健康に育ちやすいため、品質の点でも注目され、「WQ」（ウェルフェア・クオリティ）ブランドとして販売されています。

日本でも、牛では**除角**や**断尾**に関する注意、鶏では飼育密度や照明、換気の適切化、豚では子豚の**歯切り**や去勢、離乳時期の配慮などが進んでいます。コストの削減や高付加価値化を目指して自由放牧を導入する畜産農家も現れるなど、アニマルウェルフェアの考え方を家畜管理の手法に取り入れる動きもみられます。

1年延期で開催された東京オリンピックを前に、選手村に納入する畜産物をめぐってアニマルウェルフェアへの関心が高まりました。しかし、それにともない、EUの基準をそのまま日本に当てはめた場合に生じる問題点も明らかになります。夏の高温多湿など気候風土、卵の生食のような食文化の違いを踏まえ、日本が率先してアジア標準となるアニマルウェルフェアの独自基準を設けるべきとの声も上がっています。

5つの自由（国際的に認知されたアニマルウェルフェアの概念）

①飢餓と渇きからの自由	→	新鮮な餌及び水の提供
②苦痛、傷害又は疾病からの自由	→	疾病などの予防及び的確な診断と迅速な処置
③恐怖及び苦悩からの自由	→	心理的苦悩を避ける状況及び取り扱いの確保
④物理的、熱の不快さからの自由	→	適切な飼育環境（温度、湿度など）の提供
⑤正常な行動ができる自由	→	動物が実行したいと思った自然な行動がとれる機会

資料：公益社団法人畜産技術協会「アニマルウェルフェアの向上を目指して」をもとに作成

アニマルウェルフェアに対応した飼養管理の例

肉用牛	除角	離乳時期などと重ならないよう配慮する生後2か月以内に焼きごてで実施することが推奨される
肉用牛	去勢	離乳時期と重ならないよう考慮する3～4か月齢までに行うことが推奨される
肉用牛	削蹄	舎飼いでは、年に1回は削蹄を行うことが推奨される

豚	歯切り	実施するさいは、生後7日以内に行うこととする
豚	断尾	実施するさいは、生後7日以内に行うこととする
豚	去勢	実施するさいは、生後7日以内に行うこととする
豚	飼養スペース	繁殖雌豚の場合、幅60cm×奥行180cm以上の広さを確保することが推奨される

資料：公益社団法人畜産技術協会「アニマルウェルフェアの考え方に対応した肉用牛の飼養管理指針」をもとに作成

除角　牛を安全に管理するために、角を取り除く作業。

断尾　ストレスなどで尾をかじり合わないように、または衛生管理のため、豚や牛の尾を切ること。

歯切り　子豚が母豚の乳房を傷つけないように犬歯の先を切る作業。

9 注目されるジビエと広がりへの課題

鳥獣害の拡大を防ぐため

自然環境や農業事情の変化により、近年大きな問題になっているのが野生鳥獣による農作物被害です。被害金額は年間約161億円にものぼります。

田畑に侵入されないために**電気柵**を設けたり、収穫したあとに残る農作物の茎や葉、実などの徹底した管理や草刈りなど、野生鳥獣の接近要因を排除する対策とともに重視されているのが、増えすぎたシカやイノシシの駆除です。これら野生鳥獣の肉は畜産物ではありませんが、地域ぐるみで駆除を継続させていく方策として、これらの肉を商品化する取り組みも増えてきました。

獣肉を食肉処理するための許可は、**と畜場法**で管理される家畜と異なり、食品衛生法にもとづきます。したがって処理加工施設は保健所の食肉処理業許可を取れば設置できますが、家畜と同等の**トレーサビリティ**を確立するには難しい面もあります。2014年に厚生労働省は獣肉による事故を防ぐため、「**野生獣肉の衛生管理に関する指針**」を設けました。

農林水産省も推進するジビエの普及

野生鳥獣の肉は**ジビエ**と呼ばれ珍重されています。2021年のジビエの利用量は2127tで前年から18%増加し、過去最高となりました。とくにシカ肉の販売量は前年比28%増の947t、一方でイノシシ肉は捕獲数が減少し、販売量は前年比16%減の357tです。国は、ジビエの利用量を25年に4000tまで増やすことを目標にしており、ジビエを推進する事業には鳥獣被害防止総合対策交付金を交付しています。

農林水産省は18年に国産ジビエ認証制度を制定す

用語

電気柵
通電線を張り巡らせた防護柵。動物が触れると感電し、警戒して近寄りにくくなる。高い金網だけで囲う柵もある。

と畜場法
→118ページ

トレーサビリティ
→137ページ

野生鳥獣肉の衛生管理に関する指針
食用とする野生鳥獣肉の安全性を確保するため、狩猟から処理、食肉としての販売、消費について、狩猟者や野生鳥獣肉を取り扱う食肉処理業者などが共通して守るべき衛生措置をまとめたガイドライン。

る等、ジビエの利用拡大に取り組んでいます。ジビエの活用は野生鳥獣の積極的な捕獲を促し、ジビエ肉のブランド化などで地域の所得向上も期待できます。21年には鳥獣被害防止特別措置法が改正され、ペットフードへの利用方法を明記するほか、さまざまな形でジビエを活用する事業者間の連携強化が盛り込まれました。

ジビエ普及には課題があります。まず、野生動物であるため、いつ捕獲できるかわからず、経営計画を立てにくいことです。また、個体差が大きく、肉としての品質も一定ではありません。中山間地域では運搬や解体処理の人材も不足しています。狩猟免許を持つ猟友会員も高齢化しており、捕獲の継続が困難になっている地域もあります。

ジビエは家畜のような生産費こそかかりませんが、捕獲後の人件費がかさむため、家畜肉より価格が高くなりやすい面もあります。また、味の個性も強く、日本人には慣れない食材なので、さらなる消費者啓発も必要です。

イノシシの推定個体数

(頭) 150万 100万 50万 0

1989 90 95 2000 05 10 15 19 (年)

約80万頭

約60万頭 (2018年度捕獲数)

1989～2019年度までの捕獲数を用いて推定。グラフは推定の中央値のみ表示

ニホンジカの個体推定数

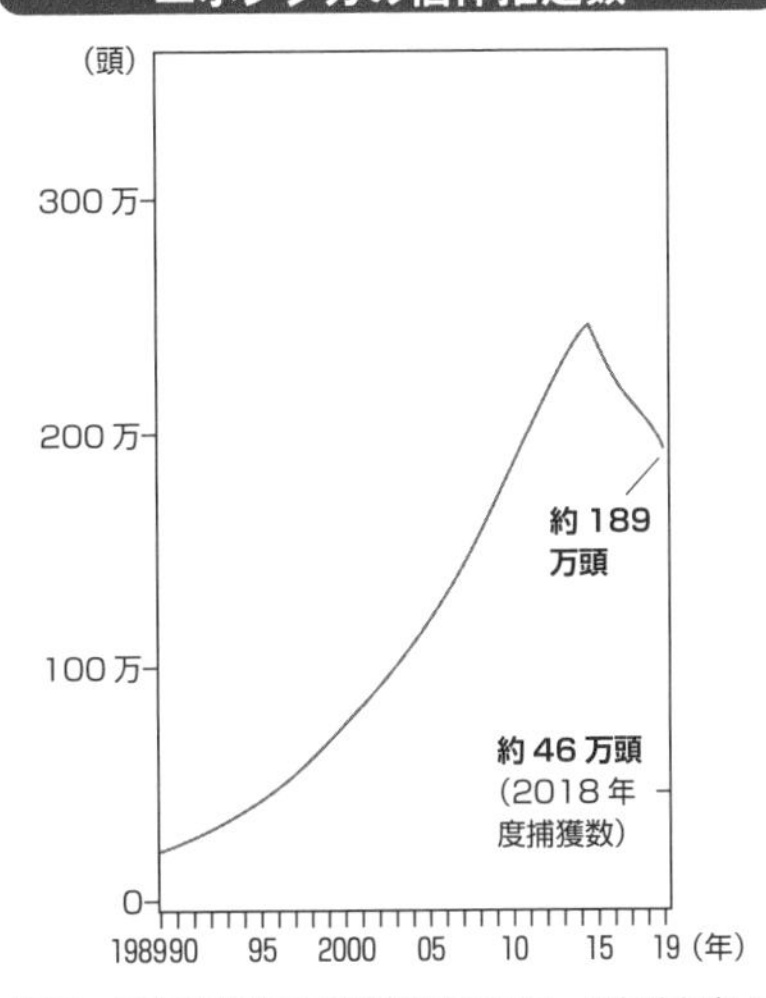

1989～2019年度までの捕獲数を用いて、北海道を除いた全国の個体数を推定。グラフは推定の中央値のみ表示

資料：環境省「統計手法による全国のニホンジカ及びイノシシの個体数推定等について」(令和2年3月)をもとに作成

ジビエ
フランス語でgibier。狩猟で捕獲した野生の鳥獣やその肉の意味。ジビエ料理は、古くから狩猟の盛んだったヨーロッパの伝統食となっている。ジビエは狩猟が解禁となる秋から冬にかけて一般の市場にも出回る。

10

地域の知恵を生かしたこれからの畜産

加工型畜産から自給型畜産へ

　これまでの日本の畜産は、飼料の多くを輸入に頼る加工型畜産が中心でした。日本で畜産が発展してきた歴史的背景や、わが国の気候・国土条件を考えると、すべての畜産農家が飼料を自給するのは、難しいかもしれません。しかし、飼料の多くを海外に依存する畜産は、リスクをともないます。2020年以降、穀物とエネルギー価格は高騰を続け、近年の円安傾向とあいまって、畜産農家の経営を圧迫しています。そのような状況から、減少傾向にあった日本での飼料作物の栽培面積は、近年ふたたび増加傾向にあります。22年の飼料作物の作付面積は100万1000haで、前年産に比べ4万5300ha増えています。

　また、近年は水田を活用し、飼料用米や稲WCSの生産も行われています。食用米より収量の多い『べこごのみ』や『くさほなみ』などの飼料用品種も開発されています。さらに、稲が田んぼに生えた状態のまま、水田の水を抜き、そこに牛を放す「立毛放牧」というスタイルなども注目されます。放牧を開始するのは籾が熟した秋からで、10aで繁殖牛の100日以上の餌となります。収穫利用コストは稲WCSの5分の1ですみ、コスト削減にもつながります。水田には、毎年水を張ることで連作障害が発生しないというメリットもあり、山地が多く、農地として利用できる面積に限りがある日本では、水田の活用は飼料自給率の向上のための有効な手段の一つです。

地域資源の積極的活用と多様な畜産

　これからの日本の畜産には、多様な姿が考えられます。従来どおりの加工型畜産、濃厚飼料の一部は輸入に頼りつつも粗飼料は自給するスタイル、放牧やそれを発展させた山地酪農、そして水田を積極的に活用するスタイル。輸入飼料を多用し、規模拡大によって利益を追求する方向がある一方で、飼養頭数は増やさず、放牧や自給飼料でコストを抑えることで利益を追求する方向もあります。

耕畜連携の強化や、遊休農地の活用など、地域には、まだまださまざまな可能性が残されています。これまでは廃棄されてきたワイン用ブドウの搾り粕などをエコフィードに加工して、ブランド化につなげている例もあります。畜産農家が、地域の知恵を生かして飼養技術や飼料などに工夫を凝らすということは、消費者にとっては安心・安全な畜産物が生産されるということを意味します。消費者がそのような畜産物を選べば、農家を応援することにもなります。それぞれの農家が、その地域や環境にあった最適な方向を見つけることが、日本の畜産の将来を支えていくのです。

多様な畜産の可能性

column

小さな昆虫が大きな家畜を養う？

家畜にも押し寄せるタンパク質危機

飼料の自給率を高めるには、牧草、トウモロコシ、大豆、稲といった飼料作物の国内生産を増やせばいいのですが、それには農地も人手も必要です。その点、日本で毎年2500万t（うち食品ロスは600万t）以上も発生している食品廃棄物（食品残渣）の再利用は、資源の有効活用につながり、環境負担を減らす効果も期待できます。

食品残渣をそのまま家畜に与えると、栄養バランスや安全性の面で問題があるため、適切な加工処理をほどこします。これがエコフィードです。有害物質を除去し、急速乾燥による保存性の向上、乳酸発酵による液化などの手法を用い、栄養バランスも調整します。

世界人口の増大で、食料の不足、とくにタンパク質の需要に供給が追いつかなくなる「タンパク質危機」が叫ばれています。タンパク質は家畜の飼料にも不可欠で、主として大豆かす、魚粉がその役目を果たしています。ところが魚粉は人間の食用になるイワシなども含まれ、世界的な漁業資源の減少にともなって、量的にもコスト面でも厳しさを増しています。

コオロギやミズアブを大量飼育

魚粉に代わる家畜飼料のタンパク源として、もっとも注目されているのは昆虫です。昆虫食の習慣は世界各地で見られ、日本でもイナゴやハチノコ（幼虫やサナギ）を食べる文化が、内陸地域を中心に伝えられてきました。2020年には食用に飼育したコオロギの粉末を練り込んだスナック菓子が発売され、100円ショップにもコオロギせんべいが並ぶようになりました。

同じ量の動物性タンパク質を作り出すために、コオロギが必要とする餌の量は牛の約６分の１、水は5500分の１、排出する温室効果ガスは28分の１。このような特性から、コオロギは環境負荷の小さい、エコなタンパク源として注目されているのです。

養殖魚や家畜に飼料として与える昆虫としては、コオロギと並んでミズアブに関する研究開発が先行しています。ミズアブはハエの仲間で、成長が早いことも特長の一つです。養殖魚のタイや卵用鶏に与えた試験で、良好な結果を収めています。

飼料用の昆虫を飼育するにも餌が必要です。農作物残渣や食品残渣の利用が進められていて、海外では家畜の糞で飼育する研究も始まっています。これが実用化されると、環境面での貢献度も増進しますが、かつて理想のリサイクル飼料として登場した肉骨粉が1990年代にBSE（牛海綿状脳症）を引き起こした反省から、研究開発は慎重に進められています。

column

農産物の世界貿易アンバランスが環境危機を招く

農産物の輸出超過は国土の切り売り

家畜の飼料、小麦、大豆、食肉から調味料まで含め、日本は年間１億2000万ｔもの農産物を輸入し、輸出は300万ｔほどに過ぎません。

農産物の巨大生産国アメリカは、輸入も多いのですが､約３億ｔの輸出超過。ブラジルは４億ｔに迫っています。農産物輸出は莫大な貿易収入をもたらす一方で、農産物は大地の恵みそのものですから、輸出国は自分たちが暮らす大地の土壌と水を間接的に外国に売っていることになります。農地の養分が減り、水源が涸れれば、その先に待っているのは砂漠化です。

これに対して中国、日本、韓国、エジプトなど農産物の輸入超過国には、栄養分が蓄積されます。降雨によって一部は河川や海に流れ出しますが、陸でも川でも海でも、富栄養化と呼ばれる環境汚染が発生します。

人間も含めた動物の食べ物は、すべて太陽エネルギーを利用した植物の光合成で作られています。その原料は、窒素（Ｎ)、リン酸（Ｐ)、カリ（Ｋ）など土壌中の養分と水、そして空気中の二酸化炭素です。肉・乳・卵といった畜産物も、草食動物や雑食動物が食べた植物が姿を変えたもので、もとは光合成で作られています。そして、人間を含む動物の排せつ物と屍体、枯れた植物は、土壌中の微生物によって分解され、光合成に必要な養分となります。これが本来の物質循環です。

栄養分の蓄積が生態系を破壊する

日照や水に恵まれていても、養分が足りなければ植物は十分に育ちません。だからといって必要量を超えた施肥を続けると、過剰な養分が土壌中に蓄積し、環境汚染を招きます。

農産物の貿易自由化が、地球上の物質循環を乱しているのは明らかです。日本では高度経済成長期以降、耕種農業の規模が縮小したのに対し、畜産は工業と歩調を合わせるかのように拡大しました。そのため、家畜の糞尿を肥料として還元する農地が不足してきました。輸入飼料の増大が、この矛盾を拡大させています。物質循環を成立させるには、家畜の糞尿は肥料として、飼料を育てた農地に還元することが基本だからです。

理想は輸入飼料で育つ家畜の糞尿をコンポスト（堆肥）に変え、飼料が育った飼料輸出国の農地に戻すことです。ただ、これには巨額の費用が必要で、より現実的な対応が求められます。

大切なのは、失われた物質循環を少しでも取り戻すこと。一定地域を単位とする物質循環を成立させるためにも、飼料自給型の畜産に近づける取り組みが、ますます重要になっています。

索　引

アルファベット

あ行

か行

た行

さ行

な行

は行

ら行

わ行

や行

ま行

●おもな参考文献

八木宏典監修『知識ゼロからの現代農業入門』（家の光協会　2013年）
伊藤宏『食べ物としての動物たち』（講談社　2001年）
『ハンディ版　知っておいしい肉事典』（実業之日本社　2013年）
『新版　食材図典　生鮮食材篇』（小学館　2003年）
『食材図典Ⅱ』（小学館　2001年）
社団法人日本畜産学会編『新編　畜産用語辞典』（養賢堂　2001年）

●監修者
田島淳史（たじま・あつし）
筑波大学名誉教授。1957年生まれ。1987年にミネソタ大学大学院博士課程修了（Ph.D. 家畜生理学）。専門は畜産学、家禽学、農学教育論。筑波大学農林学系助手、助教授、同大学生命環境系教授を経て現職。同大学農林技術センター長、全国大学附属農場協議会会長、日本家禽学会会長などを歴任。2007年に全国大学農場教育賞、2012年に日本家禽学会賞を受賞。
著書（いずれも分担執筆）に『農学教育への道標』（筑波大学農林技術センター2003年）、『科学大辞典 第2版』（丸善出版2005年）、『鳥類保護の最前線　～絶滅の危機に瀕する鳥類の未来のために～』（日本家禽学会2021年）などがある。

本書は、2015年8月発行の『図解　知識ゼロからの畜産入門』を、大幅に情報を更新し、改訂したものです。

●執筆者／梶原芳恵、かくまつとむ、滝川康治、市川　隆
●装丁／宮坂佳枝
●本文デザイン・DTP製作／明昌堂
●編集協力／市川　隆
●校正／ケイズオフィス

最新版　図解　知識ゼロからの畜産入門

2023年１月20日　第１刷発行
2024年３月20日　第２刷発行

監修者　田島淳史
発行者　木下春雄
発行所　一般社団法人 家の光協会
〒162-8448　東京都新宿区市谷船河原町11
電　話　03-3266-9029（販売）
03-3266-9028（編集）
振　替　00150-１-4724
印刷　株式会社リーブルテック
製本　株式会社リーブルテック

ISBN978-4-259-51874-5 C0061